南京医科大学学术著作出版资助项目

“尚力”的时代之波

——“战国策派”伦理思想研究

李　超　著

东南大学出版社
SOUTHEAST UNIVERSITY PRESS
·南京·

图书在版编目(CIP)数据

“尚力”的时代之波:“战国策派”伦理思想研究 / 李超著. —南京:东南大学出版社,2019.12

ISBN 978-7-5641-8667-8

Ⅰ.①尚… Ⅱ.①李… Ⅲ.①伦理学-思想史-研究-中国-20世纪 Ⅳ.①B82-092

中国版本图书馆 CIP 数据核字(2019)第 283967 号

“尚力”的时代之波——“战国策派”伦理思想研究

“ShangLi” De Shidai Zhibo ——“Zhanguocepai” Lunli Sixiang Yanjiu

著　　者:李　超
出版发行:东南大学出版社
社　　址:南京市四牌楼 2 号　　**邮编**:210096
出 版 人:江建中
网　　址:http://www.seupress.com
电子邮箱:press@seupress.com
经　　销:全国各地新华书店
印　　刷:江苏凤凰数码印务有限公司
开　　本:700 mm×1000 mm　1/16
印　　张:16
字　　数:288 千字
版　　次:2019 年 12 月第 1 版
印　　次:2019 年 12 月第 1 次印刷
书　　号:ISBN 978-7-5641-8667-8
定　　价:68.00 元

本社图书若有印装质量问题,请直接与营销部联系。电话(传真):025-83791830

序　一

今天是第 6 个南京大屠杀死难者国家公祭日，上午，防空警报响彻南京全城。深夜，警报声犹在耳边萦绕，我翻开了李超博士《“尚力”的时代之波——“战国策派”伦理思想研究》书稿，思绪仿佛穿越到了 80 年前那个战火纷飞的年代。在抗日战争进入到最艰难的时候，1940 年 4 月 1 日，《战国策》半月刊在昆明横空出世，其《发刊词》中说：“本社同人，鉴于国势危殆，非提倡及研讨战国时代之‘大政治’无以自存自强。……（本刊）抱定非红非白，非左非右，民族至上，国家至上之主旨，向吾国在世界大政治角逐中取得胜利之途迈进。此中一切政论及其他文艺哲学作品，要不离此旨。”（《战国策》第 2 期）铮铮铁血誓言，拳拳爱国之心，国家至上、民族至上的情感跃然纸上。以云南大学林同济，西南联大陈铨、雷海宗、贺麟为核心，包括何永佶、朱光潜、费孝通、沈从文、洪绂等人在内的一批学者，形成了一个闻名一时的学术共同体——“战国策派”。“战国策派”学人学术专长各不相同，哲学、史学、文学、社会学、美学、政治学等等不一而足，在各自的领域都是一流的学术大家，但在那个民族危亡的非常时期，他们怀着共同的理想、因学术救国的信念走到一起，为中国现代思想史写下了独特的一笔。

虽然时隔多年，但“战国策派”学人的思想并未被遗忘。近年来，不但《中国文化与中国的兵》（雷宗海）、《时代之波——战国策论文集》（林同济）、《文化形态观》（林同济、雷宗海）等旧作相继再版，而且随着《时代之波——战国策派文化论著辑要》（温儒敏、丁晓萍，中国广播电视出版社 1995 年）与《战国策派思潮研究》（江沛，天津人民出版社 2001 年）的出版，“战国策派”的学术思想开始受到越来越多的当代学者的关注。特别是《战国策派文存》（云南人民出版社 2013 年）的出版，完整呈现了《战国策》期刊的文献，既方便了研究，也代表了“战国策派”学人的思考在今天依然有着重要的学术价值。目前，对“战国策派”的研究已经取得了不少成果，除了将其作为中国现代思想史、文学史进行研究外，多数研究者将其视为一个文化思潮、新史学思潮进行考察。确实，“战国策派”学人在民族危亡的时刻，他们相当多的研究在于深刻地反思历史；同时，考究世界文化的竞争格局、反省中国传统文化的积弊、探索中国文化的重建也是当时这批知识分子的自觉意识。而李超博士所关注的是掀起"尚力"时代之波的"战国策派"的伦理思想，虽然也是将其作为文化思潮进行研究，但是，这是将其文化重建思想聚焦于伦理思想方面，因此是更具体而深入的一种探索。

新文化运动以降，对中国传统文化的批判是思想界的主流，对中国传统伦理的否定与解构亦是如此。对20世纪初的中国来说，封建纲常礼教、宗法家族伦理已不符合时代的需要，严重阻碍了中国社会的发展，必须从整体上予以否定。但是，正如贺麟所指出的，"三纲"的意义在于规定了人之绝对的、无条件的义务，每一个时代都需要这样的绝对的伦理精神，它不因人而异、因环境而变、因条件而游移，而此时的中国社会恰恰还没有建立起这样积极的伦理精神。"三纲"的内容已被时代抛弃，攻击"三纲"的死躯壳已经没有意义，关键是如何积极地把握住"三纲"的真义，寻找到新时代伦理的基石。(《五伦观念的新检讨》,《战国策》第3期)因此，批判传统文化、传统伦理固然是必须要做的工作，但建构一个崭新的文化体系、确立时代的伦理精神更是重要的任务。正是在这个意义上，"战国策派"所力图建构的伦理精神彰显了其使命与担当。

就"战国策派"伦理思想的特点来说，首先是契合了19世纪末20世纪初的民族主义思潮。1898年，严复的《天演论》将社会达尔文主义的观念引入中国，这一学说认为，人类社会同生物界一样都是"物竞天择，适者生存"的，当然，竞争的主体是民族与民族国家。这一思想迅速激发了中国人的"爱国保种"意识。随后，梁启超于1902年提出了以"中华民族"为民族基础建立现代国家的思想，并论证了"中华民族"的历史－文化合法性。到了1940年代，巨大的亡国危机终于使"中华民族"这一观念深入人心，而经过40年的风云激荡，严复的救亡图存、民族竞争意识也发展到了顶峰。其次，"战国策派"的核心理念是"尚力"。这是来自战国七雄时代法家的代表性思想："上古竞于道德，中世逐于智谋，当今争于气力。"(《韩非子·五蠹》)此语也曾为"战国策派"所引用(《战国策》第2期)。在原初意义上，西汉刘向汇编的《战国策》记载了春秋战国时期，国与国之间以力相竞、以势相争的历史，而两千多年以后，一批现代学者以"战国策"为刊名，即是以此表明对"力"的崇尚。他们认为，民族的自强与力量是根本，不能寄希望于所谓的公理昌明和他国的恩惠。因此，这种以"力"救亡图存，所展现的是一种"尚力的伦理精神”。再次,“战国策派”继承的是中国传统伦理中的儒家一脉的精神气质。“力”固然是先秦法家的主张,但“战国策派”却与法家的价值目标完全不同。法家的出发点是维护王权,以法、术、势来强化“力”以实现专制君主的利益。儒家虽然在汉代吸收了法家思想而有“三纲”之说,但其根本的伦理价值目标是治国、平天下,“天下为公”“以天下为己任”代表了儒家伦理的最高追求。从思考方式而言,“战国策派”继承了儒家的伦理性思维方式。传统儒家的思考是基于家、国、天下这些伦理实体,而“战国策派”的思考也是基于现代社会的伦理实体——民族与国家,可以说,他们的观念带有儒家伦理现代转型后的特点。比如,在“战国策派”看来,传统的“孝”只是一个私德,是宗法社会子女对父母的精神或物质上的责任,而现代中国理应崇尚公德,即强调民族国家的伦理实体性,是“民族至上,国家至上”所要求的伦理优先与伦理的善。所以,“战国策派”要求个体自由从属于民族与国家的利益与目标,这种公德是“忠”,即近代以来以民族主义为基础的爱国主义理念,他们力图将公德或忠于国家铸造为时代伦理的精神内核。

从这一点出发,我们就可以理解“战国策派”对儒家伦理传统的批评与借鉴西方思想的方式。孝有其合理性,但由孝而忠、孝忠一体则强化了王权观念,奴化了个体意识;儒家在人格层面提倡当仁不让,“三军可夺其帅,匹夫不可夺其志”的品格,但在儒家内圣外王的结构中,其内修心性的要求,更多的是培养了内省、慎独、温良恭俭让的君子。而在“战国策派”看来,这却造成了“兵和士的堕落”,造成了“无兵的文化”和“士的蜕变”。所以,正如李超在研究中所揭示的,“战国策派”反对柔性的、谦谦君子型的品格,而提倡刚强的“力人”型人格;与此相关联,“战国策派”也提出了“改造国民性”,重塑民族性格,故而推崇尼采“超人”的价值、狂飙运动的浮士德精神,以及关于英雄崇拜、培养英雄人格的种种观念,这在根本上都是“尚力的伦理精神”的具体体现。

“战国策派”是一个学术共同体,他们所提出的救亡之道是基于他们的“文化形态观”,他们希望通过改造文化以达到民族自强的目的,这一点无可厚非。救亡是全民族的共同任务,每个人都从自己专长出发,从身边做起,科学救国、实业强国、教育兴国、文化改造、乡村建设……所有的努力都有其意义与价值。作为一个政治思潮,“战国策派”受到了长期批评;而作为文化思潮,特别是他们的文化反思与伦理思考,一方面彰显了20世纪40年代中国伦理精神的时代品格,另一方面,其价值也超越了特定的时代——其个性鲜明的原创性思想比比皆是:公德私德之辨、忠孝之抉择、第六伦道德、大夫士人格、英雄人格等等，不但在当时即令人耳目一新，而且他们浓厚的家国情怀，臧否古今学说、吸收世界文化之优长的态度，至今对我们的伦理道德建设仍颇有裨益。尽管“战国策派”学人众多，观念不一，学术视角多样，但是其中的观点总体上是理性的。而不可否认的是，他们所表达出来的强烈的民族情感与昂扬的意志、澎湃的血气，至今读来仍然有强烈的心灵震撼力。

目前，对“战国策派”的研究方兴未艾，李超博士的学风务实而真诚，他的研究不但开启了对“战国策派”伦理思想的探索，而且对中国近现代伦理史研究来说，也是一大贡献。

以上是一点读后感，是为序。

徐　嘉

2019 年 12 月 13 日于南京东南大学

序　二

世界是什么？它将走向何方？吾人如何领会其意旨或意义？这问题，可能是今天我们面临的最大困惑，甚至没有“之一”。

生活在这个星球上的人类个体回应这问题，其思想和观点可能不尽相同，但并不妨碍人们以自己独特的方式感受和言说这世界之“所是”及其之“所向”。无论如何，在这个“读图时代”，当手机、电脑、信息、影像、表情符号、网络直播、网红经济甚至网络大“V”纷纷进入某种世界图景之关联、组建、构画或构造时，当人们在微信群、朋友圈、知乎、推特或公开网站聊天、讨论或“加关注”“点赞”而引发世界状况某种改变时，人们是否意识到：其实，世界的范围已然不再是以某个经典文本或者某个出版物为中心而构成，而是一片巨大而辽阔的“海”？不容否认，这个时代的写作总是充满了“出越文字”之外的嘈杂声或异质性片断。一旦“碎片化世界编织方式”取代了“文字纯粹性”之编织与散播，世界的意义也就发生了某种质的改变。然而，我始终相信，也愿意相信，无论世界状况发生怎样的改变，智识写作与阅读的力道、真诚与严谨仍留恋忘返于由“文字纯粹性”所构成的文本世界。

于是，惟有（也只能是）在这个维度，我才能与闻本书作者精心酿造的“芬芳文字”与“醇厚言说”之意义，并以一个纯属外行者的身份，亦放胆为之做一次出场前的“唱酬”。

凭多年形成的阅读直观和阅读经验，我感知，呈现于此电脑屏上的这部书稿（《“尚力”的时代之波——“战国策派”伦理思想研究》），在双重意义上将一种哲学我思的重点，引向了对深具文字纯粹性的文本世界及其伦理性精神特质的某种深度关注。

一方面，它在历史性及文化力的深度上，令吾人必得重思《周易》里广被引用的名句：“鼓天下之动者存乎辞。”（《周易·系辞上》）对于该句的释义，唐孔颖达疏曰：“鼓，谓发扬天下之动，动有得失，存乎爻卦之辞，谓观辞以知得失也。”（《周易正义》卷七)唐李鼎祚《周易集解》卷十四引宋衷之诠释说:“欲知天下之动者,在于六爻之辞也。”当然,我更强调从引申义立言。因为对世界状况的趋势及其理解来说,若一件事情生发出来(事出)而无一个说法,人们甚至无辞以对,亦无人讲述它的故事,它必然隐匿于历史沉默之海的深处而等同于停止或消失之存在矣。此等状况,就是海德格尔所说的“夜到夜半”的世界状况——一个行将至暗至死之世界,总含蕴新升朝彻之晨曦。关键在于吾人“辞之所系”的响应与播扬。这一点,对于中国古代思想家而言,乃是不言而喻的事情——“辞”与“天下之动”的关联如此紧密,它总是需要智识之士和时代之良知良能者鼓动和阐扬,去冲决“夜到夜半”之黑暗,为人们带来光明,如同只有“爻卦”而无“辞”系于其上,则人们不知道如何看待和言说这个世界一样。中国历代知识人的慷慨悲歌,特别是近百年中国知识分子的荡气回肠,莫不承续了“鼓天下之动”的“辞之所系”——若非如此,在这个博大精深的文化体系中,在“为往圣继绝学”的薪火传承中,如果一个时代的知识精英不再操心“辞之所系”的文化伟力,则吾人又何以为文?!

另一方面,在现实性及伦理感的广度上,本书召唤吾人必得重审当今时代问题症结之所由或之所在。毫无疑问,与“战国策派”的文字纯粹性相比,今天智识写作缺少的乃是理解及言说世界状况的“辞之所系”的新方法。“战国策派”的鲜明特征,是用文字和语词讲述未来、鼓动当下、回应文明形态重构的人文知识之伦理建构和政治觉悟。它以《战国策》期刊为中心,以知识精英的伦理普遍性承诺为标识,在国家生死存亡的危急关头,在救亡与启蒙的双重压力下,讲述“尚力”的文明形态史、大格局的政治观和战国时代重演论。因而,提供了一种由修辞、隐喻、语汇、寓言及其新的“神话”,而力图突入“鼓天下之动者存乎辞”的伦理文化之“道”及其“时代之波”之范例。读之,令人怅然而惕,慨然而叹,有如金戈铁马,又忽如春雷炸响。兹仅录该刊部分发刊词如下,该词载于 1940 年《战国策》第 2 期:

本社同人,鉴于国势危殆,非提倡及研讨战国时代之“大政治”(high politics)无以自存自强。而“大政治”例循“唯实政治”(realpolitik)及“尚力政治”(power politics)。“大政治”而发生作用,端赖实际政治之阐发,与乎“力”之组织,“力”之驯服,“力”之运用。(见本书第 9 页下注①)

细读是言,“战国策派”知识人向人们言说世界的视角、语汇和方法,奥义尽在其所言之"'力'之组织,'力'之驯服,'力'之运用"之"尚力"伦理自觉中矣。在我看来,由此伦理自觉之现实性视角,所构筑并传递者,乃纯粹智识所彰显之至大至刚之正道也。这不正是一切时代,更是我们这个时代,亟待唤醒的一种世界精神和时代精神之理智本原或实践根本的"辞之所系"吗?!

由上述两个方面观之,我以为,本书最发人深思者,乃在研究论题上的"修辞"运用。所谓"修辞立其诚"。《乾卦·文言》曰:"子曰:君子进德修业。忠信所以进德也;修辞立其诚,所以居业也。"用今天的话说,学者之真与学术之诚,关乎忠信,马虎不得,怠慢不得,它总是体现为学者所修之"辞"的总体格局和根本气象。所谓"文如其人"。对于素有学术开端之誉的博士论文而言,这一点尤其重要。此作之修辞,当得起"进德修业"四字。

本书作者李超,来自河北,温文尔雅,敦厚有礼。他以"'战国策派'伦理思想"为主题进行的博士论文研究与写作,无疑是一项蹊径独辟、勾玄索隐之工作。其难度不小,其线索繁复,其可据定论不偶,而行至人迹罕至处则常有,这些挑战不用多说。在大历史知识谱系下寻找为通常史家所遗失之"珠玑",其难度可想而知。此处不提也罢。而我这里要特别强调指出,在修辞隐微层面,其立意大略,无疑要彰显一种昂扬"尚力"之时代精神,其思想旨趣宏阔高远,穿云透雾,有横贯"百年未有之大变局"之气势与思力。读之者,不可不查也。

试回望80年前,以林同济、雷海宗、陈铨、贺麟、何永佶等为代表的一批来自云南大学、西南联大等高校的知识精英(约26人),因应时局,以古代谋臣或策士自诩,创办《战国策》半月刊。虽然刊物营办时间不长,但"辞之所系",至今不可无视。今李超以博士学位专论勾勒其大要与轮廓,阐扬其伦理精神要义,隐微修辞,直指今日知识精英失坠之现实。此诚难能可贵,又实乃功德无量之探究。在此意义上看,此书从中国百年知识史中搜检发掘"'战国策派'伦理思想"之小论题,便具有发人深省、令人动容之大关切。

依稀记得,在李超攻读博士学位期间的开题和答辩诸环节,我每一次面对他写下的文本世界,总是不经意间会以之掂量我们这一代知识人必须面对的"辞之所系"的伦理难题。

到底要对这个世界说什么,我们才无愧于这一代知识人的伦理禀赋?

透过字里行间,触摸和感受"战国策派"的道德文章,总是需要问一问:今日人文知识分子之写作,可否"尚力"?如何"尚力"?如何复现"战国时代"之慷慨激越的“策士精神”？又如何接应“战国策派”先哲们在民族危亡关头发出的“时代之波”？

在一个岁月静好的和平年代，这样的问题多少显得不合时宜。有人会说，我们生活在通常所谓的“小时代”，众声喧哗的“微叙事”和“自媒体”，总以消解一切“宏大主题”为其首要关切。似乎每一种主题化的正题都会遭遇四面八方而来的多音或杂音的消解。越是狭隘、片面、怪异、反智、个性化和新奇的“修辞”和“言说”，越能跑上热搜“头条”。当此之际，知识人或知识精英的自我失坠和自我矮化似乎是一个不争的事实，甚至是知识精英的有意为之。如此一来，“战国策派”的“策士自比”或“国士自喻”，在今天看来，总仿佛是来自前朝知识精英的某种唐吉诃德式的“自恋自嗨”。

难道不是吗？它与今天的人文知识分子之宿命或使命何干？说得更严重一点，“战国时代重演论”是否会陷入一种狭隘民族主义甚至民粹主义之“自画”？

不容否认，这样的疑虑当然存在，且不在少数。甚至有前辈学者，就明确指认说，在“战国策派”的文字世界中隐蔽着某种“法西斯主义”价值观。然而，如若我们静下心来，认真反思，仅就思想事务在其言说及其所触及的伦理普遍性而论，李超对“战国策派”伦理思想的解读，无疑发出了我们这个时代最需要激发的时代精神之声音，即“知识精英的自我救赎”。

世界的絮语，重重叠叠，反反复复。高深莫测的学问被包裹在古希腊语、古拉丁文、甲骨文、日文、英文等铁定了让人摸不着头脑的修辞中。新经院主义以其锐不可当之势用最严谨逻辑或最科学模型论证人尽皆知的知识和真理。大学在喧闹，网络在繁忙，课堂研讨成为规训“精致利己主义者”的场域……然而，表面的热闹后，世界缺少了一种最可宝贵的东西，缺少了一种令人热血沸腾的关切；知识人和知识精英日益缺少一种“尚力”的能力——既无力承受“策士”使命，亦不能回应“战国时代重演”之现实。于是，更多的声音失去了线条和轮廓，一经出现就陷入被瓦解的虚幻境地，一切成了一场无意义的表演。知识精英似乎无可挽回地失坠——坠入于一个日益变得空洞的世界状况之下……我每次去书店和图书馆，或者在网上搜寻坊间新出版的书籍，皆能深刻地感知这一代知识人居于自我失坠与自我救赎之间的痛苦挣扎。一旦知识精英的自我矮化变成了一种实践智慧的机巧，这种挣扎会变得日益悲剧化。

无论中西，皆是如此。知识人或知识精英的自我救赎之道，何在？

李超的这部书并没有给出这个问题的答案。然而，在其修辞运用的隐微层面或直白层面，借助于80年前“战国策派”伦理思想的研究，他给出了一个思考这个问题的极为重要的参照系。80年后的今天，那个战火纷飞的时代已成为历史，“战国策派”已然成为观念史或思想史上的过眼烟云。然而，“战国时代”并没有结束。在一种隐喻的意义上，在文化、政治、贸易、金融、科技等众多领域中，今日世界状况仍然处于一种新的“战国时代”。看一看中美贸易战，想一想“人类命运共同体构建”的“辞之所系”，我们不难发现，“战国”仍然在“重演”，“战国时代”仍然以一种新的形式在“复现”。对于中国知识人和知识精英而言，“尚力”的战斗精神是一种亟待唤醒的时代精神和世界精神。在这个意义上，知识人和知识精英的伦理使命，拒绝精神上的自我矮化或自我失坠。

于是，我们问，在政治化热词总要替代学者“修辞立其诚”的“辞之所系”的世界状况下，今日是否还有可能出现以“尚力”自许自励的“策士精神”或“国士精神”？不可否认，知识人和知识精英的挺拔与坚守，永远是一个国家和民族的希望之所在。“战国策派”诸君的择善固持，是一种明知其不可而为之。虽知其不可而为之，然“辞之所系”，心向往之。

让我们与李超博士一道，作如此之期待罢。

田海平

2019年12月29日于南京翠屏山下

内容提要

“战国策派”是20世纪40年代活跃于中国思想界的一个学术共同体，在抗日救亡的时代背景下，其文化民族主义的观点与理论极富个性，故而在诞生后就激荡出一股“尚力”的时代之波。“战国策派”不仅关注迫在眉睫的民族国家的救亡问题，更关心维系国家命运、民族前途的启蒙问题。它既是对百年来启蒙与救亡时代主题的延续，也是对近现代中西与古今文化论争的回应。正是在对近代以来启蒙与救亡的探索中，他们展开了独具特色的伦理思想研究。

“战国策派”伦理思想的最大特色在尚力，展现的是“尚力的伦理精神”。他们以民族国家为最高的伦理价值目标，尚力的伦理精神，或者力之为德，是因为“力”是实现其救亡图存、民族强盛的手段和方法。“战国策派”力图通过对“力”的崇尚、把握、运用和拥有，实现挽救民族危亡和建立民族国家的伦理价值目标，从而使“力”具有深刻的伦理意义。

“战国策派”的“尚力”主张是通过运用“文化形态史观”对“战国时代重演”的时代性质的判断而提出的，并认为“大政治观”是救亡图存之道。以救亡图存为目标，以中国化的“文化形态史观”阐明中国文化周期说，增强了国人抗战救亡的信念和文化重建的信心。以“战国时代重演论”培养国民“战”的意识和精神，其深意在抗战建国，迎接文化复兴的第三周中国文化。“大政治观”包含唯实政治和尚力政治，是“战国策派”找寻到的救亡图存之道。文化形态史观、战国时代重演论和大政治观是“战国策派”伦理思想的三大理论前提。

“尚力的伦理精神”自然要反对文弱、柔性的伦理精神，“战国策派”以无畏的勇气对传统伦理作了深刻检讨。他们认为传统伦理主体——兵和士的堕落，造就了“无兵的文化”和“士的蜕变”，故而要求刚道人格型的“力人”的新生。他们还批判传统政治伦理中的大家族制和官僚传统，对五伦观念作了新的检讨，并提倡“第六伦道德”，要求政治伦理变革，实行制度化的富贵分离，意图克服政治伦理中的种种弊端。此外，对德感主义的传统伦理思维习惯进行批判，要求革新唯德主义宇宙观，推崇尚力主义的宇宙观。

只破不立并没有走出“五四”伦理的窠臼，“战国策派”在检讨传统伦理的基础上，对现代伦理——“大政治时代的伦理”进行了构建。他们将尚力、崇义铸造为现代伦理的精神内核；以忠于民族国家的公德以及孝于父母的私德作为时代道德要求，且强调忠为百行先；以民族主义作为构建的总体价值取向，但由于救亡与启蒙的内在张力，使得民族主义游离于政治与文化间；“战国策派”还借镜德国文化中尼采思想的精髓和狂飙运动的精神，改造国民劣根性，重塑国民理想人格，锻造新的民族性格，进而将培植民族意识的主张运用到实践领域，发起民族文学运动。作为伦理启蒙的急先锋，民族文学表现出积极的救亡意识，同时也起到培植民族意识的启蒙作用。

“战国策派”还倡导“英雄崇拜”。它是一个政治问题，也是一个文化形态史观的问题，同时也是一个关于人格修养的道德问题。实际上，“英雄崇拜”是此前“民主与独裁”论争的继续和发展。“战国策派”主张集权抗战的救亡道德，而非极权独裁的极权伦理。集权抗战只是他们的权宜之计，而非长久之策。在“战国策派”的心目中，民主与自由才是真正的建国基石。在承接“五四”民主、自由的伦理话语体系的同时，“战国策派”以整体主义的立场对提倡个人主义的五四新文化运动提出了诘难。在启蒙与救亡双重变奏的形势下，正确认识国家与个人间的张力问题，则是对“五四”的一种反思。

“战国策派”伦理思想研究，凸显其伦理思想的历史地位和价值，对彰显 20 世纪中国伦理道德的时代品格，深化对近现代中国伦理思想界的认识，都具有重要的意义。此外，还具有重大的理论价值和现实意义，特别是对我们当前的道德建设、政治建设、文化建设、民族复兴都有着深刻的启示意义和借鉴作用。当然，正如在本研究中所指出的，“战国策派”爱国主义的动机与其所产生的效果往往有很大的出入，使得“战国策派”长期以来被人误解和利用。这就决定了“战国策派”伦理思想承前、应时与悲后的历史命运。

目　　录

导论:“尚力”以自存自强的“战国策派”

一、结缘“战国策派”

首先需要说明的是,本书所研究“战国策派”并非古籍《战国策》,而是 20 世纪 40 年代活跃于中国思想界的一个具有爱国情感的文化派别与学术共同体。二者都在为民族国家的强盛与发展出谋划策,主人公都以“策士”之身来评时论政,著书立言。历史地看,两者都产生于中国思想大爆发的时代,是思想原创与大师辈出的时代。“战国策派”救亡图存的主张也是《战国策》文化现象的一种历史再现;从古今对照的维度来说,我们可以从伦理精神的源头上反思中国文化之所缺与所有。

(一) 研究缘起

事实上,在研究选题问题上,“战国策派”是在与导师的谈话中听闻,后翻检资料发现,自己已被此派字里行间充满令人热血沸腾、血脉偾张的冲动与激情所感染,为他们抗战到底的决心与对国家的忠心所激励,为他们对中国文化所遭劫难的忧患与对中国文化寻路的尝试所折服,为他们对孱弱国民性的痛心与改造国民性的努力所鼓舞,为他们对民族主义不彰的感叹与呐喊所感同,以及为他们作为知识分子的淑世情怀所感动。有学者认为,“战国策派”可以代表“丧乱末世之明灯,中国民族之希望”[1],笔者深以为然。然而,长期以来评价“战国策派”常常与“法西斯主义”、反动思想联系在一起,这一结论令人咋舌。当下感知与历史评价形成尖锐对比,不仅使人感慨起疑,故而想对此探个究竟。

---

① 王尔敏:《20 世纪非主流史学与史家》,桂林:广西师范大学出版社,2007,自序第 2 页。

“战国策派”作为“非主流”及“二线学派、思潮”①，在主流思潮的掩盖下，被“大大冷落”而渐为人所遗忘。但历史自有其不可磨灭的存在价值，恰如克罗齐所言“一切历史都是当代史”。因此，研究“战国策派”自无法脱离历史的维度，更无法脱离原始历史材料。历史正是以当前的现实生活作为其参照系，这意味着过去只有和当前的视域重合时才为人所理解。而历史是精神的活动，精神活动永远是当前的，绝不是死去了的过去。我们可以在观照、反思历史的过程中看到现在、望到未来，这就是其存在的价值。限于笔者专业，仅从伦理学角度来研究“战国策派”，以窥其伦理原貌。文章志于此，缘于以下几个方面：

首先，基于“冷僻”的原因。所谓“冷僻”，是指“战国策派”受历史原因的影响而一直为人所“忽略”“遗忘”，并为人所误解且以讹传讹，导致“战国策派”被学界疏远与冷淡；此外，也指由于为同时期的文史哲思想史中的显学学派、热门思潮所遮挡，只能屈居“二线”，致使其“门前冷落”而成为研究的“冷门”。事实上，正是由于以上两方面的恶性循环才造成长期以来对“战国策派”的研究处于“冷僻”境地。并非笔者故意选“冷僻”课题加以研究，笔者也并非专好研究“冷僻”之人。笔者认为“战国策派”实为“外冷内热”，无论是对“战国策派”嗤之以鼻，抑或是对其避而远之的情形，都无法遮掩其“冷僻”之下的“火热”。也就是说，研究的“冷僻”并不能遮掩其不可回避的价值存在，这就是其自身的“火热”。这种“火热”或许正可以燃起一团伦理的热火而照亮“战国策派”的伦理思想全貌，并使之变得炙手。清末民初以来，我们所讨论的众多伦理话题，大多涵盖于“战国策派”的思想言论之中，尤其是他们对国民性深刻认识的独特视角，以及文化重建的宏观视野，都值得我们加以研究。而当前我们对这些话题的探讨，甚至仍无法超越“战国策派”当时的理论水准和学术视野。

“战国策派”不仅学术特点鲜明、理论视野宏大，而且包含激进的政治意识和忧患的文化关怀，在民族危机、文化危机的时代背景下，他们对中国伦理文化深刻的认识，使其成为中国现代伦理思想史一个难以回避的价值存在。对于真正

① 王尔敏先生在其《20世纪非主流史学与史家》中将“战国策派”视为“非主流”史学，以区别于“声势最大”的“主流”之“科学主义史学”与“马列主义史学”。其本人也“以中国为主体”，在信念上绝不崇洋，也不放弃中国本位意识，亦将自己划归“非主流”。许纪霖先生在《天地之间：林同济文集》(复旦大学出版社)一书的后记中指出，在现代中国思想史中应提倡研究像林同济这样大大被冷落的“二线人物”，其理由是“假如将他们一一发掘出来，有可能改写整个中国思想史”。由此，我们亦可将林同济所在的“战国策派”视为“二线学派、思潮”。

有学术价值，具有真精神、真意义的思想，即便是“冷僻”，我们也当具“知其不可而为之”的不懈奋斗精神和学术钻研精神，使其真精神、真意义为世人所熟知，并发扬光大之。前人对“战国策派”的研究多以文学、史学、政治学为视角，缺乏伦理学的维度。以“战国策派”伦理思想研究为选题，从伦理学、哲学角度为“战国策派”去“冷”解“僻”，彰显其在中国近现代伦理思想史中的地位和价值，极具研究意义。

其次，基于“正名”的原因，名不正则言不顺。“战国策派”自其产生到“销声匿迹”，长期以来未曾得到客观的评价与对待。“正名”，首先是要看其思想主张的出发点是什么，即动机问题。不论是“战国策派”的“战国时代的重演”之主张，还是“文化形态史观”的理论，抑或是“民族至上、国家至上”的呐喊，从他们的论著中都难以找到宣扬法西斯主义、扬恶抑善、狂热鼓吹战争的思想。更多的则是其字里行间所流露出的对中国文化劫难之忧患，对孱弱国民性之痛心，对民族主义不彰之感叹，对复兴中国文化之信心，对古典伦理文化之坚守，以及对国家、民族、文化之热爱、忠诚与自信。“战国策派”是在抗战中产生的，故其首要动机也是为了抗战，具有致用、应时之功。所以，对“战国策派”的种种主张的“正名”，要放在民族性危机与现代化挑战的张力之中，放在抗战时期民族生死存亡的背景下加以考量，如此方能待之以客观、公正的评价和估量。

中国的近现代化是以启蒙和救亡为时代主题的，以拯救民族国家为出发点，以改造国民性为己任，以塑造适应中华民族现代化要求的新型国民为目的，是中国现代化总体过程中不可缺少的重要一环，在中国近代史上占有重要的历史地位。“战国策派”面对民族危亡与文化复兴的时代重任，“战国时代的重演”、“文化形态史观”、“力”本体哲学、“英雄崇拜”等主张，过去一直为人所误解、批判。或因政治改革与需要，或因文艺创作与欣赏，或因历史重估与平反，政治、文学、史学等学术领域分别对“战国策派”给予“正名”。事实上，他们的这些主张大都是出于民族救亡与文化重建的考虑。其“尚力”主张、“人格型”的提出等思想实为近代改造国民性思潮的承继与深化，而其“战国时代的重演”“文化形态史观”的倡导又是基于民族文化复兴的初衷，文化复兴的重大伦理意义就在于对国民的伦理启蒙，在于塑造国民新的人格、新的人生观。所以，“战国策派”的这些主张中包含深厚的淑世意识和浓烈的伦理情怀。而从众多的研究成果来看，伦理学角度的“正名”之声则微乎其微，故以伦理思想为研究对象的研究既需加强，也待深化。

再次，基于“伦理”的原因。“战国策派”的思想主张涉及众多而“如一‘交响曲’”，此“交响曲”是在启蒙与救亡双重变奏下而形成的一首深沉、雄壮、高昂的伦理交响曲。这一“伦理交响曲”不仅沿袭、发展了中国近代以来民族救亡、伦理启蒙和改造国民性的“尚力”思潮，而且对“战国时代的重演”这一民族复兴的文化策略进行伦理分析，探讨战国时代的战争伦理问题，尚力的伦理精神及其嬗变，还发展、深化了近代以来改造国民性问题的研究，特别是从“士”和“兵”的独特视角来探析中国国民劣根性的原因，以及中国民族文化复兴的古典伦理驱动力。此外，对古典伦理文化的坚守所表现出的文化民族主义的伦理情感，以及对传统政治伦理文化的深刻批判，对构建“大政治时代的伦理”的渴望，还有基于爱国主义而倡导“民族至上、国家至上”的政治民族主义等伦理思想，共同融汇成了“战国策派”所奏的“伦理交响曲”。

另外一方面，文学作为伦理启蒙的急先锋，“战国策派”倡导以民族文学来培养民族意识，塑造民族精神，并用民族意识来增强民族主义思想，从而为民族救亡和文化重建提供精神动力。“英雄崇拜”的论争，凸显了知识群体近现代以来在救亡意识引导下的复杂思想状况，也折射出了近现代民族危亡压力下知识分子群体在立国之本与强国之路间的两难选择。但从根本上说，“英雄崇拜”却是一个关于人格修养的道德问题，是一个伦理启蒙的问题。

然而，由于时代的错误或历史的原因，不论是“战国策派”的民族文学运动，抑或是其“英雄崇拜”的号召，最终都无法逃脱悲剧的命运，而成为时代的牺牲品和伦理的悲剧。在“战国策派”的故纸堆里我们仍可以寻得他们对时代的深刻认识和对国家、民族、人民的淑世情怀，依然可以看到他们反思“五四”伦理的不懈努力，为民族救亡与文化重建贡献自己的力量和智慧。从事实与价值二分的伦理维度来说，对“战国策派”遭遇的历史事实应抱有伦理的同情，而对其包含的思想价值则应给予伦理的认同。

最后，基于“学术”的原因。一种理论即使高明，在一定时代条件下不被接受，甚至受到批判、排斥，也总有其历史理由。后人对历史尽可作出各种不同的评判，但历史并不是一个任人打扮的小姑娘，我们应用历史唯物主义和辩证唯物主义的观点对其分析，将之纳入学术研究范围。但不能要求历史应该怎样或不该怎样，这种惯于用主观的、伦理的观念去评价本无所谓善恶的客观事物，也常将主观误作为客观的存在，就是一种泛道德主义、一种伦理中心主义，也正是"战国策派"学人所批评的"德感主义"："唯德政治观、历史观"和"一个规模宏大的唯德宇宙观"。倘若持此"德感主义"，即拿我们主观所定的应当或不应当来观察、评量宇宙间的事实，就会发生两种逻辑上的错误：一是错解真相，把主观的价值延伸到纯客观的事实里；二是丢失现实，把主观的价值当作客观的存在。这两者都不是学术的态度！

新中国成立始至改革开放，对"战国策派"的学术研究基本处于停滞状态，为政治斗争所替代。正如袁英光批判"战国策派"的史学观点时所指出的，对"战国策派"的研究"就不是什么学术研究问题，而是现实的政治斗争问题"①。有学者批评"战国策派"以学术之身跳入政治旋涡，事实上，"战国策派"学人对学术与政治并非一分为二地割裂对待。他们正是以学术来贡献于政治，使政治尊重学术。正如贺麟所指出的："我们必须先要承认，学术在本质上必然是独立的、自由的，不能独立自由的学术，根本上不能算是学术。"②从体用关系来看，学术是体，政治是用，因为学术是政治的根本和源泉。所以，从学术的角度来探讨"战国策派"对学术与政治的关系问题非常重要，这一关系问题也可以解释"战国策派"于文化与政治间的游离。这也正是中国近现代以来救亡与启蒙双重变奏的时代主题在他们身上的深刻反映，也是那个时代知识分子群体游离于学术与政治间的反映。

站在当下的时空中，我们对"战国策派"不仅要有学术、学理上的了解和同情，更要对其有客观、真实的了解。对"战国策派"的伦理思想进行研究，不仅对揭示"战国策派"伦理思想全貌、凸显其伦理思想的历史地位和价值、彰显20世纪中国伦理道德的时代品格、深化对20世纪40年代中国伦理思想界的认识具有重要的意义，而且还具有重大的理论价值和现实意义，特别是对我们当前的道德建设、政治建设、文化建设、民族复兴都有着深刻的启示意义和警醒作用。

（二）研究对象

以"战国策派"伦理思想研究为主题，就是对"战国策派"所包含的伦理思想加以研究或对其思想进行"伦理的"研究。此研究的前提就是要厘清"战国策派"

---

① 袁英光：《"战国策派"反动史学观点批判——法西斯史学思想批判》，《历史研究》，1959年第1期。

② 贺麟：《文化与人生》，北京：商务印书馆，1988，第246-247页。

及其相关文献的界定、核心人物的划分，这也是所要说明的研究对象问题。

1. 学派与文献界定

1940年4月至1941年7月，云南大学、西南联大等26位特约执笔人以古代的谋臣或策士自诩，在昆明共同创办了《战国策》半月刊，前后共出版17期，后因“空袭频仍，印刷迟缓，物价高涨”①而宣告停刊。后来，他们又在重庆《大公报》上开辟《战国》副刊，自1941年12月3日至1942年7月每周三刊发文章，共出版31期。由于他们立论颇为特殊、旗帜极为鲜明，故得名“战国策派”或“战国派”。本书称之为“战国策派”。

“战国策派”的活动以办刊和出书为主，所以研究“战国策派”的基本历史资料离不开他们所创刊物及所出之书。历史资料的定位决定了研究对象的范围，在某种程度上也表明了对研究主题的把握精度和准度。一般认为，“战国策派”的主要刊物只有《战国策》半月刊和《大公报》《战国》副刊。事实上，创刊于《战国策》之前的《今日评论》以及《战国》副刊之后的《民族文学》和《军事与政治》等也可以视为“战国策派”的刊物。《今日评论》是由雷海宗主编、林同济参与担任编辑、西南联大的一些教授创办的刊物，它是“战国策派”雏形诞生的标志②。陈铨主编的《民族文学》与《军事与政治》等刊物也刊发了很多“战国策派”学人的论著，是他们宣传发动民族文学运动、培养民族意识的重要立言阵地，因此，也可将之归入“战国策派”的刊物之列。至于书籍方面，1943年成立的在创出版社陆续出版由林同济、雷海宗、陈铨、王赣愚任编委的在创丛书，主要编印“战国策派”的著作，如陈铨的《从叔本华到尼采》《戏剧与人生》，林同济编的《时代之波》，雷海宗、林同济合著的《文化形态史观》，王赣愚的《民治新论》和《新政治观》等。同时，与“战国策派”同期的一些报纸、刊物，如《群众》《思想与时代》《文化先锋》《大公报》《解放日报》等也是研究“战国策派”不可忽视的重要的历史参考资料，可与“战国策派”形成一个横向对比。

何谓“战国策派”？翻检众多的历史资料可以发现，“战国策派”是一种“法西斯主义思潮”、反动的政治文化派别。③ 以冯契先生主编的《哲学大辞典》为例，

① 《〈战国策〉停刊启事》，《中央日报》，1942年4月4日。

② 许纪霖、李琼编：《天地之间：林同济文集》，上海：复旦大学出版社，2004，第390页。

③ 在《哲学大辞典》《中国文学大辞典》《中国近现代史大典》《中国现代政治思想史》《中国现代哲学史》《中华民国文化史》《文史哲百科辞典》等辞典、著作中均可发现“战国策派”“法西斯主义思潮”的定性。

它这样定义"战国策派"："中国历史上宣传法西斯主义的文化团体。抗日战争中期出现的资产阶级哲学派别之一。1940—1941年间，陈铨、林同济、雷海宗等在昆明创办《战国策》杂志，后又在重庆《大公报》上创办《战国》副刊，故名。自称历史观是'文化形态史观'。把人类历史分为封建时代、列国时代、大一统帝国时代三个阶段。认为当时的中国和世界是'战国时代的重演'。强调'战争为中心'，战争决定一切。……把当时流行的'民族至上、国家至上'的法西斯主义口号，解释成'没有民族，没有国家，个人根本就不能存在'，为蒋介石的法西斯主义作辩护。主张唯意志论和英雄史观。……当时即受到广大马克思主义理论工作者和进步人士的批判。随着抗日战争胜利及国内民主运动的高涨，战国策派作为一种反动思潮也渐趋消亡。"[①]众所周知，这一定性是由当时的历史条件与政治环境所决定的，是一种意识形态的产物，也是一种历史的误解。然而，这种误解却一直延续到了二十世纪八九十年代。

研究"战国策派"要力求避免把纯粹的、松散的学术集合体视为具有严密组织、宗旨明确的政治派别的传统理念，真正从学术与思想的角度进行研究评价。江沛先生认为："从中国现代文化思想史的角度来看，战国策派是一个继承十九、二十世纪之交的尚力主义思潮及近代西方文化观念，在近代中国民族危机与第二次世界大战的时代背景下，关注人类文化命运并以探讨中国文化发展规律及其走向，松散的学术集合体。从本质上讲，战国策派不是一种政治思潮而是一种文化思潮。"[②]这一定性是比较合理的。同时，"战国策派"也是在国家存亡关键，在强烈民族危机感驱使下的爱国思潮和时代思潮，更是一种民族主义思潮。有学者认为"战国策派"成员是激进的民族主义者，但这也只是文化意义上的，他们拥有自由主义者单纯的民族主义情怀，并未与政治纠缠不清，而是与政治保持一定距离的爱国者。

"战国策派"思潮其实正是梁启超所谓的"时代思潮"。梁启超说："凡文化发展之国，其国民于一时期中，因环境之变迁，与夫心理之感召，不期而思想之近路，同趋于一方向，于是相与呼应汹涌，如潮然。""凡'思'非皆能成'潮'；能成'潮'者，则其'思'必有相当之价值，而又适合于其时代之要求者也。凡'时代'非

---

① 冯契主编：《哲学大辞典》，上海：上海辞书出版社，2007，第1909页。

② 江沛：《战国策派思潮研究》，天津：天津人民出版社，2001，第18页。

皆有'思潮';有思潮之时代,必文化昂进之时代也。"[1]作为时代思潮,林同济在《战国策》半月刊的首篇文章中指出:"我们必须了解时代的意义。"现时代"是又一度'战国时代'的来临!"[2]明确主张战国时代重演论。这一"时代思潮"的"相当之价值"在于,重建刚强有力的战争意识与现实立场,重新策定我们的内外方针,重新检讨我们的传统文化!也就是要求建起"战"的意识和"战士式"人格,塑造新的人生观和新的人格。用"大政治"的观念来改变当前的内外方针策略,以应付抗日救亡的需要,用适应"战国时代"的"尚力"主义来批判中国传统伦理文化的弊端,使国民性由柔弱变刚强,从而用世界的眼光和超越的视野寻求中国文化的出路。其"适合于时代之要求者"就是,"战国策派"的主张——救亡与启蒙与时代的两大主题——强国之路和立国之本相适应。

作为文化思潮,"战国策派"思潮是在救亡与启蒙的双重压力下,在立国之本与强国之路的两难选择中诞生。其终极价值追求在于,克服现代化与民族化的内在紧张,建立一套既能汲取传统文化的"列国酵素"以避免文化传统的断裂,又能借鉴西方优秀文化要素而成功回应西方现代化的挑战,并进而获得广泛认同的文化价值系统,对未来文化复兴充满信心。对五四以降各种新文化构想的反思,特别是对传统伦理积弊的锋利批判是"战国策派"突出的理论个性与学术特色。"他们分析文化活力的强弱与国力间的密切关系,强调融合西方文化精神对于振兴民族与中国文化在新'战国'时代的重要性。在本质上讲,这些观点介于文化自由主义与激进主义之间,其中也掺杂着浓厚的民族主义情感。"[3]总之,其宗旨是战时文化重建、为中国文化寻路,目的是改造孱弱的国民性,从而振兴中华民族,实现民族复兴。但从根本上说,这一思潮依旧是一种冲击—回应模式下的被动反思,是一种应时的文化反映。

因此,所谓"战国策派",当具备以下两种要素:一是在《战国策》杂志和《战国》副刊上发表过文章的人,即两个刊物的作者。二是与"战国策派"共同拥护的"战国时代重演论""大政治观"等观念和主张相一致的人。后者则是界定"战国策派"成员的主要标准。[4] 概言之,这两种要素就是发文数量和观念认同。发文

---

① 梁启超:《清代学术概论》,上海:上海古籍出版社,2005,第1页。

② 林同济:《战国时代的重演》,《战国策》,1940年4月1日,第1期。

③ 江沛:《战国策派思潮研究》,天津:天津人民出版社,2001,第18页。

④ 桑兵、关晓红主编:《先因后创与不破不立:近代中国学术流派研究》,北京:生活·读书·新知三联书店,2007,第514-515页。

数量是指在"战国策派"主要刊物上发表过文章，观念认同则指在思想倾向和学术观点上与"战国策派""代发刊词"①的主旨具有一致性。也就是说，若仅符合发文数量而与观念认同无关，则不能简单地将其视为"战国策派"的"圈中人"；但若仅符合观念认同而与发文数量无关，则可以将其视为"战国策派"的"外围"。凡是同时符合两种要素的人，自然而然地就是"战国策派"成员。据此，我们可以将发文数量和观念认同作为界定"战国策派"的依据和标准，而观念认同则为其主要依据和标准。

2. 核心人物的划定

根据界定"战国策派"的两要素，我们发现，在《战国策》与《战国》副刊上发表过文章的作者，除 1941 年 1 月 15 日上海版《战国策》半月刊上列出的 26 位"本刊特约执笔人"②外，还出现过思齐、陶云逵、同济、陈雪屏、公孙震、林良桐、郑潜初、郭岱西、冯至、王季高、孙毓棠、吴宓、E. R、独及、望沧、沙学浚、王赣愚、谷春帆、钰生、梁宗岱等 20 人。若仅将这两个刊物所列作者做简单的数字相加，认为共有 46 位，那是不对的。因为"战国策派"学人有喜用笔名或字发表文章的习惯。据孔刘辉查考，爱用笔名或字的有林同济（同济、独及、望沧、公孙震、岱西、郭岱西、潜初、郑潜初、疾风、星客）、何永佶（尹及、吉人、永佶、丁泽、二水、仃口）、陈铨（唐密）、洪绂（思齐、洪思齐）、沈从文（上官碧）等人。"综合统计，昆明版 17 期《战国策》（其中 15、16 期为合刊）共载文章 106 篇，作者有何永佶（32 篇）、林同济（22 篇）、陈铨（13 篇）、沈从文（8 篇）、雷海宗（3 篇）、洪绂（7 篇）、王讯中（2 篇）、贺麟（2 篇）、陈碧笙（2 篇）、费孝通（2 篇）、沈来秋（2 篇）、朱光潜（其余皆 1 篇）、曹卣、曾昭抡、童寯、陈雪屏、陶云逵、林良桐、冯至、王季高、孙毓棠、蒋廷黻，共 22 人，《大公报·战国》共出 31 期，刊发文章 38 篇，除《战国策》原撰文者之外还有吴宓、E. R、沙学浚、王赣

① 在 1940 年 4 月 15 日《战国策》的第 2 期，战国策社针对社会人士对本刊主旨及发刊词的垂询而作"代发刊词"说明："本社同人，鉴于国势危殆，非提倡及研讨战国时代之'大政治'（high politics）无以自存自强。而'大政治'例循'唯实政治'（realpolitik）及'尚力政治'（power politics）。'大政治'而发生作用，端赖实际政治之阐发，与乎'力'之组织，'力'之驯服，'力'之运用。本刊有如一'交响曲'（symphony），以'大政治'为'力母题'（leitmotif），抱定非红非白，非左非右，民族至上，国家至上之主旨，向吾国在世界大政治角逐中取得胜利之途迈进。此中一切政论及其他文艺哲学作品，要不离此旨。"

② 26 位特约执笔人分别为：林同济、岱西、吉人、二水、丁泽、雷海宗、陈碧笙、费孝通、沈来秋、陈铨、尹及、王迅中、洪思齐、唐密、洪绂、童寯、疾风、曾昭抡、沈从文、何永佶、曹卣、贺麟、星客、朱光潜、上官碧、仃口。

恩、谷春帆、钰生、梁宗岱、冯友兰8位，合计两刊近30位作者，发表文章140余篇，撰文最多的是林同济(36篇)，其次为何永佶(32篇)、陈铨(21篇)、沈从文(9篇)、雷海宗(7篇)、洪绂(7篇)等。"[①]即是说，单纯根据界定"战国策派"的要素一发文数量而言，位居前列的林同济、何永佶、陈铨、沈从文、洪绂、雷海宗等人当属"战国策派"重要成员，剩余作者也均属"战国策派"成员。但这仅仅是一个定量的结果分析，并未涉及定性的诉求，因而会显得有些漫无边际而散乱。因此，需要根据界定"战国策派"的要素二——观念认同，再加以"定性"的划定。"战国策派"的鲜明旗帜是"战国时代重演论"与"大政治观"，文化形态史观又与"战国时代重演论"紧密联系在一起，"大政治观"包含了唯实政治与尚力政治，主张国家至上、民族至上。因此，凡是与上述思想倾向和学术观点相一致的人，亦可视为"战国策派"成员。

在"战国策派"核心人物的划定上，学界一致的看法是，林同济、雷海宗、陈铨三人是"战国策派"当然的核心成员，在"战国策派"内部起着聚合他人、倡导言论的骨干作用。除此之外，其余核心人物的划定则存有分歧。江沛先生认为是林同济、雷海宗、陈铨、何永佶及贺麟等五人，而台湾学者冯启宏则认为是林同济、雷海宗、陈铨、何永佶、洪绂等五人。在一些百科辞典如《中国文学大辞典》《史学理论大辞典》中则将林同济、雷海宗、陈铨、何永佶四人划为"战国策派"的代表人物。笔者认可冯启宏在其《战国策派之研究》中将洪绂划定为核心人物的原因，即洪绂曾诠释《战国策》的主旨"大政治观"，以及他所提倡的地略政治也是"大政治观"的重要理论依据。综上所述，林同济、雷海宗、陈铨、贺麟、何永佶五人为"战国策派"的核心人物是众多学者的重叠视域所凸显出来的观点。对作为"战国策派"核心成员的贺麟的研究，并非仅仅只有他在《战国策》上发表的两篇文章，也包含抗战期间贺麟的其他论著，主要集中在《文化与人生》一书中。根据界定"战国策派"的两要素及上述学者观点的重叠视域，我们可以将林同济、雷海宗、陈铨、何永佶、洪绂、贺麟六人划定为"战国策派"的核心人物。

林同济(1906—1980)，笔名耕青、独及、望沧等，福建福州人。为国家谋出路、为人民谋幸福的思想者和真理探求者。1922年入清华留美预备学校高等科学习，1926年官费赴美入密歇根大学，1928年获密歇根大学政治系学士学位，后

① 孔刘辉：《"战国派"作者群笔名考述》，《新文学史料》，2013年第4期。

入加利福尼亚大学伯克利分校学习并获该校硕士、博士学位。1934年回国后任教于南开大学政治系。1935年起，兼任《南开社会与经济》季刊主编。抗战期间，担任云南大学文法学院院长和经济系主任。1940年参与创办《战国策》半月刊，后又开辟重庆《大公报》《战国》副刊，还担任“在创丛书”主编。1948年创办海光图书馆。新中国成立后，任复旦大学外语系教授，后期转向李贺诗歌校勘和莎士比亚研究。1957年被错划为右派。1980年赴美加州大学讲学，于11月20日因突发心脏病，逝世于美国。

雷海宗(1902—1962)，字伯伦，河北永清县人。作为“战国策派”的主将之一，他主要用文化形态史观分析不同的文化系统，提出中国文化独具两周说，并渴望建立第三周文化，即中国文化的复兴。1919年入清华学校高等科，1922年公费入美芝加哥大学，主修历史，副科学习哲学，1927年获芝加哥大学哲学博士学位。回国后先后在中央大学、武汉大学、清华大学、西南联合大学、南开大学任教。曾主编过《中央大学》《战国策》《大公报·战国》《今日评论》《周论》等刊物。作为史学大家，其著述甚多，最为著称的莫过于《中国文化与中国的兵》一书。1957年被划为右派，仍坚持著述与学术研究。1962年12月25日，因尿毒症及心力衰竭于天津逝世。

陈铨(1903—1969)，又名陈大铨、陈正心，字涛西，笔名涛每、T、唐密，四川富顺县人。著名作家、翻译家。作为“战国策派”的代表人物，对尼采思想的介绍与诠释以及发动、实践民族文学运动以培植民族意识是其主要贡献。1921年入清华学校留美预科班，毕业后赴美奥柏林大学留学，获文学学士和哲学硕士学位。后赴德留学，获德国基尔大学文学博士学位[①]。回国后，先后任教于武汉大学、清华大学、西南联合大学、中央政治学校、同济大学、南京大学。曾主编过《民族文学》《军事与政治》等刊物，发起民族文学运动，倡导英雄崇拜。其著作甚丰，代表作有《中德文学研究》《文学批评的新动向》《从叔本华到尼采》《戏剧与人生》《天问》《野玫瑰》《金指环》等，其中《野玫瑰》最为人所争议。1957年后停止教学而从事德语翻译工作。1969年1月31日于

① 陈铨以《德国文学中的中国纯文学》即《中德文学研究》获博士学位，江沛在《战国策派思潮研究》中认为陈铨获得的是哲学博士学位，而沈卫威在《寻找陈铨——从〈学衡〉走出的新文学家》中根据陈铨1952在同济大学和南京大学填写的简历表显示，陈铨获得的是文学博士学位。后者应该更为可信。

南京逝世。

何永佶(1902—1967),字尹及,广东番禺人。清华学校毕业后赴美哈佛大学攻读政治学,并获政治学博士学位。归国后,先后任教北京大学、中山大学、中央政治学校、云南大学。他是战时著名的政论家,著有《为中国谋国际和平》《为中国谋政治改进》《中国在戥盘上》《宪法平议》等。曾任北平政治学会秘书长、太平洋国际会议中国代表。作为"战国策派"初期论述的主要建构者,他在"战国策派"的成员中发文数量较多,主要是评论当时国际政治局势与我们的外交对策,曾提出"外向政治观""国力政治""大政治"等政治观点和战国外交的策略,在理论上为"战国策派"的思想寻找依据。"文革"期间去世。

洪绂(1906—1984),字思齐,又名洪思齐,福建闽侯人。1926 年毕业于协和大学物理系,1932 年留学法国,1933 年获法国里昂大学地理学博士学位,后又毕业于巴黎大学外交系。回国后,先后在中山大学、清华大学、西南联合大学任教,晚年出任加拿大贵福大学地理系主任、教授。他在经济地理学方面造诣很深,为国际经济地理学的著名学者。

贺麟(1902—1992),字自昭,四川金堂县人。1919 年入清华学校学习,1926 年赴美奥柏林大学哲学系学习,获学士学位后入芝加哥大学攻读硕士学位,不久转入哈佛大学并获该校硕士学位。随后转往德国柏林大学攻读哲学博士学位。归国后先后任教于北京大学、西南联合大学、北京大学。对德国古典哲学特别是黑格尔哲学颇有研究。于"战国策派"有影响的著作为抗战时期所著《文化与人生》。1992 年 9 月 23 日于北京病逝。

纵观"战国策派"核心成员的经历可以发现,他们都是学贯中西的学术精英,既有一定的旧学根底,又深受西方近代文化的熏陶,是一个以教授为主体的高级知识分子集合体,同怀忧国忧民之心,主持《战国策》《大公报·战国》来宣扬自己的主张。他们通过对"中体西用""全盘西化""本位文化"等文化观念的深刻反思发现,仅靠"打倒"或者"拿来"是行不通的,整个文化的革新才是抗战的最终目的。于是,他们在国家至上、民族至上的民族主义思潮和爱国思潮的激荡中,对柔弱的国民性和萎靡的民族精神进行了改造与重振,沿着近代以来的尚力之路去塑造新的国民性格,从而赢得抗日战争的胜利和中华民族的生存,为中国文化的发展谋求出路。

二、"战国策派"的多角度研究

对于"战国策派"的研究现状，多位学者已有较为详细的综述[①]，此处不加赘述。本文仅对"战国策派"伦理思想的研究现状进行综述。整体而言，对"战国策派"的伦理思想或伦理研究没有专门论著，而只是散见于对"战国策派"及其学人的文学、史学、哲学、文化学、艺术学、政治学等学科的研究当中。

自"战国策派"诞生到改革开放前，对"战国策派"的评价以反对者的激烈批判为主，也有微弱的支持者和赞成者的声音。这一阶段，政治是评判一切的标准，即使有学术的探讨，也不过为政治上的反动定性做佐证。因此，"这种政治意识形态性质的评论实际上已经脱离了思想文化和文学领域正常的理论分析范畴，并直接影响'战国策派'在此后相当长时间内政治批判视野中一直备受排斥和批判，最终渐而趋于话语沉默的边缘"[②]。应该承认，"战国策派"的一些言论和做法在当时对建立国际反法西斯统一战线、联合全世界的力量来反对法西斯侵略者确实起了不良的影响和作用，但"战国策派"的初衷仍是焕发民族活力，激励国人担起"拨乱反正，抗敌复国，变旧创新"的重任，而并非如一般批判者所言的狂热地宣传法西斯主义。从其全部言行看，"战国策派"仍是以民族为本位，以国家民族的利益为准绳的。

此期对"战国策派"伦理思想的批判大多是在政治批判中流露出来的，而且也只是为政治批判做论证的。如将"战国策派"定性为法西斯主义派别的汉夫，著文批判"战国策派"的尚力主义，认为"战国策派"不分正义与非正义，"希望'战国派'以国家为重，以民族独立民主自由为重，勿再抛开正义，无原则的惑于力的世界，力的文化，争于力谬见，而以其宝贵的精力，全部贡献于抗战建国"[③]。胡绳批判陈铨提出的"英雄崇拜"，认为他所崇拜的"英雄""超人"是法西斯式的英雄，是反理性主义的逆流[④]。

对"战国策派"伦理思想的研究评价集中表现为时人对"战国策派"关于

---

① 如江沛关于"战国策派"学术史的整理（详见《战国策派思潮研究》一书 21-33 页）、冯启宏对"战国策派"所做的相关研究回顾与探讨（详见《战国策派之研究》第 7-16 页）、李雪松在其博士论文中所做的"战国策派"的研究现状（详见《"战国策派"思想研究》，第 6-10 页）等。

② 袁继峰：《战国策派研究述评》，《重庆大学学报（社会科学版）》，2010 年第 5 期。

③ 汉夫：《"战国"派的法西斯主义实质》，《群众》，1942 年 1 月 25 日，第 7 卷第 1 期。

④ 胡绳：《论英雄与英雄主义》，《全民抗战周刊》，1940 年 11 月 30 日，第 143 期。

"英雄崇拜"的论争。此论争呈现出纷繁复杂的表象,既有外界人士的评论,又有"战国策派"阵营内部的互相辩驳。① 就"战国策派"而言,既有态度的分歧(赞成或反对),又有立论角度的差异(政治或哲学)。这反映出"战国策派"成员观点的不一致性,也体现了这群知识分子自由立言的立场。"战国策派"就曾强调:"我们大家没有完全统一的意见,写文章也没有事先讨论,编辑不过是收收稿子,并无一定不变的编辑方针。"②对"英雄崇拜"的自由论争虽然更多地体现了学术性,但依旧无法避免"战国策派"法西斯主义思潮的整体定位的政治批判。

改革开放至20世纪90年代,此期对"战国策派"伦理思想的研究虽仍没有走出政治批判的阴影,但政治批判已于无形中被正在形成的学术研究潜流包围。特别是在20世纪的最后十年间,在学术氛围相对宽松自由的环境中,对"战国策派"的传统定性虽仍有延续,但对其研究开始出现以学术探讨为旨归的明显倾向。从研究"战国策派"的文章来看,理性化和全面化是研究的趋势,并力图为"战国策派""平反",从学术立场上予以理性的反思,还原"战国策派"的本来面目。即政治上平反,学术上还原,伦理上重估。

阎润鱼在《战国策派政治文化观初探》中对"战国策派"文化革旧创新的动因、固有文化德感主义的批判与现代文化尚力主义的倡导、传统思维习惯的革新进行了论述。该文虽是通过"战国策派"对传统文化与现实政治的关系的主张来探讨其政治文化观,实则是对"战国策派"伦理思想的一种审视。阎润鱼指出,"战国策派"把这个问题放在挽救民族危亡的大前提下提出,这同中国近代史上其他关心国民性改造的思想家是一样的。他们沿着近代以来国民性改造问题而不断深入探讨,力图从传统文化与思想观念的深层上去寻找中华民族获得新生的途径。文章最后评价道:"战国策派从确立改造'固有'文化的原则、判断'固有'文化的特质到具体检讨'固有'文化对现实社会、政治以及国民的消极影响,并提出弃旧立新的主张,其思想前后贯为一体,而且别具特色。值得我们今天认真研究。"③

---

① "英雄崇拜"之争由陈铨的《论英雄崇拜》一文引起,此期参与论争的有沈从文、贺麟、单戈士、胡绳、张子斋、倪云凌等人。后文有详细论述,此处不赘述。

② 范长江:《昆明教授群中的一支"战国策派"之思想》,《开明日报》,1941年1月9日。

③ 阎润鱼:《战国策派政治文化观初探》,《北京社会科学》,1988年第4期。

20世纪90年代初，郭国灿所撰《近代尚力思潮的演变及其文化意义》《论近代尚力思潮》①两篇论文是此期研究“战国策派”尚力主义的力作。这两篇论文后作为《中国人文精神的重建：约戊戌—五四》一书之“尚力卷”部分而出版。他认为“战国策派”延续了戊戌以来以“尚力”为特征的感性启蒙思潮，并将尚力思潮推向“力”本体的文化哲学阶段。其尚力思想具有二重性，“一方面保留了从戊戌—辛亥—五四以来对传统柔性文化的批判和对感性生命力量的推崇，并且将‘力’视为对生命悲剧的战胜，强调一种向生命悲剧不断挑战的乐观、进取、审美的人生态度；然而另一方面却将‘力’渗透到政治精神中，从而走向了一种尚力政治和政治权威主义，并明确走向五四精神的反面”②。最终导致长达半个世纪之久的尚力思潮感性启蒙意义的失落，标志着尚力思潮的悲剧性结束。这一悲剧性结束具有深刻的文化意义：“它标志着中国近代的感性启蒙和感性精神重建的开始，标志着古典文化精神向近代文化精神的过渡。”③作为“战国策派”伦理思想精神内核的尚力主义，虽然最终走向悲剧性，但却于挽救民族危亡、改造国民性格有重大影响。

事实上，改革开放至今，几本“战国策派”学人论著的结集出版，也表明了“战国策派”已引起学界的重新重视和注意。李帆主编，曹颖龙、郭娜编的《民国思想文丛：战国策派》④，收录了林同济、雷海宗、陈铨、何永佶、贺麟、郭岱西、陶云逵、沈从文、洪思齐、冯志等人体现“战国策派”基本思想主张的代表性作品，多选自《战国策》半月刊、《战国》副刊，以及“战国策派”诸人的文集、选集等。而张昌山编的《战国策派文存》(滇云八年书系 · 旧刊文存)⑤则更忠实于“战国策派”，他将《战国策》半月刊及《战国》副刊上所有文章汇编成书，是研究“战国策派”极为珍贵的历史文献资料。特别是温儒敏、丁晓萍主编的《时代之波——战国策派文化论著辑要》(中国文化书院文库　二十世纪中国文化论著辑要丛书)，该书从文化形态史观、意志哲学、对新文化运动的反思、民族文学运动四个方面，较全面地反映了“战国策派”的文化主张和思想风貌。值得重视的是，该书前言详细论述

① 分别见于《学习与探索》1990年第2期第30-40页及《福建论坛》(人文社会科学版)1992年第2期第51-58页。

② 郭国灿：《中国人文精神的重建：约戊戌—五四》，长沙：湖南教育出版社，1992，第216页。

③ 郭国灿：《近代尚力思潮的演变及其文化意义》，《学习与探索》，1990年第2期。

④ 李帆主编；曹颖龙、郭娜编：《民国思想文丛：战国策派》，长春：长春出版社，2013。

⑤ 张昌山编：《战国策派文存》，昆明：云南人民出版社，2013。

了“战国策派”关于民族文学主张、战国时代重演论、文化重建思路等内容，为从整体上全面把握“战国策派”提供了有益的思路。同时，对“战国策派”的伦理思想也有深入探讨，特别是对“战国策派”关于民族性格的自审，认为他们既批判传统又在某些方面皈依传统，这是一种文化策略，也是一种伦理心态。而“战国策派”对“人格型”概念的引入，则是对五四时期改造国民性主题的继续和深入。对尼采意志哲学的推崇是他们为健全国民性格、焕发民族生命力而开出的药方，然而终究是一种空想。对英雄崇拜的提倡，更注意的是文化问题和现实批判问题，即纠正国民性中的庸惰。他们对五四新文化运动的反思则是对民族主义、个人与国家关系的一种时代思考，是对国家至上、民族至上的一种时代体悟。至于民族文学运动的提倡则是为了培育文学的民族意识。民族意识是民族文学的根基，民族文学又可以增强民族意识，进而增强国民的民族主义意识，鼓舞国民积极抗战的勇气，坚定国民的抗战信心。不管怎样，他们的文学观完全是功利主义的文学观，都是出于对文化再造问题的思考。①

黄岭峻把“战国策派”作为抗战时期非理性化民族主义的典型代表，在肯定其积极面的同时也指出：“这种非理性的民族主义毕竟缺乏严格的学理基础，尽管它一时也能激发人们的爱国情怀，但由于其非理性的痼疾，这种爱国情怀终难持久。”②黄敏兰肯定“战国策派”对抗战时期中国社会发展的积极意义，从近代中国知识分子的现实关怀出发，还独辟“呼唤民族新生的文化形态史观”一章，集中探讨雷海宗、林同济的文化形态史观的背景、内容、特征等问题，强调其在改造国民性、重建中国文化、深化历史观与政治联系上的重要意义。③ 这些研究丰富了人们对“战国策派”伦理思想的认识和了解，对“战国策派”的传统形象产生了强烈的冲击。

进入 21 世纪，以“战国策派”为研究主题的专著也开始出现，代表性著作是《战国策派思潮研究》④和《战国策派之研究》⑤。冯氏之书的研究重点在对中

---

① 温儒敏，丁晓萍：《时代之波——战国策派文化论著辑要》，北京：中国广播电视出版社，1995，前言第 1-25 页。

② 黄岭峻：《试论抗战时期两种非理性的民族主义思潮——保守主义与“战国策派”》，《抗日战争研究》，1995 年第 2 期。

③ 黄敏兰：《学术救国——知识分子历史观与中国政治》，郑州：河南人民出版社，1995。

④ 江沛：《战国策派思潮研究》，天津：天津人民出版社，2001。

⑤ 冯启宏：《战国策派之研究》，高雄：高雄复文图书出版社，2000。

国文化未来路向的思索与讨论上，而非思想流派的鉴定。冯氏认为“战国策派”的见解与论述都是围绕“大政治”意识这一个主题前进的，而“大政治”的宗旨中，“力”尤其是整个民族、国家的力量是“战国策派”核心成员所追求的目标所在，将中国人的民族性格改造成刚强有力也正是“战国策派”成员论述的重点。至于对“战国策派”伦理思想的论述，冯氏主要是从传统文化中的“兵”与“士”两个“反求诸己”的角度进行，同时也不忘取法西方文化中的活力乱奔的德国思想，从而进行文化重建的构想。此书也着重对“战国策派”三位核心人物陈铨、沈从文、贺麟对于“英雄崇拜”的论争进行了评述。此书并未反映“战国策派”的伦理思想全貌，仅涉及相关方面而未做深入探讨。

江沛之书较为全面系统地从多个方面对“战国策派”思潮作了研究，他用“历史主义的方法对‘战国策派’思潮作了重评，为‘战国策派’的代表人物进行了‘翻案’，是近年来在‘战国策派’的整体性研究中最为扎实和丰厚的一个成果，从一定程度上可以说是填补了学术空白”①。该书主要从三个方面论述了“战国策派”的伦理思想。首先，批判不利于培养民众爱国主义意识的传统“大家族制度”。其次，以忠孝问题为反省极具伦理特征的中国文化的起点，提倡“忠为第一”。从根本意义上突出生命与道德的悖论性冲突，希望人们走出传统的伦理化观念，使“‘力’压‘德感主义’”，才会真正意识到中国文化积贫积弱的困境及生机何在。第三，从“战国策派”提出的“新的人格型”角度来讨论“英雄崇拜”。站在民族文化重建的立场，“战国策派”认为中国文化进入世界文化近代化体系的必由路径，就是以列国酵素变革古典伦理意识，并加速中西文化观念的融合。此书对“战国策派”的伦理思想有深入挖掘，但从专业角度看，依旧是从史学来讨论的，缺乏伦理的深度。

此外，相关学位论文也大幅涌现②，其中几篇博士论文值得注意。特别是魏小奋的《战国策派抗战语境里的文化反思》，以“战国策派”对五四新文化运动的反思为切入点，认为“战国策派”对五四新文化运动反思的目的在于调整文化重

---

① 李雪松：《“战国策派”思想研究》，黑龙江大学博士学位论文，2010。

② 在读秀中文学术搜索中，以“战国策派”为“全部字段”进行搜索，除去重复的共计有36篇，其中6篇博士论文，30篇硕士论文。2000年以前仅有3篇，且都是硕士学位论文。6篇博士论文分别为：江沛：《战国策派思潮研究》，南开大学，2000；魏小奋：《战国策派抗战语境里的文化反思》，北京大学，2002；宫富：《民族想象与国家叙事——“战国策派”的文化思想与文学形态研究》，浙江大学，2004；路晓冰：《文化综合格局中的战国策派》，山东大学，2006；李雪松：《“战国策派”思想研究》，黑龙江大学，2010；高阿蕊：《战国策派的美学思想初探——以陈铨和林同济为代表》，西南大学，2011。

建步伐，反思的一个显著特点是中外文化比较的视野。他们文化思考的意义，更多的在于其探索性，而不是某些具体结论。但是至少在追求理解时代意义的现实主义和抛弃历史定命的理想主义两个方面，“战国策派”对于我们在全球化的背景下思考文化的世界化和民族化的关系问题仍然有启发意义。这对于我们理解“战国策派”对五四伦理的反思是有帮助的。

李雪松在《“战国策派”思想研究》中论述“战国策派”的伦理观时指出，对伦理的极端重视是中国传统文化的基本特征之一，如果不对王权至上、宗法意识和等级观念等思想进行彻底的扬弃，这些传统的伦理观念和道德评价将成为中国文化重建中的一大鸿沟。此文“‘战国策派’的伦理观”一章后来被收入由柴文华等编著的《中国现代道德伦理研究》一书，并将其编入“中国现代伦理学派及其思想”篇中，可见柴文华等对于“战国策派”的定位是“中国现代伦理学派”。

对“战国策派”改造国民性这一主题的专文研究也有成果出现。如魏小奋的《从“时代的意义”到“刚道的人格型”——“战国策派”文化反思》、王学振的《战国策派的改造国民性思想》以及尹小玲的《论“战国策”派的改造国民性思想》等文章①，他们分别从文化反思、抗战文化、文化批判角度对“战国策派”改造国民性思想进行了研究。作为非理性的民族主义，“最值得注意的应是‘战国策派’批判传统道德的出发点是一种国家主义，而非个人主义”②。“战国策派是中国真正接近西方现代民族主义的思想派别。从思想形态看，它与国家主义派是有承续关系的。”③有论者将“战国策派”划归为“文化民族主义”④“国家主义”派别⑤。江沛先生在其后的研究中指出，“战国策派”在自由主义与民族主义的纠缠下，其改造国民性的思想是尚力思潮与英雄崇拜间的潜在逻辑。⑥

---

① 上述三篇论文分别见于《首都师范大学学报(社会科学版)》2004 年第 4 期、《重庆社会科学》2005 年第 1 期、《四川理工学院学报(社会科学版)》2009 年第 24 卷青年学术专刊。

② 黄岭峻：《试论抗战时期两种非理性的民族主义思潮》，《抗日战争研究》，1995 年第 2 期。

③ 陈廷湘：《论抗战时期的民族主义思想》，《抗日战争研究》，1996 年第 3 期。

④ 参见暨爱民：《“文化”对“民族”的叙述——“战国策派”之文化民族主义建构》，《湖南师范大学社会科学学报》，2009 年第 2 期；《文化民族主义：“战国策派”与文化重建》，载郑大华、邹小站主编的《中国近代史上的民族主义》(社会科学文献出版社 2007 年版)。

⑤ 高力克：《中国现代国家主义思潮的德国谱系》，《华东师范大学学报(哲学社会科学版)》，2010 年第 5 期。

⑥ 参见江沛的《自由主义与民族主义的纠缠》(《安徽史学》，2013 年第 1 期)以及刊载于《五四的历史与历史中的五四：北京大学纪念五四运动 90 周年国际学术研讨会论文集》(牛大勇、欧阳哲生主编，北京：北京大学出版社 2010 年版)中的《坚守与变通间的游移——“战国策”派学人对“五四”精神的理解》一文。

研究者的视野多集中于"战国策派"改造国民性这一主题上，而国民性改造思想的切入点也正是"战国策派"伦理思想的一大特色。尽管如此，研究仍忽略了把握"战国策派"伦理思想的整体性，并未探得其"体相"。因此，对"战国策派"在民族危亡之际，通过宣扬战国时代重演、文化形态史观、大政治观等，唤醒国民世界和平的美梦，改造国民柔道的人格代之以刚道的人格，从而陶铸出适合"战国时代"的"战士式"的"力人""英雄"人格，焕发国民抗战的积极性，增强国民抗战的自信心，加强国家抗战的实力，最终实现战时文化重建，复兴民族文化的伦理目标，我们应当给予全面的研究和评价。在此过程中，他们"表现出对国家有信心，对西方文化有批评，对西方历史考察透熟，有全面全程评估，对西方文学哲学也有批评，所站是中国知识分子立场"①，其抱负是中国文化使命，其主旨是中国文化重建，其立论是以中国为主体。可见，对"战国策派"伦理思想的研究尚有很大的挖掘空间。

三、伦理思想与学术贡献

"战国策派"伦理思想研究既是一次尝试，也是一次努力。"战国策派"伦理思想观照点在中华民族救亡、中国文化出路与国民性格改造三个维度上。基于此三个观照点，"战国策派"所主张"文化形态史观""战国时代的重演""大政治"等理论就成为本书的重要研究对象，其国民性改造的思想作为伦理思想研究的对象占据核心地位。本书既是为解决笔者长期以来的困惑而作，也是试图从伦理学的维度来把握"战国策派"伦理思想和对其思想主张作伦理的研究，从而凸显其在破旧与立新、传统与现代、中国与西方、启蒙与救亡、自由主义与民族主义等众多思想纠缠下的伦理面貌，为全面了解"战国策派"的思想风貌刻画出伦理的视觉，也为了解抗战时期的社会伦理风貌、伦理思潮提供一个微观视角。

本书的研究思路及各章安排如下：

第一章主要介绍"战国策派"伦理思想的产生缘起和时代成因。既是对百年来启蒙与救亡伦理主题的延续，同时也是为近现代中西与古今伦理论争所催生。"战国策派"伦理思想的产生是基于抗日救亡的现实伦理观照，出于知识分子的

---

① 王尔敏：《20世纪非主流史学与史家》，桂林：广西师范大学出版社，2007，前言第6页。

伦理启蒙情怀，而在强国之路与立国之本之间所进行的两难选择。它既吸取了文化激进主义批判传统伦理的西化论调，也坚守了文化保守主义捍卫传统伦理的本位思想，同时，“战国策派”也融合了中西方刚强有力的伦理精神来构建中国国民的新人格和新人生观。

第二章旨在介绍“战国策派”伦理思想的三大理论前提，即文化形态史观、战国时代重演论和大政治观。这也是“战国策派”为人所熟知的三面鲜明旗帜。文化形态史观作为“战国策派”伦理思想的理论依据之一，它是一种中国化的文化形态学，是文化形态史观的东方回响。林同济、雷海宗对此有较深理解和较大发展，特别是雷海宗运用文化形态史观而阐发的中国文化周期说，极大地增强了国人抗战救亡的信念和文化重建的信心，于国于民于文化均有功焉。作为“战国策派”核心命题的战国时代重演论，虽非他们首倡，却被他们推至顶峰。此论所强调的是战国时代对战争伦理的呼唤，要求培养国民“战”的意识和精神。以此来鼓舞人心、奋起抗战。然而，此论并非简单地说明当前正是“战国时代的重演”，其深意、真意是为了中国文化重建，迎来文化复兴的第三周。如果说前两个理论前提是一种纯粹的理论形式，那么第三种理论前提——大政治观则有着更多的现实观照和实践意义。大政治观是“战国策派”实现救亡图存这一伦理价值目标的途径，其中包含唯实政治和尚力政治，它们是救亡图存伦理价值目标实现的两大伦理法则。

第三章探讨“战国策派”对传统伦理的扬弃，批判国民劣根性，塑造新的国民人格。这主要从以下四个方面进行检讨与变革：首先是对传统伦理主体即兵和士的检讨，认为传统伦理主体在近代已经堕落，其表现是“无兵的文化”和“士的蜕变”。检讨的结论是要伦理主体获得新生，要求国民性由柔弱变刚强，“力人”为新生伦理主体的代表。其次，对传统政治伦理的弊端进行了批判并予以纠偏，主张变伦理化政治为政治化伦理。批判重家庭轻国家的大家族制、作为皇权之花的官僚传统，特别是中饱的另类面孔，因而他们主张制度化的富贵分离，企图以此纠正传统政治伦理的弊端。他们还对五伦观念作了新的检讨，并提倡第六伦作为救国的道德基础；最后还对传统伦理思维的习惯——德感主义给予了检讨，认为它不适合时代需要，主张革新伦理思维，推崇适应时代意义的尚力主义。这实际上是一种宇宙观的变革，即从“唯德宇宙观”到“力的宇宙观”的变革。

第四章讨论“战国策派”对“大政治时代的伦理”的构建。“战国策派”在检讨传统伦理的基础上，进而开始构建适应“战国时代”的现代伦理——“大政治时代的伦理”。他们将强国强民的尚力精神及刚道人格的崇义精神铸造成现代伦理的精神内核；以“孝为百行先”的私德观念和“忠为百行先”的公德观念作为“战国时代”的基本道德要求，突出了公德与私德的边界问题；将民族主义作为其构建现代伦理的总体价值取向，但由于救亡与启蒙的双重变奏，而使得其民族主义在文化与政治间游离；为了构建适合“战国时代”的现代伦理，“战国策派”还借镜了西洋文化中的尼采哲学的精髓和狂飙运动的精神，以此作为新国民人格和新伦理的外来伦理力量和伦理文化滋养。

第五章讨论“战国策派”伦理思想的历史论争。其中包括对民族文学、英雄崇拜、民主独裁以及五四运动等多个方面的争论。民族文学作为伦理启蒙的急先锋，它在抗战时期表现出了救亡的时代意义，其伦理意蕴在于培植民族意识、塑造民族精神，需要注意的是，要将民族文学运动与国民党所发动的民族主义文学运动加以区别对待。而英雄崇拜，不仅是政治问题、历史问题，更是关于人格修养的道德问题。或许正是对“英雄崇拜”和“战国策派”的错误理解，有人将“战国策派”主张的战时集权抗战等同于法西斯主义的极权与独裁，事实上，它只是一种权宜之计，“战国策派”是明确反对法西斯主义和极权伦理的。主张集权抗战，并不代表他们是在非难民主政体，在他们看来，自由、民主才是建国的基石。此外，“战国策派”还对五四运动做了伦理反思，肯定了个性解放的伦理价值，但认为在当前的“大战国时代”，应当平衡个性解放与集体生存间的张力。

最后，对“战国策派”伦理思想的历史地位和现实意义进行综合概括。“战国策派”的伦理思想彰显了20世纪中国伦理道德的时代品格，丰富了近现代中国伦理思想，具有深刻的现实启示意义和借鉴作用。然而，“战国策派”爱国主义的动机与其所产生的效果往往有很大的出入，使得“战国策派”长期以来被人误解和利用。这就决定了“战国策派”伦理思想承前、应时与悲后的历史命运。

整体而言，本书从“战国策派”伦理思想的时代成因、理论依据、主要内容（扬弃传统伦理与构建现代伦理）、伦理论争等方面较为全面、系统地论述了“战国策派”的伦理思想。而之前对于“战国策派”的研究工作，多数学人主要从史学、文学、政治学、美学等领域进行研究，对其做伦理研究的则为数不多，即便有所涉及，也大多集中在对“战国策派”改造国民性的研究上，并不系统、全面。

具体而言，即解决力之为德的问题。在“战国策派”的伦理思想体系中，他们是崇战尚力的。尽管“战国策派”将“力”提升到了本体论的地位，但实际上，在“战国策派”的伦理构建或文化设想中，民族国家是高置于“力”之上的伦理价值目标，民族至上、国家至上是他们的一贯立场。在“战国策派”那里，力不仅具有本体性的价值，更为重要的是还具有一种工具性价值。即是说，力本身不是德，而力之为德，在于力是“战国策派”实现其伦理目标——救亡图存、建立民族国家——的手段和方法。通过对“力”的崇尚、把握、运用和拥有，而实现挽救民族危亡和建立民族国家这一伦理价值目标，从而具有一种高尚的伦理意义，并成为一种德。在此意义上，本书将“尚力”作为“战国策派”伦理思想的精神内核。

由于“战国策派”是一个综合性的文化学派，内容涉及政治学、史学、哲学、社会学、文化学等众多学科，所以单从伦理学角度来研究，不仅在表述上难以清晰地凸显出伦理意识，而且在理论上也缺乏深度把握。如何在行文表达中彰显其伦理意识与学科特色，以及如何在整体上对其做深刻的理论把握，这将是笔者继续努力的方向。

第一章　“战国策派”伦理思想的时代成因

任何一个派别或团体的形成和出现绝不是偶然的，而是有着深刻的背景。或者因潮而生，或长期积淀而出。“战国策派”伦理思想是在抗日救亡的时代背景下产生的，具有强烈的民族主义情绪和爱国主义情怀，是以复兴民族文化为宗旨，以救亡图存、建立强大统一的民族国家为伦理目标的。它的产生既是对百年来启蒙与救亡伦理主题的延续，也为近现代中西与古今文化论争所催生。即基于民族危机的现实救亡需要、出于知识分子的淑世启蒙情怀，是救亡压倒启蒙的时代选择，是在中西与古今文化论争的催生下，吸取了文化激进主义批判传统伦理的西化论调，主张借鉴国外强盛民族优秀文化，坚持了文化保守主义捍卫传统伦理的本位思想，强调发挥自有文化中的“列国酵素”，以“战国时代重演”的文化命题而对时下的“全盘西化”与“中国本位”的纠缠的一种历史反思。

第一节　百年来启蒙与救亡伦理主题的延续

一、救亡意识下民族主义的激荡

二十世纪三四十年代，中华民族面临着最为深重的民族危机，中国正处于存亡继绝的关键时刻，这一民族危机是自鸦片战争以来民族救亡的延续和深化。鸦片战争后，封建专制统治濒于崩溃，“传统伦理的核心价值开始解体，失去了凝聚人心的力量，逐渐陷于政治与文化的双重危机”①，从而导致“天朝的崩溃”，传统“天下观”的瓦解。伴随民族救亡而产生的中国近代民族主义思潮，则成了先

① 徐嘉：《中国近代民族主义思潮下的伦理嬗变》，《哲学动态》，2008年第12期。

进中国人挽救民族危亡的思想武器。在近代中国，由于受民族危机、文化危机的影响，民族主义思潮是最令人激动的现代化思想，一切与民族主义相对立的运动，几乎都失去了动力与合理性依据。中国近现代民族主义思潮在20世纪40年代发展的一个结果，就是“战国策派”伦理思想的产生。

在中国近现代史上，曾有两次战争对中国的影响最为巨大。

一是19世纪末的甲午中日战争。自居为“中央之国”的“天朝大国”被“蕞尔岛国”日本逼上了耻辱的地位，中国人尚存的优越安全心理意识的基础被战争摧毁，越来越多的中国人开始重新审视中国的国情和在世界中的方位。[①] 此战不仅使国人的危机意识空前提高，且具有全民族的意义，更大范围人群产生民族危机感。若用近视的眼光看，甲午之战对中国就是一场备受屈辱的悲剧；但用长远的眼光看，却是一个新的起点。甲午一战，举国震动，“所关系于中国之命运者极大”[②]。“唤起吾国四千年之大梦，实自甲午一役始也”[③]，“一战而人皆醒矣，一战而人皆明矣，一战而人皆通矣，一战而人皆悟矣，醒则起，明则晰，通则澈，悟则神，三年钟鼓之间，所以养其一日之修省者，无过于中东之役矣。此君子所以不为中国忧而反为中国喜也”[④]。中华民族开始了真正的觉醒。如蔡锷所言：“甲午一役以后，中国人士不欲为亡国之民者，群起以呼啸叫号，发鼓击钲，声撼大地。或主张变法自强之议，或吹煽开智之说，或立危词以警国民之心，或故自尊大以鼓舞国民之志。”[⑤]甲午战争后，近代民族主义取代传统的华夏中心主义盛行于中国思想界。其构成内容主要表现为恢复民族自强自信，特别是对中华固有文化的自信；陶铸国魂，培养人民尚武精神；群体至上的国家主义；维护国家主权和民族尊严等[⑥]。众多慷慨爱国之士开始著书、立说、办报，以谋保国之策，从而掀起中国近代民族主义的大潮。

二是20世纪的日本侵华战争。“战国策派”所提出的众多伦理思想主张，无不都是紧紧围绕一个大的历史背景，即中国抗日战争。他们著书立说以激发人民奋起抗日的战争意识，借助抗战实现民族文化重建的远景构想，显示了他们对

---

① 徐绍清：《论甲午战争前后中日危机意识的变化》，《清史研究》，1994年第1期。
② 石泉：《甲午战争前后之晚清政局》，北京：三联书店，1997，第3页。
③ 梁启超：《戊戌政变记》，载《饮冰室合集》，北京：中华书局，1989，第113页。
④ 何启、胡礼垣著，郑大华点校：《新政真诠》，沈阳：辽宁人民出版社，1994，第182-183页。
⑤ 蔡锷：《军国民篇》，载《蔡锷集》，长沙：湖南人民出版社，1983，第19页。
⑥ 焦润明：《论中国近代民族主义》，《社会科学辑刊》，1996年第4期。

民族、国家发自内心的关注，这都是时代使然。抗战建国成了时人的共同追求与伦理目标。随着国民特别是民族意识危机最为突出的知识分子民族意识的高涨，他们对此空前的民族大灾难自有深刻的切肤之痛。此战与中国命运的关系，恰如林同济在《战国策》半月刊创刊号所发表的《战国时代的重演》中所指出的："这次日本对我们侵略……不但被侵略的国家（中国）生死在此一举，即使侵略者（日本）的命运也孤注在这一掷中！此所以日本对我们更非全部歼灭不可，而我们的对策，舍'抗战到底'再没有第二途。"[①]也就是说，此战关系民族、国家的生死存亡。此战更是将中华民族推到了"最危险的时候"，中国近代民族主义思潮也发展到了顶峰。陈铨在抗战胜利后的1947年指出："在抗战期间，凭借了这个民族主义，我们战胜了日本，现在变相的日本侵略主义又蠢蠢欲动了。我们仍然相信，中国的民族主义仍然能够再度拯救中国的。"[②]可见，他们对民族主义的钟情已非一时之冲动，而是一种基本的伦理主张。

"战国策派"便是在此时以深重的危机意识不断地惊醒世人，希望唤起国人的战斗精神，救亡图存，实现建立民族国家的伦理目标。他们鉴于国势危殆，抱定民族至上、国家至上之主旨而肩负起民族救亡的重担。在这一过程中，他们的民族主义色彩耀眼异常。1940年4月15日《战国策》第二期发表《本刊启事》（代发刊词）："本社同人，鉴于国势危殆，非提倡及研讨战国时代之大政治无以自存自强。……本刊有如一'交响曲'，以大政治为'力母题'，抱定非红非白，非左非右，民族至上，国家至上之主旨，向吾国在世界上政治角逐中取得胜利之途迈进。"[③]也就是说，民族至上、国家至上的主旨是"战国策派"学人的共识，而民族救亡、自存自强是"战国策派"提出的伦理目标。林同济指出，中国自鸦片战争以来，其问题始终是一个民族生存的问题。一切是手段，民族生存才是目标。[④] 即是说，民族独立是民族复兴的前提与基础。所以，在民族救亡的危急形势下，"战国策派"学人创立《战国策》刊物，倡导"民族至上，国家至上"的主旨，力图探讨如何尽快祛除民族传统文化中懦弱、颓萎、苟安现状的国民劣根性，从中华民族独立、自强的意义层面，思考重构中华民族的伦理精神体系。

---

① 林同济：《战国时代的重演》，《战国策》，1940年4月1日，第1期。

② 陈铨：《民族主义的呼声》，《智慧》，1947年第26期。

③ 林同济：《本刊启事》，《战国策》，1940年4月15日，第2期。

④ 林同济：《廿年来中国思想的转变》，《战国策》，1941年7月20日，第17期。

实际上，就当时的形势而言，抗日民族统一战线已经形成，并且"国家至上，民族至上""军事第一，胜利第一"成为广大爱国民众的心声，该派学人提出探讨也是大势所趋。"'军事第一，胜利第一''民族至上，国家至上'这些原则不只是应付目前抗战局面而产生，实在是配合全世界的主潮而制定的。换言之，'战'与'国'两字必须是我们此后一切思维与行动的中心目标"①。显而易见，在此民族主义思潮下诞生的"战国策派"，其伦理思想自然具有鲜明的民族主义色彩。

民族认同、建立民族国家、守护民族文化是中国近代民族主义最为重要的三个问题。胡适认为民族主义"最浅的是排外，其次是拥护本国固有的文化，最高又最艰难的是努力建立一个民族的国家。因为最后一步是最艰难的，所以一切民族主义运动往往最容易先走上前面的两步"②。这一论断是合乎客观情况的。"战国策派"的诞生正是为解决这三个问题，并进行了努力和尝试。民族主义三个方面的问题，"不但构成了中国近代民族主义思潮的主流，而且强烈地推动了近代伦理思想的转型"③。

总之，"战国策派"伦理思想正是基于中国近现代百年民族危机压力，而对中国近代民族主义的主要内容所做出的回应与发展，是民族主义思潮在抗战时期的一种非理性的爱国主义的表现后果。它的产生正是中日战争所带来的民族危机不断深重的结果，也是挽救民族危亡的产物。因此可以说，民族主义是"战国策派"伦理思想的重要内涵。

二、启蒙进程中近代伦理的变革

鸦片战争以后，经世治用派所提倡的"师夷"说开启了近代伦理启蒙与伦理变革的序幕。"中体西用"的伦理变革模式还未触动纲常名教；改良与变革社会制度，也只是相应地以西方近代伦理观念猛烈抨击三纲；在这一过程中，"公众只能是很缓慢地获得启蒙。通过一场革命或许很可以实现推翻个人专制以及贪婪心和权势欲的压迫，但却绝不可能实现思想方式的真正改革"④。伦理启蒙与伦理变革有其深入进行的必要。伦理观念的变革不同于知识的更新，国民只有经

① 林同济：《战国时代的重演》，《大公报》，1941年1月28日。

② 胡适：《个人自由与社会进步》，载《胡适文集：11》，北京：北京大学出版社，1998，第587-588页。

③ 徐嘉：《中国近代民族主义思潮下的伦理嬗变》，《哲学动态》，2008年第12期。

④ ［德］康德：《历史理性批判文集》，何兆武译，北京：商务印书馆，2009，第25页。

过长期熏陶才能养成的伦理素养，既无法一蹴而就，也不能孤立地进行。因此，五四新文化运动以激烈地反传统为主流，以道德革命、“打倒孔家店”为口号，力图全面革新中国的文化与道德。随着新文化运动的发展，出现了各种不同的观点与主张，后又发生科玄论战，促使伦理启蒙通过器物层面、社会制度层面，而向精神世界层面即向科学观、价值观、伦理观扩展。正是在这一伦理启蒙思潮与伦理变革的进程中，“战国策派”提出了其特色鲜明的尚力伦理思想。

作为中国文化与精神载体的知识分子，饱受经世济民的淑世思想的浸润，也素受“国家兴亡，匹夫有责”“尔曹不出，若天下苍生何”等观念的熏陶，当民族国家处于历史的十字路口时，他们会毫不犹豫地投身其中，把救亡与启蒙当作自己义不容辞的责任与使命，即所谓的以天下为己任。在这点上，“战国策派”学人也概莫能外。中国的启蒙运动从一开始就是为了应对西方列强的侵略，摆脱亡国灭种的民族危机，是对西方冲击的一种回应。因形势急迫而迅速启动，所以理论准备并不充分，对基本理论也未能作深入的思考，一开始就进入了有着明确功利目标的“实践”层面。所以，中国的启蒙运动只能关注那些对社会现实会产生直接作用的思想观念。这意味着，从直接目标而言，中国的启蒙自有其特殊的问题意识与时代语境。这种特殊性也存在于“战国策派”的伦理思想之中。

一是启蒙与中国社会面临的社会危机、民族危机相关。对近代中国来说，防止主权迅速沦丧、挽救民族危亡是压倒一切的任务。因此，从政治领袖到知识精英，皆以防止亡国灭种、追求国家富强为己任，这也是产生中国近代各种思潮的现实背景。中国近代启蒙思潮就与民族主义交织在一起，而民族主义的兴起是中国近代启蒙思潮的重要内容，也是中国近代启蒙的一个特征。中国的启蒙意识之觉醒首先是民族意识之觉醒，如何拯救民族于水火，乃是中国启蒙者首先思考的问题。在这个意义上，救亡唤醒了启蒙；在救亡的重压下，中国的启蒙一直以民族国家的价值为重，民族利益高于个人价值。因此，中国的启蒙面临着双重任务，这是对传统伦理的批判与反思，是对新伦理建构的思考。一方面它需要批判传统伦理的束缚，以促进民族的近现代化，另一方面，它又要寻找传统伦理中的民族观念，以启迪民众的民族意识，激起人们的爱国热情，强化民族的凝聚力。在此意义上，我们对“战国策派”所提倡的“国家至上，民族至上”的民族主义，以及“胜利第一，军事第一”的战争激情，就不难有一个清醒的认识和正确的评价。

从另一个角度看，中国的启蒙运动面对的精神枷锁较为特殊，也比较复杂。与源于宗教思想禁锢的欧洲启蒙不同,“中国事与相方者,乃在纲常名教。事关纲常名教,其言论不容自繇(注:自由),殆过西国之宗教”①。即是说:“就启蒙的内涵而言,也就中外有别。在康德的时代,启蒙是指一套‘除魅’(disenchantment)的规划,即以由自然界所领悟的真理来取代那些宗教迷信。但在20世纪中国,启蒙所追求的,则是一种持续不歇的‘除魅’过程,要将中国从数个世纪以来的‘君为臣纲,父为子纲,夫为妻纲’的纲常名教禁锢中解放出来。在欧洲的启蒙时代,‘自身造就的蒙昧’源于腐败专制的教会势力所产生的教条主义。在近代中国,精神麻木的源头可追溯到儒家思想,或更确切地说,可追溯到那些包含‘礼教’——一种对制度化顺服的崇拜——的儒家传统中的种种元素。”②而儒家倡导的纲常礼教则是伦理与政治的有机结合。在此意义上,梁启超指出:“凡国家皆起源于氏族,此在各国皆然。而我国古代,于氏族方面之组织尤极完密,且能活用其精神,故家与国之联络关系甚圆滑,形成一种伦理的政治。”③这种“伦理的政治”“以目的言,则政治即道德,道德即政治。以手段言,则政治即教育,教育即政治”④。可以说,“这种伦理与政治相结合的意识形态,从积极意义上说,它将‘止于至善’与治国、平天下相互诠释,使得伦理目标同时也是政治目标,政治目标蕴含着道德理想,这也是伦理政治之价值所在。但另一方面,随着封建制度的没落,儒家伦理的弊端也日益凸显,纲常礼教严重地束缚着中国人的精神。尤其是近代以来,儒家伦理及其制度化结构成为社会进步、国家富强的最深层的障碍”⑤。对此,“战国策派”深刻地批判了儒家的德感主义。

用上述两个中国启蒙运动的特殊性来衡量“战国策派”的伦理思想,我们发现两者有众多吻合之处。主张战国时代重演的“战国策派”,一方面检讨中国传统伦理的弊端,特别是儒家伦理之德感主义、五伦观念、忠孝思想等涉及中国文化核心的问题,批评传统伦理文化中的柔弱性,同时又倡导尚力尚武的刚强性,主张恢复春秋战国时代文武合一的理想人格,提倡“民族至上,国家至上”的“大政治时代的伦理”以适应世界潮流、促进中国现代化,同时又在传统

① 严复:《〈群己权界论〉译凡例》,载《严复集》,北京:中华书局,1986,第134页。

② [美]舒衡哲:《中国启蒙运动:知识分子与五四遗产》,刘京建译,北京:新星出版社,2007,第5页。

③ 梁启超:《先秦政治思想史》,北京:东方出版社,1996,第44-45页。

④ 同上,第101页。

⑤ 徐嘉:《近代“伦理启蒙”及其基础性理念》,《哲学动态》,2009年第10期。

文化中积极寻找构建现代伦理的古典伦理驱动力，为国人树立伦理文化认同。所以说，"战国策派"伦理思想是中国近现代伦理启蒙思潮发展与伦理变革的结果。

三、启蒙救亡间尚力思潮的继续

一般说来，救亡与启蒙的伦理主题应是二位一体、相互为用的。要救亡不能不同时要求人的觉醒——立人；而只有实现人的觉醒才可望从根本上解决救亡的课题——立国。然而，启蒙常常为救亡所压倒。在此情况下，"令知识群体备感痛苦和难以接受的是，捍卫立国之本与迈向强国之路间难以沟通的悖论，构成了现代性滞后于民族性丧失间的双重危机"①。"战国策派"延续了近代以来知识分子对传统柔性伦理文化的批判意识，并试图用近代西方"力"的文化来改造国民性，强国强民，在启蒙与救亡间寻找立人与立国的平衡。

近代以来，中华民族的核心主题是救亡图存，一批又一批的知识分子积极寻找救国良方，并将西方文明作为榜样而加以仿效。在与西方文明的对话中，他们先是觉得器物上不如人，主张"师夷长技以制夷"，"中学为体，西学为用"；后试图效仿西方文物制度，提倡"新民说"，主张维新变法、改良制度，乃至武装革命；最后认为文化上也远远不如人，进而展开对传统文化的猛烈批判，并主张改造国民性，将救亡的视域置于文化层面。对于这段历程，陈铨的概括极为准确："从军事失败，觉悟政治失败，到后来不得不承认文化失败。中华民族要求生存，旧的一套文化有改弦更张的必要。"②这在当时几乎是所有知识分子的时代共识。从前天朝大国的自大心理一变而为弱小国家的极度自卑心理，不自觉地接受了维系西方种族优势的国民性理论话语，渐渐地把近代中国落后的原因归结为中国古典文化的柔弱特质。所以，对"力"的崇尚就成了近代以来知识分子期盼祖国实现民族独立自由、摆脱列强欺凌的共识。于是，对中国古典文化精神的批判和检讨成为改造国民性的潮流，这一改造柔弱国民性的历史进程在近现代体现为尚力思潮。

国人在反思战败的过程中，逐渐意识到中国"民力已苶、民智已卑、民德已

---

① 江沛：《战国策派思潮研究》，天津：天津人民出版社，2001，第 44 页。

② 陈铨：《民族运动与文学运动》，《军事与政治》，1941 年 11 月 10 日，第 2 卷第 2 期。

薄”[①],甚至发出“其人皆为病夫,其国安得不为病国也”[②],“中国者,病夫也”[③]的感慨。近代“病夫”意识的凸显表明,中国先进知识分子已觉醒到中国国民性弱化的危机,且关系到民族存亡。如何改变“病夫”的状态而成为强国,就成了人们亟待解决的重大问题。于是,在反省“病夫”意识和忧患意识中发现了“力”,并对其加以崇尚,进而渐成尚力风潮。

这股尚力思潮发轫于严复的“鼓民力”,后经谭嗣同、梁启超、蔡锷、毛泽东、鲁迅、陈独秀等人,直到“战国策派”。严复为寻国家富强之路,引入西人斯宾塞的“物竞天择”学说,率先提出“鼓民力”设想,向国人展示世界文化进化中弱肉强食的无情竞争,以期警醒国人的危亡意识,激发知识群体的救亡图存意识,尚力思潮应运而生。梁启超认为,中国落后挨打的主要原因在于中国柔弱的国民性。因此,必须以冒险、尚武等力的精神对柔弱的国民性格进行改造,使以改造国民性为旨归的尚力思潮开始向文化、精神层面深入。20世纪初期,军国民主义思潮盛行,时论指出:“民质能尚武,则其国强,强则存;民质不能尚武,则其国弱,弱则亡”,号召培养有“冒险进取之性质,独立不羁之气概”的新国民。[④] 体格的健全并不是新国民的全部内涵,还须对国民精神与智识加以革新。正如鲁迅所说:“凡是愚弱的国民,即使体格如何健全,如何茁壮,也只能做毫无意义的示众的材料和看客,病死多少是不必以为不幸的。所以我们的第一要著,是在改变他们的精神,而善于改变精神的是,我那时以为当然要推文艺,于是想提倡文艺运动了。”[⑤]因此,从精神上疗救愚弱的国民,提出诸多想法,但都是围绕“力”展开的,大力倡导以诗力、意力、强力为特征的摩罗精神,使力获得了前所未有的崇高地位。

这股尚力思潮第一次把孔子以来遭受鄙弃的“力”抬高到与民智、民德的同等地位,肯定与追求尚武冒险精神和力量,重视体育和军国民精神,由此引发了这个长达半个世纪的尚力思潮。这一思潮在清末民初以军国民主义思潮的凸显而达到高潮,在五四时期得到感性的升华。但是第一次世界大战结束到抗日战争爆发,尚力思潮因时代平和及公理胜利的迷惑虽暂趋沉寂,却从未绝迹。抗战

---

① 严复:《原强修订稿》,载《严复集》,北京:中华书局,1986,第20页。

② 梁启超:《新民说·论尚武》,载《饮冰室合集·专集之四》,北京:中华书局,1989,第117页。

③ 严复:《原强》,载《严复集》,北京:中华书局,1986,第13页。

④ 《论尚武主义》,《东方杂志》,1905年6月27日,第2卷第5期。

⑤ 鲁迅:《呐喊·自序》,载《鲁迅全集:1》,北京:人民文学出版社,1981,第417页。

爆发后，民族危机日益加重，尚力思潮再次崛起。以林同济、雷海宗、陈铨等为代表的“战国策派”，在民族主义的旗帜下，提倡力的文化与宇宙观，认为大一统的文化已不能适应当前战国时代的要求。所以，必须对柔弱的国民性与萎靡的民族精神加以改造。尚力思潮从社会意识转变的表层向本体论的理性层次发展，“战国策派”成了近代中国尚力思潮的继承者和集大成者。

尚力思潮是在近代民族危机刺激下对西方的回应，在中国思想界产生了巨大影响。它“破天荒地打破了中国士林尚文轻武反力的柔性传统，第一次把感性生命的‘力’推进军事体育（军国民主义思潮为代表）、文学（五四感性启蒙）、文化哲学（战国策派）诸领域，并进入到操作行动层面，从而导致了近现代中国一代阳刚型知识群的崛起，写下了近代文化史上最富色彩的一页”①。可以说，“战国策派”伦理思想的产生正是近代以来这一尚力思潮不断发展的产物，同时也是对它的继承和发展。

第二节　近现代中西与古今文化论争的催生

在中国近现代伦理启蒙的过程中，文化论争贯穿始终。由于伦理启蒙方式与途径的不同，或对中国国民性柔弱原因的认识不同，出现了在理论和实践层面的尖锐对立和争论，而且他们对于问题的探讨越来越集中到伦理文化问题上。特别是到了 20 世纪之后，民族主义已成为社会动员的关键因素，并发展出反对和维护传统的两种对立态度的文化形态。汤一介先生认为，20 世纪中国文化存在着三种不同力量：“全盘西化论”的文化激进主义、“国故新知论”的文化保守主义和“多元文化论”的文化自由主义。② 而正是在这三种不同力量的交织中，产生了游离于上述三种力量之间的“战国策派”。这种游离恰是对激进与保守的一种平衡，也似是将“战国策派”隐喻成第四种力量，我们称之为文化民族主义。其救国的文化主张，既有激进主义批判传统伦理的西化论调，也有保守主义捍卫传统伦理的本位观念，亦有融合中西文化而复兴民族文化的超越性。

---

① 郭国灿：《中国人文精神的重建：约戊戌—五四》，长沙：湖南教育出版社，1992，第 181 页。

② 温儒敏、丁晓萍：《时代之波——战国策派文化论著辑要》，北京：中国广播电视出版社，1995，总序第 2 页。

一、吸取西化论调批判传统伦理

中国在甲午战争失败以后，由于传统的政治制度、伦理秩序不能使中国摆脱内外危机，对西方政治制度的学习也达不成共识，政治上的保守又为时代所不容，于是，激进的变革便成为国人的主要选择，从而使政治变革的浪潮此起彼伏，并且很快超越政治领域，深入到思想、文化层面。如陈铨所说："'鸦片战争'以后，中华民族忽然遭逢一个最严重的局面。这一群西欧的国家，有进步的物质文明，进步的精神文化，中华民族，从来没有遇着这样的敌手。从军事失败，觉悟政治失败，到后来不得不承认文化失败。中华民族要求生存，旧的一套文化有改弦更张的必要。但是数千年的积习和骄傲，不容许重大改革顺利进行，各方面阻挠迁延，民族的危机日益迫切。"①为此，就必须对传统文化中的"积习和骄傲"——儒家伦理文化进行根本性的改造。

在这一认识的指导下，从戊戌维新运动到 20 世纪初期的新文化运动，对传统伦理道德的批判一浪高过一浪。文化激进主义在很大程度上是这个时代思潮的引领者。康有为、谭嗣同、梁启超、陈独秀、李大钊、吴虞、胡适、陈序经等则成了这一思潮的弄潮儿。康有为提倡"人理至公""平等公同"，这一主张对传统儒家伦理与封建专制制度无疑是颠覆性的，涉及消弭三纲的根本问题，具有伦理启蒙的价值和意义。谭嗣同是中国近代伦理思想史上激烈地、全面地抨击三纲的第一人，是近代道德革命的先驱者。他认为"仁为天地万物之源"，"仁以通为第一义"、为根本特征，并以此抨击了封建专制和礼教，力破所有"不仁""不通"黑暗局面。故张灏在研究近代知识分子时，认为："谭对本国文化充满强烈而激进语调的控诉，在晚清思想界是无与伦比的。从某种程度上说，其最激进之处甚至超过了'五四'那代知识分子的反传统主义。"②所以，张灏充满敬意地将谭嗣同的思想概括为"烈士精神与批判意识"。谭嗣同的"冲决网罗"在于冲破三纲，破坏旧伦理体系之核心内容，而梁启超鼓吹的"道德革命"，则重在建设新道德、培养新国民。梁启超认为要从根本上解决中国"积弱"问题，就要通过长期的启蒙教育去改变"全体国民"的封建传统观念，进而提出了"新民"说。"新民"说虽受严

① 陈铨：《民族运动与文学运动》，《军事与政治》，1941 年 11 月 10 日，第 2 卷第 2 期。

② 张灏：《危机中的中国知识分子：寻求秩序与意义》，高力克、王跃译，北京：新星出版社，2006，第 120 页。

复思想的影响,但相比之下,梁启超更具创造性。为了使新民有新道德,梁启超在中国近代思想史上第一次明确提出了"道德革命"的主张。这对传统伦理道德提出了重大挑战。

继梁启超之后,在20世纪初期,中国近代思想史上发生的五四新文化运动,则又进一步地把对传统文化的批判与清算提升到了更为全面的高度,同时又更广更深地引进西方文化,加速了西化论的进程,欧风美雨飘洒于中华大地。新文化运动的基调是激进的,指向是抨击旧文化的,其主流意识形态是反传统的。这种激进的态度发展到五四新文化运动以后,出现了要从根本上否定中国文化,特别是儒家伦理文化的全盘西化论。全盘西化论是文化激进主义的极端表现,是对本国文化之完全否定,持虚无主义态度,对外国文化顶礼膜拜,鼓吹全盘西化,认为中国万事不如人,一切都是西方的好,从物质、制度到精神,一切都唯西方是从。

全盘西化论虽有反对封建复古主义和接纳西方近现代文明的合理内容,但由于其基本立场的错误,即完全抛弃中国传统文化而不论优劣、完全效仿欧美而不管好坏,故不断受到学者们批评、诘难。全盘西化论的产生与形成不是偶然的,它是近代中国各种不同的乃至对立思潮交汇、撞击的产物。在近代伦理文化启蒙过程中,一方面是有识之士对中国传统伦理文化危害性的揭露、批判,另一方面是引进与传播西方近代的政治思想、伦理文化与科学技术。在这种情况下,从五四新文化运动到20世纪30年代,西方文化滚滚涌入中国,使国人大开眼界,更多地了解西方,从而出现了向往西方文化的热潮。

上述对传统的激烈批判与否定是激进主义西化论的表现之一,"战国策派"在这方面也极具特色。他们不仅延续了前人对三纲五常的批判与检讨,而且还对伦理主体、伦理政治制度、唯德主义的思维方式等传统文化的诸多方面进行了反思与批判。另一方面,西化论的主要表现就是引进西方文化,乃至全盘西化。于此,"战国策派"主张引进西方先进文化,而对全盘西化保持着警觉性。陈铨指出:"主张中国全盘西化,采用世界语,罗马拼字,这简直是发狂。古人不要了,外国人神气了,打倒旧偶像,崇拜新偶像,名义上是中国新文化运动,实际上是外国旧文化运动。"①"战国策派"救世应时的文化选择原则决定了其对西方文化的态

① 陈铨:《民族运动与文学运动》,《军事与政治》,1941年11月10日,第2卷第2期。

度，那就是现实的、实用的、功利的。所以他们主张学习强大民族国家，特别是德国的民族文化，具体而言就是：学习文化形态史观、大政治观、狂飙运动、浮士德精神、哥白尼宇宙观、尼采的意志哲学、超人哲学以及英雄崇拜等西方"力"的文化。

"战国策派"本着西化论的基本论调，一方面力批传统伦理文化的弊端，一方面又着力引进西方文化，其态度是审慎的，而非盲目的。恰如陈铨所言，我们不能采取"彻底仿效外国人，不顾时代精神，抛弃民族特性"这种"足够毁灭自己"[①]的态度，而应当"深刻认识西洋"，同时也"深刻认识中国"[②]，进而"创造一种新文化，使中华民族独立自由，发展它特殊的性格"[③]。这是其西化论调的文化宗旨。

二、坚守本位观念捍卫传统伦理

文化与民族可以说是一体两面、相互诠释的：民族是文化的载体，文化是民族的精神，其中，伦理精神是民族精神的核心组成部分，失去了伦理传统的民族，就不能成其为一个民族。近代以来，中国逐渐沦为半殖民地半封建社会，无数的志士仁人为救亡图存和保种自强进行着不懈的奋斗和努力。从洋务运动的"师夷长技以制夷"到戊戌变法的改良制度，从辛亥革命的更换政权到五四新文化运动，他们在近代史的进程中渐渐开创了一条民族文化重建之路。"其整体思路一是对中国传统文化的动摇、质疑以至于全盘批判否定；二是逐步引进西学，以至全盘西化。特别是到了五四新文化运动时期，对传统文化的全盘否定与对西洋文化的全盘接受成为当时的主流。然而，这条文化重建之路虽然在一定程度上推进了中国的社会变革和文化的变迁，但是也留下了不可忽视的遗憾。一方面，对传统文化的全面否定也就意味着对民族自身的根本否定，这显然与追求民族生存发展的宗旨背道而驰，而且也导致了现代文化与传统文化的断裂；另一方面，对西洋文化的全盘接受导致了崇洋媚外的不健康心态，减弱了中华民族的自信心和凝聚力，也自然地减弱了我们的竞争力。"[④]如何提升民族精神，增强民族自信力，走健全的文化发展道路，就成了亟待解决的问题。毫无疑问，挖掘和发

---

① 陈铨：《民族运动与文学运动》，《军事与政治》，1941年11月10日，第2卷第2期。
② 陈铨：《五四运动与狂飙运动》，《民族文学》，1943年9月7日，第1卷第3期。
③ 同①。
④ 李雪松：《"战国策派"思想研究》，黑龙江大学博士学位论文，2010。

扬传统伦理精神与民族精神，是最有文化基础和认同心理的方法和途径。假如我们只是依附西方文化而全盘否定我们自己的文化传统，丧失文化自信就必然会失去文化认同的凝聚力，就更无法与西方列强抗争。

第一次世界大战结束后，在西方思想界和舆论界出现了一股抨击西方文明而歌颂东方文明，特别是赞颂中国文化的潮流，这给了中国人尤其是文化保守主义者极大的信念与动力。如何从传统伦理文化中发掘并发扬民族精神，梁启超、梁漱溟、张君劢、章士钊、"学衡派"以及现代新儒家等文化保守主义派别都有精彩的阐述。梁启超游历欧洲时发现，"西方的没落"倾向使世人的眼光开始转向有着悠久历史的中国文化，他在《欧游心影录》中呼吁要"复兴东方精神文明"；梁漱溟以其《东西文化及其哲学》力证中国文化的优越性，并认为世界未来的发展方向就是儒家文化的复兴；"学衡派"力倡"昌明国粹，融化新知"，积极宣扬传统文化中的民族精神。对传统文化的过分否定，客观上导致了精神上的某种虚无感，在一定程度上瓦解了民族这一伦理实体的聚合力。1932 年陈序经的《中国文化的出路》一书虽然掀起了五四之后的又一西化高潮，但是民族传统文化的弘扬已成潮流。"到了二十世纪三四十年代，我国思想文化界渐趋冷静思考，人们不再片面强调中西文化的差异对立，而是开始致力于融合中西文化。这一方面是由于民族危机日益加深，历史地要求认可民族文化传统，以文化的民族性和历史继承性来强化全民族的救亡意识；另一方面，也由于激进的反传统并没有带来中国文化复兴的曙光。弘扬民族传统文化成为当时社会思潮的主流。"①

1935 年，王新命等上海十教授发表《中国本位的文化建设宣言》，明确表达了其中国文化本位观念，进而掀起了中国民族文化运动。"战国策派"正是承续这一弘扬民族文化潮流而出现的。他们也不失时机地做出自己的文化选择，主张本位观念，捍卫适应时代的传统伦理，弘扬民族精神，进而复兴中国文化，毫不犹豫地担当起民族救亡与文化重建的历史使命。

"战国策派"在主张学习西方的同时，虽然也对传统伦理进行了无情的鞭挞和抨击，但其出发点却是爱国爱民的淑世情怀，是为了警醒国民奋起抗战。也正是他们对中国文化的深刻了解和深深的热爱，才使得他们在检讨传统伦理文化弊端的同时，也强调不能忘记我们民族固有的文化传统，特别是其中的"列国酵

① 张谦：《中国发展道路的思考》，北京：中国财政经济出版社，2011，第 49 页。

素”与民族精神，应该加以吸取并发扬光大，进而将我们的国家建设成为“列国型”的强有力的现代民族国家。

三、融合中西复兴民族伦理文化

在20世纪上半叶，无论是宣扬传统，还是批判传统，那一代知识分子都有共同的特征，都属于梁启超所谓的“过渡时代”的人物，挣扎在传统和现代交织的历史旋涡之中。“过渡时代”的每个人都不可能做到全盘西化，也不可能完全皈依中国本位。

全盘西化论完全否定中国传统文化，完全肯定西方文化，他们不懂得任何一个民族国家的文化都不是划一的，而是一分为二的：其中有优秀的，也有粗劣的；有精华的，也有糟粕的；有高雅的，也有低俗的。笼统地说西方文化都优于中国文化，中国文化都劣于西方文化，并不符合中国文化与西方文化的客观实际。用虚无主义反对复古主义，这是从一个片面走向另一个片面，无益于伦理启蒙。文化既有时代性、变易性，又有民族性、传承性。一个时代的伦理文化，首先反映该时代的经济和政治，其次是对前一时代的伦理文化进行有分析的继承，再次是对外来伦理文化做有选择的吸纳，如此才能形成、保持与发扬自己的民族精神，创造具有中国特色的伦理文化。

全盘西化论也有其片面的真理性或合理性。首先，它以极端的形式表达了某种深刻的认识：在尽其所能揭示中国传统文化之落后、丑陋的同时，又多方面展示了西方科技文明之发达、民主政体之先进、文化艺术之精美。这是有助于国人在对比中开阔眼界、拓展思路，改变闭目塞听、墨守成规、孤陋寡闻的精神状态的。其次，它敢于正视现实，勇于承认落后。再次是主张创新民族文化。全盘西化论者通常是民族主义者，他们主张全盘西化，不是要中国人变成西方人，而是为了解决中国文化危机，寻求新的出路，创造民族的新文化。时人王虚如评论那时的三种思潮说：复古论不值一谈；全盘西化“这一派主张把中国文化连根扫荡，而来全盘接受西洋文化。这个见解当然比那折中派高明得多。因为西洋资本主义的文化正比中国封建式的文化高着一个阶级，拿人家的好的来代替我们的坏的，当然是合理的主张。他们看透了文化接触是优者胜，劣者败，所以主张应使中西文化有接触的完全自由。他们又认清了这其中的障碍是中国文化的惰性，所以他们与折中派不同，不畏惧中国本位之动摇，而是焦虑着中国保守性之太大"①。这里所包含的伦理文化启蒙意义是不言而喻的。

西化更为重要的内涵在于现代化，但是现代化也并不是通体光明。恰如有学者所指出的："西方现代性是包含着西方的历史传统和现实利益的'地方知识'，所以中国现代不但不同于中国传统，也不同于西方资本主义，探索中国现代理所当然地要对启蒙理性、普世价值这些西方现代化赖以完成的文化观念和社会规范进行反思和质疑。在学西方而又反西方、追求现代而又反现代方面，德意志文化显然是中国最好的老师。问题是，如果这种反思和质疑导致对西方现代性中蕴含的理性、自由、个人权利、民主宪政、政治包容和文化多元等基本价值的拒绝，那么民族主义、民粹主义、道德主义、总体文化的激进理念和政治行动也就成为中国现代化的主旋律，由此而带来的教训是非常沉重的。"②所以，应当以历史的眼光和审慎的态度对其加以选择性的借鉴。

"战国策派"敏锐地洞察到民族危机与文化危机的同一性，认为文化危机是招致整个民族危机的根由，主张从改造国民性入手来复兴中国文化，明确提出在对传统文化有所扬弃的基础上，积极整合以德国文化为代表的西洋文化，构建民族新文化的新思路。从本质上来说，"战国策派"伦理思想的产生实际上是根于深刻的中国文化危机的。他们认为："中国旧的文化，不能应付这一个新的局面，已经是有识者所承认的了，但是新的文化的创造，正是千头万绪，莫知所从。同人有鉴于此，各就观察所得，笔之于书，集为'在创丛书'。目标虽则相同，立场不拘一致，无论在哲学、文学、艺术、政治、社会经济科学方面，只要能够有新的见解，新的贡献，用流利晓畅的文章，发表对于新文化创造的结论，均归入此集。希望这些结论，能够借给有心人作参考。"③雷海宗也从文化形态史学的角度指出："此次抗战不只在中国历史上是空前的大事，甚至在整个人类历史上也是绝无仅有的奇迹。""成败利钝，长久未来的远大前途，都系于此次大战的结果。"故而，雷海宗满怀激情地鼓舞国人："生逢二千年来所未有的乱世，身经四千年来所仅见的外患，担起拨乱反正、抗敌复国、变旧创新的重任——那是何等难得的机会！何等伟大的权利！何等光荣的使命！无论何人，若因意志薄弱或毅力不坚，逃避

---

① 王虚如：《中国文化建设的途径》，载马芳若编《中国文化建设讨论集·下编》，上海：经纬书局，1936，第73页。

② 单世联：《中国现代性与德意志文化（上）》，上海：上海人民出版社，2011，第57页。

③ 在创丛书编辑委员会：《在创丛书缘起》，载陈铨《从叔本华到尼采》，重庆：在创出版社，1944。

自己分内的责任,把这个机会平白错过,把这个权利自动放弃,把这个使命轻易抹杀,岂不是枉生人世一场!”①他将此次抗战作为复兴中国文化、建设第三周中国文化的契机,并号召国人担负起抗战建国、复兴民族文化的历史重担。

总之,激进主义强烈批判传统伦理的西化论调与保守主义坚定捍卫传统伦理的本位思想之间的论争与升潜,以及自由主义的多元文化的不断发展,为“战国策派”伦理思想的诞生奠定了文化因缘。

① 雷海宗:《中国文化与中国的兵》,北京:商务印书馆,2001,第171,177,184-185页。

第二章 “战国策派”伦理思想的理论前提

作为“战国策派”伦理思想的理论前提，文化形态史观是“战国策派”为中国文化寻路、重建中国伦理文化的重要理论依据；“战国时代重演论”是文化形态史观逻辑演绎的结果，是民族复兴的文化策略，其真意在文化重建，旨在强调民族国家的国力竞争，要求树立正确的战争伦理观；“大政治观”是战国时代的例循和必然，它所要实现的伦理目标是救亡图存、建立民族国家，而实现这一目标的伦理法则就是唯实政治与尚力政治。文化形态史观、战国时代重演论及大政治观三者相互联系，密不可分。

第一节 文化形态史观：伦理新生的理论依据

近代中国的悲惨遭遇以及因此而萌生的强国梦想，是中国人认同德国权威主义、集体主义甚至专制主义、法西斯主义的心理根基。在这一条思路上，20 世纪 40 年代的“战国策派”学人的特点在于，他们不是一般地重提“战国”之义，而是在“西方没落”的背景下，借助斯宾格勒的“形态史观”，赋予其文化政治以一种历史哲学的基础。① 文化形态史观又称历史形态学、形态历史观或文化形态学，它认为文化或文明是具有自律性的，同时也是具有生、长、盛、衰等不同发展阶段的有机体，通过比较各个文化的兴衰过程而揭示出不同文化的特点，以明了人类历史的发展进程。林同济、雷海宗是“战国策派”宣扬、阐释、发展、运用文化形态史观的代表人物，特别是雷海宗以中国文化两周说对其做了创造性的发挥，以鼓舞国民的抗战勇气、增加国民的文化自信、重建中国的文化认同，为中国文化寻求出路，

① 单世联：《中国现代性与德意志文化（上）》，上海：上海人民出版社，2011，第 203 页。

为学派提供理论依据。在"战国策派"这里,文化形态史观成了其伦理思想的历史场域,也是中国伦理文化再造新生的理论依据。即是说,理解或解读"战国策派"的伦理思想,无法回避文化形态史观这一文化哲学、历史哲学的视域。

一、斯宾格勒的信徒:增强抗战救亡的信念

文化形态史观作为一种新的史学理论,由斯宾格勒(Oswald Spengler)最先创立,后由汤因比(Arnold Toynbee)加以发展,产生之初就对西方传统史学即以兰克为代表的科学历史学发出了挑战。这一挑战代表二人对西方传统史学旧说的批判和革新精神。因此,"从某种意义上形容它是史学上的'哥白尼革命'"[①]。史学改革中对文化问题的关注,不仅对于中国史学的内在路向的发展有着重新厘定的功绩,甚至对整个学术界都具有一定的启蒙意义。[②] 这种启蒙在中国更有着特殊的意义。"战国策派"运用这一史学理论,不仅独创中国文化二周论,增强抗战救亡的信念和民族自信,还将其作为诊断中国传统伦理的理论依据,检讨官僚传统、提倡英雄崇拜和民族主义等,为文化的更新与转型奠定理论基础。

斯宾格勒两卷本《西方的没落》于1918年和1922年先后问世。此书集中表达了当时欧洲阴沉而焦虑的颓废情绪,同时也以一种极端的方式对抗以理性化为核心的现代性,促进了西方文明的自我反省与不断进步,文化形态史观也开始广为流传。斯宾格勒认为,世界历史有八种自成一体且个性独特的文化系统,包括古典(即希腊罗马)文化、阿拉伯文化、墨西哥文化、埃及文化、巴比伦文化、印度文化、中国文化、西方文化。每一种文化作为一个有机体,具有春、夏、秋、冬(即生、长、盛、衰)的生命周期。斯宾格勒文化形态史观的核心就是:"有生就有死,有青春就有老境,有生活一般地就有生活的形式和给予它的时限。"[③]这也是对文化的一种形象描述。

汤因比继承和发展了斯宾格勒的文化形态史观,同时也富有自己的特色。在《历史研究》一书中,他将文明(即斯宾格勒所谓的文化)作为历史研究的基本单位,认为这样才可以自行说明问题的研究范围。这是汤因比最基本,也是最重

---

① 张广智:《西方文化形态史观的中国回应》,《复旦学报:社会科学版》,2004年第1期。

② 李春雷:《传承与更新:留美生与民国时期的史学》,北京:中国社会科学出版社,2007,第185页。

③ [德]奥斯瓦尔德·斯宾格勒著:《西方的没落:世界历史的透视》,齐世荣等译,北京:商务印书馆,1963,第66页。

要的论点。他认为每个文明都会经历出生、成长、离析、崩溃和瓦解等连续过程，而文明的起源则要以"挑战与回应"的原理去衡量。在汤因比的眼中，文明类型由斯宾格勒所划分的 8 个扩展至 21 个①，有时又说有 26 个，甚至扩大到 37 个。不论是斯宾格勒的 8 种文化类型，还是汤因比的 21 种文明类型，都说明了各种文化具有等价性、共时性、可比性和多样性。这为多元文化的发展提供了先天条件，但同时也增加了文明冲突的可能性。

斯宾格勒所著《西方的没落》一书的重点就在解答：在西方文化即将走入冬季迈向没落的时代，人民该当如何自处？他指出，作为西方文化时代精神的"创造的可能性"早已枯竭，人们只能做相应于此一时代精神的事情，即"向外扩展的可能性"。尼采也曾表达过这种时代敏感性，他称之为文化的颓萎。也就是说，斯宾格勒所强调的这个时代所需要的是"权力的政治"，而非"文化的创生"。"这个论点，无疑地震撼了当时一些惨遭列强侵凌国家知识分子的心灵并齐声共鸣，抗战时期崛起于昆明的'战国策派'，即是此一齐鸣声下的产物。"②虽然斯宾格勒的观点表现出了浓厚的历史命定主义及循环论史观，但他却指出了当时西方世界所面临的文化困境，并引领人们开始反思、追寻文化的未来出路。这对不断思索自己文化困境及未来出路的中国而言，的确有相当的吸引力。所以，此论诞生不久就传入中国，并开始了一个中国化的历程。

文化形态史观虽是西人诊断西方文化的方法，从本质上说，它是一种研究历史、文化的世界眼光。中国文化也是世界文化的一种，所以文化形态史观对于中国文化的诊断也具有有效性。中国人首次谈到"文化形态学"的是在文化保守主义代表性刊物《东方杂志》上发表《德国之文化形态学研究会》的俞颂华。在此文中他强调，自身文化特质对于改革的重要性，还批评了国人对西方文物制度不加深刻了解而生搬硬套的做法。他说："各文化圈均有其特质，故对于文化之研究断不可能再求普遍的原则，而忽略特殊之精神与现象。吾国倡言改革往往昧于此理，常冀以外邦制度移植于本国，结果淮橘为枳。吾人倘能吸收此会之研究精神，则此弊当渐能矫正欤。"③这也是"文化形态学"概念传入中国之始。

---

① 汤因比划分的 21 种文明类型分别为：西方文明、拜占廷文明、俄罗斯文明、伊朗文明、阿拉伯文明、印度文明、远东文明、希腊文明、叙利亚文明、古代印度文明、古代中国文明、朝鲜日本文明、米诺斯文明、苏美尔文明、赫梯文明、巴比伦文明、埃及文明、安第斯文明、墨西哥文明、于加丹文明、玛雅文明。

② 冯启宏：《战国策派之研究》，高雄：高雄复文图书出版社，2000，第 37 页。

③ 俞颂华：《德国之文化形态学研究会》，《东方杂志》，1923 年第 20 卷第 14 号。

作为文化保守主义者的梁漱溟，在其《东西文化及其哲学》一书中运用的观点方法即与"文化形态学"类似，他还以此说明中国文化的特质及其在未来世界文化中的发展路向。因此，黄文山认为，梁漱溟的《东西文化及其哲学》等著作虽然没有以文化学命名，但实在可以归入文化形态学的类型，并且可与斯宾格勒的《西方的没落》同其不朽。[1] 尽管中西学人对此观点在同期有类似的阐释，但更具系统性也为人所熟知的，则是斯宾格勒《西方的没落》所展现出的文化形态史观。这或许与中西不同的表达方式有关。

学界一般认为，西方的文化形态史观才开始在中国传播开来。李思纯[2]是最早向我国学界介绍此说的人，但幕后推手却是吴宓[3]。吴宓指出，此说"虽为综合之论究，乃止于掘发病源，而曾未示治病之方"，且"强作解事，终不免有武断之嫌"。但仍强调斯宾格勒文化形态史观的长处，认为它能超出一般欧美人士思想范畴；能破除当前社会的偏见及藩篱；能不以科学为万能，不以进步为常轨；能不拘囿于时间空间，能从大处着眼观察历史，进而找出其异同；能了悟各历史文化有盛衰起灭，不以一国家文化为天之骄子；能洞见各文化事物发达之迹象，并寻出其相互关系及兴灭之轨辙；能探索出各种文明的基本精神，并以此来观察解释一切，进而对人类全史了若指掌。因此，他热切呼吁"宏识博学之士，采用斯氏之方法，以研究吾国之历史及文化，明其变迁之大势，著其特异之性质，更与其他各国文明比较，而确定其真正地位及价值"[4]。这种呼吁也确实起到了相当的作用，在20世纪30年代即有众多论著与文化形态史观密切相关，且形成了一股文化史研究的热潮。[5] 这一热潮虽然可以看作是对斯宾格勒文化形态史观的一种东方回应，但在当时国内学界并未产生什么重大的反响，也没有形成一股风潮。

---

① 黄文山：《文化学体系》，台北：中华书局，1971，第1030页。

② 李思纯：《论文化》，《学衡》，1923年10月，第22期。

③ 张广智先生认为，"吴宓作为《学衡》杂志的主编，他对最早介绍斯宾格勒学说的李思纯厚爱于前，又对较为系统引入斯宾格勒学说的张荫麟举荐于后，真是当时西方史学输入中国的'有功之臣'"。见张广智：《西方文化形态史观的中国回应》，《复旦学报：社会科学版》，2004年第1期。

④ 吴宓：《斯宾格勒之文化论·编者按》，《学衡》，1928年1月，第61期。

⑤ 20世纪30年代的文化史著作主要有：叶法无的《文化与文明》(1930年)、杨东蓴的《本国文化史大纲》(1931年)、陈国强的《物观中国文化史》(1931年)、柳诒徵的《中国文化史》(1932年)、丁留余的《中国文化史问答》(1933年)、陈登原的《中国文化史》(1935年)、王德华的《中国文化史略》(1936年)、文公直的《中国文化史》(1936年)、陈安仁的《中国近世文化史》(1936年)、陈安仁的《中国上古中古文化史》(1938年)、王云五的《编纂中国文化史之研究》(1937年)等。

那么，到底原因何在呢？有学者认为，斯宾格勒"德国式的写法"使其学说内容过于艰深难懂，并且不符合当时中国科学主义的思想潮流。这是斯宾格勒文化形态史观在华传播初期上的窒碍所在①。尽管如此，"战国策派"的核心人物之一——林同济在1935年就对斯宾格勒所著《生死关头》做了书评。在评论中，他希望我们去读斯宾格勒的书，了解斯宾格勒的理论。他指出："在目前实验主义高张(涨)的中国，读斯宾格罗(今译斯宾格勒)之书，也许可以略新耳目。并且他的气魄的宏厚，眼光的远大，态度的热情，措辞的严肃，对我们现时所崇拜的幽默文章，笑骂小品，恰好是一个对症的针砭。"②不可否认，林同济具有世界眼光，且对中国文化与世界文化的发展有极为敏锐的嗅觉。林同济对斯宾格勒的大加推介，也表明了文化形态史观在"战国策派"思想体系中的重要地位。

随着第二次世界大战的爆发及世界局势的迅速恶化，悲观主义弥漫全球，同时也使斯宾格勒思想焕然而为一股潮流，使20年代传入中国的文化形态史观在40年代重新受到中国学界瞩目。中国本有的循环史观传统，使得对汤因比《历史研究》中所表达的循环史观极为同情，也极易接受。事实上，在30年代末40年代初，中国主流思潮也在逐渐发生变化，"国民精神总动员"的抗战策略及国民政府的政策引导成为科学思潮不再占据中国思想界主流的关键。随着新斯宾格勒主义的兴起，文化形态史观终于在20世纪40年代的中国找到了他们真正的知音——"战国策派"，其自身也受到学界关注。"中国知识界对'西方没落'的学术论述，主要由'战国策派'完成。"③"战国策派"学人对此说的引入与运用，掀起了文化形态史观在中国传播的高峰，也使得此论受到学术界的广泛注意。因此，他们被称为"斯宾格勒、汤因比的东方信徒"。他们借此理论掀起了一股"时代之波"，冲创出了战火中的时代巨响。正是从此理论出发，他们检讨了中国伦理文化的弊端，认定中国文化必定有复兴的第三周，且吹响了战国时代重演的时代号角。

二、中国文化周期说：提振文化复兴的信心

"战国策派"倡导文化形态史观的初衷，是"设法在五四以来二十年间所承受

① 冯启宏：《战国策派之研究》，高雄：高雄复文图书出版社，2000，第49~52页。

② 林同济：《生死关头》，《政治经济学报》，1935年第3卷第2期。

③ 单世联：《中国现代性与德意志文化(上)》，上海：上海人民出版社，2011，第204页。

自欧西的‘经验事实’与‘辩证革命’的两派圈套外，另谋开辟一条新途径”[1]，掀动一股新学术思潮，借以走出“全盘西化”和“本位文化”之争的两难困境，将“大一统末程的文化”酿化为活泼健全的“列国型”！其最终目的在于自觉使用文化形态史观阐释中国历史与文化，检讨传统伦理文化的弊端，革新民族传统文化，提振文化复兴的信心，探索中国伦理文化的出路。

有学者以文化立论，认为：“我们从文化角度研究历史的工作做得太少了。我们还没有文章和书籍从‘一场最广义的文化冲突’角度来阐明自己的近代历史。……如果一旦试着如此去做，那时我们便会将摄像镜头推向文化的变迁，有如我们今天用‘文化’去界分遥远的龙山时期、大汶口时期那样，因为历史留下的积极成果，正在于文化方面的贡献，而那些喧嚣一时的政治风云，很快便从记忆中漾去，沉淀下来的只是文化类型而已。”[2]庞朴先生所谓的“文化类型”即“战国策派”所说的“历史的形态”。雷海宗和林同济合著的《文化形态史观》充分表达了他们在文化形态史观的指引下，对战时中国文化及其未来发展走向的思考，呈现了文化形态史观的中国形态。事实上，“战国策派”也正是从文化冲突的角度来解释中西文化的遭遇，诸如“摄相”“俯瞰”“文化类型”等，都是“战国策派”所介绍、改进文化形态史观的基本概念；另外，“战国策派”通过改造斯宾格勒、汤因比的学说，使得其文化观也包含着文化交流和民族抗争的内涵。[3] 这也是其深意所在。

在林同济看来，“中国百年来的基本问题可说是一种难产问题，一种为了图求适应西洋文化以取得新生的难产问题”。难产的根本原因，就是两千年来大一统文化距离西洋活力文化太远，不仅了解难，而且吸收活用更难。对此，林同济认为，文化形态史观对解决这个“难产问题”有应时而生的功用，能够揭开彼此基本形态的基本异处与其所以异处，从而“探索出来一个文化适应与新生的程序”[4]。这表明，“战国策派”倡导文化形态史观的主要原因，是要用崭新的观念与研究方法为战时中国文化的再建与复兴寻找出路。其动机是爱国的，其目的是伟大的，其眼光是世界的。但却难逃“应时”的功利性和实用性。

---

① 林同济：《从战国重演到形态史观》，《大公报·战国》，1941年12月3日，第1期。

② 庞朴：《文化结构与近代中国》，《中国社会科学》，1986年第5期。

③ 单世联：《中国现代性与德意志文化（上）》，上海：上海人民出版社，2011，第219页。

④ 林同济：《卷头语》，载林同济、雷海宗《文化形态史观》，上海：大东书局，1946，第2-3页。

针对文化形态史观这一世界性思潮，林同济认为："大凡对欧美三四十年来社会科学方法论的发展之人，恐怕都晓得他们各科门的权威学者正在如何不谋而合地朝我所指出的方向迈进。其中，尤勘参照的，我认为是所谓的'历史形态学'(morphology of history)者。"[①]林同济在其与雷海宗合著的《文化形态史观》的《卷头语》中也明确指出："我与雷先生这些文字，多少是根据于形态历史观的立场而写作的。两人的若干结论虽未必尽同，但大体上彼此可相辅为用。雷先生较偏于例证的发凡，我较偏于'统相'的摄绎。"[②]两人各自从不同的角度对文化形态史观进行了中国化的论述。

首先我们了解一下偏于"'统相'的摄绎"的林同济是怎样看待、解释文化形态史观的。既然他自认是偏于统相的摄绎，自然他就对其所谓的"统相法"较为重视。在他看来，这种方法就是文化综合或文化摄相法，具有整体性、全面性、综合性等特征，后来正式定名为"文化统相法"。他说："历史形态学或统相学是利用一种综合比较方法来认识各个文化体系的'模式'或'形态'的学问。各个文化体系的模式，有其异，亦有其同。我们研究，应于异中求同，同中求异。"[③]林同济强调，研究文化就是要研究历史上发生作用的文化，是历史上有存在的文化，而不是抽象文化概念的泛论。他主张以历史上所有真实的文化体系为单位，用比较研究的方法去发现充满无穷的实际意义的无数事实。然而，历史上真实存在的文化却有若干体系，分布在各个空间时间。这与斯宾格勒、汤因比的观点是相同的。

但对于文化发展的历程，林同济有不大相同的看法。"凡是自成体系的文化，只须有机会充分发展而不受外力中途摧残的，都经过了三个大阶段：(一)封建阶段，(二)列国阶段，(三)大一统帝国阶段。"[④]从而提出了他自己的文化生命历程三阶段说。在文化发展的第一个阶段——封建阶段，他认为，政治是封君分权，军事是贵士包办，经济是农奴采邑，农夫是经济象征，宗教是祭祖先拜英雄，平民只能间接与神沟通。上下谨别是封建阶段的基本形态与价值，有巨大的鸿沟横亘于社会阶层之间。然而，贵士传统却为整个社会文化提供引升向上的动力和泉源，使得社会文化成为一种动态的文化。不过，由于封建层级结构的内在

---

① 林同济：《从战国重演到形态史观》，《大公报·战国》，1941年12月3日，第1期。

② 林同济：《卷头语》，载林同济、雷海宗《文化形态史观》，上海：大东书局，1946，第1页。

③ 林同济：《民族主义与二十世纪(上)》，《大公报·战国》，1942年6月17日，第29期。

④ 同①。

腐化，封建阶段终究要经过社会大革命或大骚动而崩溃。随之代兴的就是列国阶段。在列国阶段，政治由分封到统一、由分化到集中，社会由差别到平等、由等级到混同，经济由凝固而流通、由采邑经济到商品经济，商人为经济象征，宗教由贵族到平等、由特殊到普遍、由集体到个人，个人可以直接与神契合，信仰自由。林同济深刻地观察到，这里有两种最广泛、最深入的大潮流——个性潮流与国命潮流。前者是一种离心运动，代表创造冲动；后者是一种向心运动，代表秩序要求。内外严分是成熟列国阶段的基本形态与价值，巨大鸿沟由前一阶段的横亘于社会阶层之间一变而为纵竖于国与国之间。由于列国蜕形、个性发展与贵士遗风的调和，社会文化依旧是向外膨胀的动态文化。这两大潮流相克相成，后者压抑前者时便走向大一统帝国阶段。在大一统帝国阶段，政治转向专制独裁，独夫专制，大众平等，经济多少应用管制，官僚为经济象征，宗教颓萎，膜拜皇帝。势力判定一切、决定一切，无俨然上下之别、无截然内外之分。既不求向上升高，也不求向外膨胀，只求天下无事，即内不可有革命，外不可有战争。尽管有选贤用能原则下的官僚制度调剂社会动率，也有持盈保泰情绪下的皇家警防军以柔远怀迩，但由于敌忾意识的消失和贵士遗风的式微，一切作用内向化，一切品质恶劣化，整个文化的人、物始终摆脱不了颓萎的色彩与精神。大一统帝国的生命也就借群夷入寇而告结束。

在文化历程三阶段说的基础上，林同济指出，中国现存的固有文化已为两千年大一统皇权积弊所浸润，其弊端是活力颓萎，其核心问题是如何救治这两千年大一统皇权下种种形态所积成的痼疾。与之相反，西洋文化正处于其列国阶段，其毛病是活力乱奔，其核心问题则是如何调剂五百年来列国阶段内若干形态的矛盾。对于如何"救大一统文化之穷"，林同济的做法是，要从作为列国酵素渊源的文艺复兴以来的西洋和春秋战国时代的中国加以取资，抛弃"大一统型"的骄态与执见。并且相信，通过此次抗战，我们终有一天要突破历史遗留的罗网而涵育出一朵新阶段的文化之花。① 从而为中国文化的未来发展前途指明了方向。

在《从战国重演到形态史观》一文中，林同济曾不无忧虑地表达了它对于民族文化复兴艰难进程的担心，但其态度却是积极的、自信的。他认为，过去传统文化的历程可以给我们警告，但不能决定我们的前途。我们要靠眼光、勇气和力

① 林同济：《卷头语》，载林同济、雷海宗《文化形态史观》，上海：大东书局，1946，第3-5页。

行于难能之中，打出一个"独能"的境界，独辟一个新前途，摆脱一切颓萎色彩而再创出一个壮盛的、活泼的、更丰富的文化体系，但绝不容误认这是一桩反掌便得的事务。这充分凸显了"战国策派"学人为中国文化寻路的忧患意识和对民族命运的深切关注，同时也暗含他们对民族文化能够再度复兴的爱国热情和信心。

林同济在论及斯宾格勒、汤因比应用文化形态史观进行写作时，也曾指出："在中国方面应用这方法而有卓著成绩的，恐怕是畏友雷海宗先生。他的《中国文化与中国的兵》一小书，国人应当注意。"①此论可谓是将雷先生与斯宾格勒及汤因比同等视之，而雷海宗也当之无愧。那么，偏于发凡例证的雷海宗又是如何论述、创造性发挥文化形态史观的呢？虽然雷海宗是在 40 年代后正式使用"形态史学"这一概念，但其《断代问题与中国历史的分期》则早在 1936 年就显露出文化形态史学的特征。而《中国文化与中国的兵》一书则是雷海宗以文化形态史观为理论依据所写的最具代表性和扬名之作。此后，雷海宗还在《战国策》《大公报・战国》上发表多篇重要文章，如《历史警觉性的时限》《中外的春秋时代》《历史的形态——文化历程的讨论》《三个文化体系的形态——埃及・希腊罗马・欧西》以及《独具二周的中国文化——形态史学的看法》，来阐述其中国化的文化形态史观。

雷海宗将文化区域划分为七个：埃及、巴比伦、印度、中国、希腊罗马、回教、欧西。这些在不同的时间、不同的空间各个独自产生与自由发展的历史单位，其共同点就是历史的形态。据此，雷海宗认为文化生命历程是五个阶段：封建时代、贵族国家时代、帝国主义时代、大一统时代和政治破裂与文化灭亡时代。如下表所示：

雷海宗的文化生命历程五阶段说

文化发展五个阶段	封建时代（600 年）	贵族国家时代（300 年）	帝国主义时代（250 年）	大一统时代（300 年）	政治破裂、文化灭亡时代（未知）
政治经济社会精神方面特征	主权分化 地位世袭 采地经济 宗教天下	主权集中 平民贵族 自由买卖 唯理思想	平民革命 全民皆兵 歼灭战争 回光返照	专制独裁 开始募兵 精神涣散 思想单调	政治愈专制腐败 野蛮极端个人主义 自私自利主义，内乱外患 传统政治文化完全毁灭

① 林同济：《民族主义与二十世纪（上）》，《大公报・战国》，1942 年 6 月 17 日，第 29 期。

雷海宗的五阶段说与林同济的三阶段说大同小异，雷海宗所言贵族国家时代及帝国主义时代即是林同济所称的列国阶段，而林同济所谓的大一统帝国阶段则包含了雷海宗的大一统时代和政治破裂与文化灭亡时代。对文化生命历程的不同分期，表明二人师承有异。但问题的重点并非在他们师承何人，而是他们探究文化形态史观的背后，所潜藏的知识分子在时代冲击下对本国文化的某种忧患意识，以及在战争大潮中为所属文化寻找出路的责任担当。雷海宗运用文化形态史观所得的"中国文化独具两周"及对建设第三周文化的期望(见下表《雷海宗的中国文化独具两周说》)，更是对这种忧患意识和责任担当的彰显。雷海宗创造性地运用、发挥了斯宾格勒、汤因比的文化形态史观，提出中国文化独具两周的鲜明论断。他宣称："一切过去的伟大文化都曾经过一度的发展、兴盛、衰败，而最后灭亡。唯一的例外就是中国。中国的文化独具二周。由殷商西周至五胡乱华为第一周。由五胡乱华以至最近为第二周。"①"第一周，由最初至西元 383 年的淝水之战，大致是纯粹的华夏民族创造文化的时期，外来的血统与文化没有重要的地位。第一周的中国可称为古典的中国。第二周，由西元 383 年至今日，是北方各种胡族屡次入侵，印度的佛教深刻地影响中国文化的时期。无论是在血统上或文化上，都起了大的变化。第二周的中国已不是当初纯华夏族的古典中国，而是胡汉混合、梵华同化的新中国，一个综合的中国。"②这种看法类似血统论，但认为中国文化当亡不亡且还会复兴的观点，则是值得肯定与欣慰的。

雷海宗的中国文化独具两周说

文化周期 所属时代	宗教时代	哲学时代	哲学派别化与 开始退步时代	哲学消灭与 学术化时代	文化破裂时代
第一周	殷商西周 前 1300— 前 771 年	春秋时代 前 770— 前 473 年	战国时代 前 473— 前 221 年	秦汉以至 东汉中兴 前 221—88 年	东汉末至 五胡乱华 89—383 年
第二周	南北朝至 隋唐五代 383—960 年	宋代 960—1279 年	元/明 1279—1528 年	晚明盛清 1528—1839 年	清末以下 公元 1839 年以下
第三周	中国文化的第二周已快结束，其前途是结束旧局面，创造新世界，实现一个第三周的中国文化，并且相信，必能建起一个第三周的中国文化！				

① 雷海宗：《独具二周的中国文化——形态史学的看法》，《大公报·战国》，1942 年 3 月 4 日，第 14 期。

② 雷海宗：《中国文化与中国的兵》，北京：商务印书馆，2001，第 141-142 页。

在当前的抗战时期，雷海宗进一步提出了建设中国文化的第三周说，还指出其实现的契机与路径。他认为，这次抗战的历史地位就像淝水之战一样，但却比它更严重、更伟大，因为第二周的结束与第三周的开幕，全都系此一战。雷海宗说："今日是中国文化第二周与第三周的中间时代。新旧交替，时代当然混乱；外患趁机侵来，当然更增加我们的痛苦。但处在太平盛世，消极地去度坐享其成的生活，岂不是一种太无价值、太无趣味的权利？反之，生逢二千年来所未有的乱世，身经四千年来所仅见的外患，担起拨乱反正、抗敌复国、变旧创新的重任——那是何等难得的机会！何等伟大的权利！何等光荣的使命！无论何人，若因意志薄弱或毅力不坚，逃避自己分内的责任，把这个机会平白错过，把这个权利自动放弃，把这个使命轻易抹杀，岂不是枉生人世一场！"①把中国文化的未来出路与抗战联系起来，把历史研究与现实问题紧密结合起来，显示了"战国策派"学人在那个炮火连天的年代里肩负起建设学术的责任与雄心，也反映了他们为现实服务的民族主义情愫及兼济天下的情怀。

如何建设中国第三周的文化？林、雷二人有着不同的路径选择。林同济认为，西方文化正处于其活力四射的战国时代，而中国文化的问题是活力颓萎。在中西文化碰撞的时代境遇下，"如果要保持自己的存在，而求不被毁灭，势必决定一个及时自动的'适应'""探索出来一个文化适应与新生的程序"以"救大一统文化之穷"。解救之道就是注入源自文艺复兴以来的西洋和春秋战国时代的中国的"列国酵素"，"抛弃'大一统型'的骄态与执见"，最终"涵育出一朵新阶段的文化之花"。②与林同济相比，雷海宗的建设第三周中国文化的路径似乎更为切实、明确。他认为抗战建国、复兴文化要从三个方面加以解决，"兵可说是民族文化基本精神的问题，家族可说是社会的基本问题，元首可说是政治的基本问题。三个问题若都能圆满的解决，建国运动就必可成功，第三周文化就必可实现"③。兵、家族、元首三个方面的问题也成了日后他分析、探讨伦理问题的关注点。

但事实上，他对中国文化两周论有着四种不同的解释。(一)胡汉合一、梵华同化的第二周文化；(二)中国文化的第二周可说是南方发展史；(三)文化如花，中国似为木本花，可开多次；(四)爱国思想所产生的一种信仰。这些解释"所体

---

① 雷海宗：《中国文化与中国的兵》，北京：商务印书馆，2001，第184-185页。

② 林同济：《卷头语》，载林同济、雷海宗《文化形态史观》，上海：大东书局，1946，第1-5页。

③ 同①，第183-184页。

现出的民族主义思想和实用主义思想，是为了达到实用和现实的效果，为了'抗战建国'的需要，而对历史进行的一种阐发"①。其主旨是希望唤起国民意识，为抗战建国服务。对雷海宗关于中国文化周期说的评论，众多学者似乎有着共同的倾向。他们认为，雷海宗的独特观点具有为现实服务的强烈意蕴。"它完全是源于对中国文化的强烈自信心和民族自尊心。"②"这就'暴露'了一个民族主义学者内心的矛盾和焦虑：在所谓'文化形态学'的框架下，他必须承认西方文化的强势地位，而中国文化暂时处于弱势；但作为中国人，他又宁愿相信中国虽衰而能复兴。"③他试图以全面引入西方现代文化精神重建中国文化认同，但又在某种程度上损伤了近代知识群体的文化自尊。④ 不论是其"自创"说法，还是其"强史就我"，所表达的无非是其强烈的民族主义情绪和对中国文化出路的担忧。雷海宗关于中国文化周期的论说在抗战时期确有提振国民士气、增强文化自信的效用，其思想深处饱含着浓烈的爱国主义热情，这是不可抹杀也不容置疑的。但是，"从战国策派的史学也可看出，中国人介绍西方的史学理论目的在于解决中国的实际问题，对介绍内容的取舍又往往取决于介绍者所处的社会环境和阶级地位，'介绍'时既然带有功利心，'应用'时也难免会触及各社会集团的实际利益，以至是非蜂起"⑤。但是，"战国策派"用"文化形态史观"的理据，论证中国文化的未来出路，并以德国为借镜，构思了一套独特而又充分表达时代要求的文化重建与复兴方案，以及与其他外来思想方法和文化观念的主动对话与沟通，在中国近现代思想史留下了个性鲜明而充满特色的一章。

另外，在看到这些功利性、现实性的同时，我们也不能忽视这样一个事实，即他们引进西方文化形态史观对中国学术的积极影响。雷海宗以斯宾格勒的历史哲学为基础，结合中国的历史实际，形成其独具特色的史学思想，他的贡献并不在于简单因循既有的西方史学理论，而是进行了独创性的发挥，以著名的文化两周论奠定了其史学界不撼的地位。文化形态史观倡导史学研究的整体性与分析性，体现了一种历史解释和历史认识方式，打破了国别史与断代史的界限，对历

---

① 侯云灏：《文化形态史观与中国文化两周说述论——雷海宗早期文化思想研究》，《史学理论研究》，1994 年第 3 期。

② 黄敏兰：《学术救国——知识分子历史观与中国政治》，郑州：河南人民出版社，1995，第 231 页。

③ 田亮：《"战国策派"民族主义史学在抗战期间的兴衰》，《河北学刊》，2003 年第 3 期。

④ 江沛：《战国策派思潮研究》，天津：天津人民出版社，2001，第 79 页。

⑤ 张和声：《文化形态史观与战国策派的史学》，《史林》，1992 年第 2 期。

史本质等理论问题进行重点探讨，强调历史进程中的结构、总体、系列等，在中国史学近代化过程中具有开创性意义。恰如雷海宗的学生何炳棣所言："尽管六七十年前雷师以斯宾格勒《西方的没落》理论架构应用于国史，引起一些不可避免的评讥，但经雷师修正以后的文化形态史观，确颇有裨于中国通史的宏观析论。"[①]毋庸置疑，雷海宗的创新不是对西方文化形态史观的简单移植和介绍，而是在以此为观察文化发展的一个视角，立足于文化交融在世界格局形成过程中的重要作用，以此特定的文化视角打量世界历史以及中国历史的变化。"在为现代民族主义寻求合理论证时，雷海宗自然地将特定的种族或文化融入了时代主脉中，这是他对斯宾格勒历史哲学的创新，也是在其时代背景下为民国的史学寻求出路。"[②]

总之，"战国策派"运用文化形态史观是试图对整部文明史进行宏观解析，以文化共时态的演变为历史研究的基本单位，从文化发展的角度审视世界与中国文化的变化规律，寻求对未来世界与中国文化发展走向的判断，并以此作为重建中国文化的理论依据，体现出强调本体论的哲学思路。文化形态史观的理论，为"战国策派"学人提供了考察世界文化的独特视角，同时也为近代中国的文化危机找到了一个本体论层次的解释和说明。借此理论，"战国策派"学人试图实现三个目的：一是要说服国人摒弃大一统型的骄态与执见，认真反思中国文化的病态与国民劣根性；二是要以开放的心态全面吸收列国酵素，使明显落后于世界发展的中国文化得以重建；三是要使国人认真思考抗日战争的残酷性，切不可对战国时代抱任何的幻想。[③] 从文化形态史观出发，"战国策派"顺理成章地推演出其核心命题——"战国时代重演论"。

第二节 战国时代重演论：培养战的意识和精神

"在战国策派那里，史论即时论，历史与现实是二位一体的，他们用形态史观

① 何炳棣：《读史阅世六十年》，香港：商务印书馆，2004，第 119 页。

② 李春雷：《传承与更新：留美生与民国时期的史学》，北京：中国社会科学出版社，2007，第 185-186 页。

③ 江沛：《战国策派思潮研究》，天津：天津人民出版社，2001，第 101 页。

来研究历史，于是就有‘中国的文化二周论’，他们用历史来比较现实，于是就有了‘战国时代重演论’。”[①]“战国时代重演论”是“战国策派”的核心命题，也是其文化形态史观的重要组成部分。事实上，他们所有对文化问题的论述，都由这一命题辐射而成。[②] 此命题是文化形态史观的逻辑结果。所以在“战国策派”那里，“战国”不只是一个历史概念，更重要的是一个文化概念，还是一种伦理精神。西方文化重演“战国时代”，中国文化就要做相应的回应，以适应“战国时代”的竞争而得以存继。这种回应也使得“战国策派”所宣称的“战国时代重演论”成为一种文化策略，其真正目的在于战时文化重建，培养国民“战”的意识和精神，实现抗战救亡与建立民族国家的伦理价值目标，而“战国”的时代性质则要求树立正确的战争伦理观。

一、民族复兴的文化策略：战国重演

“战国时代重演论”是“战国策派”的核心命题，也是他们提出的民族复兴的文化策略。但实际上，中国当前处于“战国时代”的观点并非“战国策派”首提，然而喊得震天响、影响最巨的就莫过于“战国策派”了。

在19世纪末，俞樾为孙诒让所著《墨子闲诂》作的序言中就已有“今天下一大战国”的说法。[③] 1904年《东方杂志》转载了《外交报》上的《论今日与战国时之异同》，此文以当时的国际时势与春秋战国的局势相比拟，以为“若以今日之大势较我古人，则当在战国之初，离秦吞天下时尚远，其何国为秦，亦尚未知”[④]。在1918年第15卷第10期的《东方杂志》上，《旧战国与新战国》一文的作者也通过比较古今战国之异同，最后得出如下结论：“世界不统一于一大权力之下，真正之平和必无希望。秦之强大能制六国于绝对权力之下，遂能成平和之局。使战国不转瞬而成统一之局，此今人所不可不借鉴者也。而孰之民族，孰之邦国，能完成统一之大业，此百年后之历史，非今日之所敢决矣。”[⑤]

---

① 张和声：《文化形态史观与战国策派的史学》，《史林》，1992年第2期。

② 温儒敏，丁晓萍：《时代之波——战国策派文化论著辑要》，北京：中国广播电视出版社，1995，前言第4页。

③ 俞樾：《墨子闲诂·俞序》，载孙诒让撰，孙启治点校《墨子闲诂》，北京：中华书局，2001，第2页。

④ 《论今日与战国时之异同》，《东方杂志》，1904年第4期。

⑤ 鲁贻：《旧战国与新战国》，《东方杂志》，1918年第15卷第10期。

这一结论与“战国策派”的看法并不相同，但对“大权力”的强调则是一致的。[①] 上述观点虽然都提到当今是一类似于我国的古战国时期，但并未将此观点理论化、系统化，而做进一步的发挥。直到中国青年党的诞生，“战国时代”的理论才有了新的发展，但却未引起时代的反响。

中国青年党中最早提出这一理论的当属陈启天。他在《法家的复兴》一文中指出，中国这个大一统的帝国到了近代发生了很大的变化，而关系最为重要的是国际环境的变化。他认为近代国家有如下特点：“在对内方面是实行法治的民主主义，以求统一；在对外方面，是实行民族的国家主义，以求发展；在物质方面，是采用科学的物质发明，以求便利；在精神方面，是信仰斗争的进化学说，以求胜利。建立在这种种特点之上的近代国家之国际关系，是各求发展，互相斗争。”“我们不能责备国家环境，我们只宜反省自己的国家尚未能适应近代的国际环境。原来近代世界，是一个‘新战国’的世界。在这个新战国的世界，也如同中国历史上的战国时代一样是‘强国务兼并，弱国务力守’，无所谓正义，也无所谓公理。”[②]柳浪在《新战国时代论丛导言》中做了更为详细的描述。他认为，“现在的世界是一个强凌弱众暴寡的世界。国家间只有利害关系，永无信义和平。利害相同时，敌可为友，利害相反时，友能变敌”，国家利益是各国的行为准则，这“实在和我国春秋以后秦汉以前的二百四十余年间的‘战国时代’的情形相仿”。[③]

近代中国已经被迫加入这个“新战国时代”，在大一统帝国内所造就的儒家德感主义的思想文化已不足以应付这个新战国时代的需要。这是有识者都承认的，不论是中国青年党还是“战国策派”。那么，我们要从哪一条路去挽救国家的颓运呢？中国青年党将目光对准了战国时代的法家思想！陈启天说：“原来中国法家极盛于战国时代，其所以极盛于战国时代的原因，即以法家思想适合当时的时势需要。……法家思想产生于战国时代，今又遇一个世界的

---

① “战国策派”认为这次大战带来的结果，将不是世界的统一，而是两三个超级国家的诞生。它们维持着世界力量的均衡，实际上决定人类命运的前途。这种“均势论”与鲁贻所谓的“统一论”是不同的。

② 蔡尚思主编：《中国现代思想史资料简编·第三卷》，杭州：浙江人民出版社，1983，第836-838页。

③ 柳浪：《新战国时代论丛导言》，《新中国日报》，1942年3月19日。

新战国时代，自然而然要重新倾向于法家思想。”①常燕生也认为，“中国今日是一个战国以后最大的变局，今日的世界又是一个‘新战国’的时代……中国的起死回生之道，就是法家思想的复兴，就是一个新法家思想的出现”②。“法家的复兴”正是中国青年党探寻救国之路的一种资源性发掘。而“战国策派”的诸多主张也难逃法家思想色彩的渲染。

纵观中国青年党所刊发的众多文章，他们对“新战国时代”所产生的问题的主要解决途径无外乎两个取向：一是取法中国的战国时代，特别是法家思想；一是借鉴欧美的近代化经验，如全民族战争、生物史观、集团主义文学、民族的狂飙运动、权力意志等。③ 事实上，这些观点与“战国策派”所倡导的汲取列国酵素、国家至上、民族至上、民族文学、德国狂飙运动以及权力意志等存在一致性，都是关心国家命运的时代选择，都是以救国救民为出发点，都是想提出最适当的方案，去解决当前的严重问题。但他们关于战国时代论的提出路径却是不同的，这导致他们对“战国”的理解相去甚远。中国青年党采用比较的手法，目的是为帮助人们更了解这个时代的真面目，其“战国”的含义是一个历史概念，也只是一个历史时代的代名词。

王尔敏先生曾指出 19 世纪世界和春秋战国作对比的重大意义。“1861 年，冯桂芳已自古代春秋列国的形势，清楚地比拟当时列强并立的世界。就此观点，他第一个提出加强外交的建议。在冯氏以后，直至 1894 年，用中国历史知识中春秋与战国的形势来解释当时国际现状者，不下十数人之多。……表面似乎浅薄，但在思想的转变言，却有重大意义。其一，将 19 世纪世界和春秋战国比较，乃反映一种新的国际意识，自然地放下中国中心观，以古史的镜子，重新思考中国所面对的新世界。其二，中国官绅在面对列强并立的世局，很容易在固有经验中寻求适应方法，而古代列邦的国际关系，就是现成的参考资料。这种历史比较，以至于古代邦交经验的参考引用，却正是由中国中心的国际观念转变为对等国际关系观念的一个天然的有效的通道。”④这实际上也同样适合 20 世纪的战国重演论。它所昭示的无外一个意思，即摆正位置，认清

① 蔡尚思主编：《中国现代思想史资料简编·第三卷》，杭州：浙江人民出版社，1983，第 840 页。

② 常燕生：《法家思想的复兴与中国的起死回生之道》，《国论》，1935 年第 1 卷第 2 期。

③ 桑兵、关晓红主编：《先因后创与不破不立：近代中国学术流派研究》，北京：三联书店，2007，第 532-534 页。

④ 王尔敏：《中国近代思想史论》，北京：社会科学文献出版社，2003，第 21-22 页。

现实。这是一种现实主义的立场。

“战国策派”与之前的战国重演论的不同在于，它背后有一整套学术理论体系作支撑，其“战国”的含义不仅仅是一个历史概念，更重要的还是一个文化概念，一种伦理精神。“战国策派”在两个方面对“战国”概念进行了重构。首先，在“战国策派”看来，战时中国所处的时代不只是“像”或者“似”战国时代，而就是战国时代。其理论依据是文化形态史观，即每一文化都要经过春秋、战国、大一统三个阶段，事实根据就是中国文化第一周的战国时代已经消逝，第二周不过是在延续第一周大一统时代，但正经历战国时代的西方文化却把中国拖入到新的战国时代。其次，“‘战国’的意义不在于它提示了一种因应策略，更在于它代表着一种新的文化精神”。“‘战国’精神就是尚‘力’精神。”[①]

“战国策派”中首提“战国时代重演”的应为雷海宗，最早提出西方文化正在重演战国时代的人则是斯宾格勒。他认为，当文化生命由文化进到文明的阶段后会有新独裁者的出现，这就宣告了“大战时代”的来临。“于是，巨大冲突的时期开始了，我们自己今天正处于这个时期。这是从拿破仑主义到恺撒主义的过渡，是一个普遍的演化阶段，它至少延续了两个世纪之久，而且可以看出在一切文化中都有这个阶段。中国人把它叫作‘战国时期’（公元前480—前230年，相当于古典文化的公元前300—前50年）。”[②]雷海宗受斯宾格勒文化形态史观的影响，在1936年发表在清华大学《社会科学》上的《断代问题与中国历史的分期》中，他提道“少数列强的激烈竞争与雄霸世界，与多数弱小国家的完全失去自主的情形，显然是一个扩大的战国”，而当时的西方也“正发展到中国古代战国中期的阶段”。[③] 这种观点到了1942年就表达得更为清晰，他说：“今日的欧美很显然的是在另一种作风之下，重演商鞅变法以下的战国历史或罗马与迦太基第二次大战以下的地中海历史。欧美在人类史上若非例外，最后的归宿也必为一个大一统的帝国。”[④]也即是说，出现于公元前五世纪的中国战国时代，又在当前的欧美文化身上重演了。我们中国并不处在此战国时代，只是被迫成了列强角逐中的一员。如何自存，就成了时人共同

① 单世联：《中国现代性与德意志文化（上）》，上海：上海人民出版社，2011，第223-224页。

② ［德］奥斯瓦尔德·斯宾格勒：《西方的没落：世界历史的透视》，齐世荣等译，北京：商务印书馆，1963，第658页。

③ 雷海宗：《中国文化与中国的兵》，北京：商务印书馆，2001，第163页。

④ 雷海宗：《三个文化体系的形态》，《大公报·战国》，1942年2月25日，第13期。

关注的急切问题。

"战国策派"内大力宣扬"战国时代重演"的则是林同济，特别是他发表在《战国策》杂志创刊号上的第一篇文章《战国时代的重演》，将此说表达得酣畅淋漓。他在文中宣称："我们必须了解时代的意义。""现时代的意义是什么呢？干脆又干脆，曰在'战'的一个字。……这时期是又一度'战国时代'的来临。"①但是，从文化演进的事实来看，"战国时代"的出现也并非偶然，而是有其产生的必然逻辑。林同济指出："一个文化，演到某阶段而便有战国时代的来临，并不是偶然之事、神秘天工。物质条件，精神条件，发展到相当程度；各地域、各民族间的接触也就日繁：互倚赖、互摩擦的情节也就日多。在这种相吸相抵的矛盾境界中，较大的政治组织，成为逻辑的必需。并吞的欲望就在这里产生。由欲望而企图，由企图而行动，于是战乃不可免。战到了相当尖锐化，战国时代遂岸然出现于人间！"②需要明白的是，此时重演战国时代的并非我们抗战中的中国，而是西方。

西方文化经过文艺复兴、宗教改革、地理发现、工业革命后，就不可遏止地成为现代全世界文明的动力，还决定了现代世界史的发展模型与方式。所以，"世界上其他文化体系，面对这个蓬勃全球的力量，如果要保持自己的存在，而求不被毁灭，势必决定一个及时自动的'适应'"③。这个"及时自动的'适应'"就是要首先抛弃大一统型的骄态与执见，去顺应时代的潮流，尽可能地将我们大一统末程的文化酿化为活泼健全的"列国型"，把我们的国家建设成道地的"战国式"国家。因为"实际上整个世界的中心潮流，只有朝着一个方向推进的——要建设道地的'战国式'的国家"④。这就要求我们必须深刻地了解"战国时代的意义"，明了"战国"的内涵，树立正确的战争伦理观。

二、战国时代的战争伦理：非道德性

关于战争，《辞海》解释说，它是人类社会集团之间、国与国之间为了一定的政治、经济目的而进行的武装斗争，是人类历史发展到一定阶段的社会现

---

① 林同济：《战国时代的重演》，《战国策》，1940 年 4 月 1 日，第 1 期。
② 同上。
③ 林同济：《卷头语》，载林同济、雷海宗《文化形态史观》，上海：大东书局，1946，第 2 页。
④ 林同济：《学生运动的末路》，《战国策》，1940 年 5 月 15 日，第 4 期。

象。经济是战争的物质基础,维护或争夺经济利益又是战争的根本动因。战争受到人心背向、军事力量、经济实力、科学技术和自然条件等因素的制约。在一定条件下,战争与和平、战争与革命可以互相转化。现代战争的主要根源是帝国主义和霸权主义。只有消灭剥削阶级和帝国主义、霸权主义,才能最后消灭战争,实现人类的永久和平。① 按战争性质,可分为正义战争和非正义战争。也就是说,战争并不是道德判断范围之外的事情。恰恰相反,道德判断与战争如影随形。② 然而,在"战国策派"看来,战争具有非道德性。

根据文化形态史观,林同济认为,我们已身处世界史上战国时期第一次露骨表演的日子,置身战国时代的怒潮狂浪之中,就要明了战国时代的意义。林同济认为:"现时代的意义是什么呢? 干脆又干脆,曰在'战'的一个字。""战国时代的意义,是战的一个字,加紧地,无情地,发泄其权威,扩大其作用。"③这说明"战"是理解战国时代的一个重要突破点。所以,如何看待战争,树立怎样的战争伦理就成了极为重要的问题。如此一来,现实主义和道德主义的立场就成了理解战争的两个重要维度。"战国策派"站在现实主义的立场,认为用战争的方式来解决民族间、国家间的问题,论理是不道德,也不经济,且战国的灵魂有纯政治、纯武力的倾向,还充满了非道德、非经济的冲动。所以,他们警告国人:不要迷信世界和平的误人误国的宣传! 但这并不是说和平不"应该",只是想让国人认清战争是"事实"的残酷现实。也就是说,战争是一个活生生的事实存在,而不是一个应不应该的价值存在。因此,对于"战国策派"来说,战争与道德、伦理是无涉的,具有非道德性。

如果仅从这一现实主义的立场来判断战争,那么,战争也就只是一个"非道德性"的事实存在。然而,我们还应当注意到"战争的道德现实"这一战争与伦理的关系问题。否则,"战国策派""莫管正义不正义,正义在其中"④的言论,就真的成了批评者所说的"没有什么正义不正义的标准"⑤了。"战争的道

---

① 夏征农、陈至立主编:《辞海:第六版缩印本》,上海:上海辞书出版社,2010,第 2389-2390 页。

② [美] 迈克尔·沃尔泽著:《正义与非正义战争》,任辉献译,南京:江苏人民出版社,2008,第 3 页。

③ 林同济:《战国时代的重演》,《战国策》,1940 年 4 月 1 日,第 1 期。

④ 陈铨:《指环与正义》,《大公报·战国》,1941 年 12 月 17 日,第 3 期。

⑤ 汉夫:《"战国"派的法西斯主义实质》,《群众》,1942 年 1 月 25 日,第 7 卷第 1 期。

德现实分为两个部分。战争总是受到两次判断：一次是关于国家开战的理由；另一次是关于战争中使用的手段。前者是形容词，是对事物性质的判断：我们说某次战争是正义的或非正义的；后者则是副词，是对行为性质的判断：我们说正义地或非正义地战斗。"①事实上，"战国策派"对此也有表述，只是常为其鲜明的现实主义的论述所遮盖而已。林同济就认为，日本所发动的战争就是"侵略"战争，我们是"被侵略"的国家。这里"侵略"与"被侵略"等词就明显地带有道德判断的性质。正如沃尔泽所说："侵略是犯罪，侵略性战争却是受规则支配的活动。抵抗侵略是正当的，抵抗却受道德(和法律)的约束。"②在此意义上，抗日战争就是陈铨所谓的"莫管正义不正义，正义在其中了"。

针对战国时代的"战争"的事实问题，林同济承认战争是任何时代都有的现象，并不是战国时代的特殊现象。一般而言，"战"有两种，一是取胜之战，一是歼灭之战。前者多发生在战国时代以前，后者发生在战国时代。战国时代的"战争"具有以下特征：(一)战为中心。即战争不但是那时代最显著、最重要的事实，而且要积极地成为一切主要的社会行动的动力与标准。(二)战成全体。"人人皆兵，物物成械"是"全体战"的形象表达。有无本领作全体战，作战国之战，是任何民族的至上问题和先决问题。"一切为战，一切皆战"，这就是"战国作风"。(三)战在歼灭。齐桓公"兴灭继绝"的封建作风如黄鹤一去不复返。到了战国时代，"囊括四海，并吞八方"的独霸世界的欲望产生，一切的取胜战都是为歼灭战做先驱！③

而当今又是"战国时代的重演"，那么，此期的战争与古战国的战争除了上述的共同特征外，"战国策派"认为还有不同之处：一是战争全体性的集中程度不同，二是战争歼灭的方法不同，三是战争的范围不同。古今战国时代之"战争"的异同让"战国策派"更为清楚地看到了世界发展的趋势，也找到了我们应当采取的策略。他们认为，战争的发生、发展并不是以善恶的伦理标准做衡量，它只是一个赤裸裸的现实与事实。所以，我们中国人必须面对残酷的现实，抛弃以往中庸为教、大一统的骄态与执见等削弱战争意识的伦理与心态，

---

① [美]迈克尔·沃尔泽著：《正义与非正义战争》，任辉献译，南京：江苏人民出版社，2008，第24页。

② 同上。

③ 林同济：《战国时代的重演》，《战国策》，1940年4月1日，第1期。

重拾战的意识和战的决心。首先，我们要承认，列强已经无情地开始了“战国式的火拼”！唯一的出路就是抗战到底！所以，在此重演的战国时代，不能战的国家就不能生存。我们要赶快放弃中庸情态、侥幸心理，改变不文不武、不强不弱的偷懒生活，树立“战”的意识和精神。其次，意识形态只是战国作战的一种手段，合用则留，不合用随时可以弃捐！战国时代的世界大政治的演变取消了“左”“右”意识形态的束缚，而成了国际纵横捭阖的工具。如果把意识形态当作天经地义，还捧着它以解释国际的合纵连横，那就不免死眼看活戏了。最后，要赶快培育出能作战国之战的本领，具备做战国时代战国型国家的资格。我们的思想无形中已渗透了“大同”局面下的“缓带轻裘”的态度，要避免用大一统时代的眼光来估量新战国的价值这一“最大的危险”。① 战国时代是一个弱肉强食的时代，中华民族到了最后的时候，要想生存发展，就必须靠国家力量去与侵略者对抗，靠每个国民运用“战”的意识、凭借“战”的精神、发挥“战”的能力，与侵略者斗争到底。这种现实主义的立场，正是迫于当前救亡图存的民族生存压力而产生的。“战国策派”一再强调：我们必须彻底地接受时代的意义，承认这是一个重演的战国时代。为了准备“战国时代”的战争，他们主张，必须要倒走两千年，再建起战国时代的意识和立场，唤回失落的“战”的意识与精神。一方面重新策定我们内在外在的各种方针，一方面重新估量我们的传统文化！

显然，“战国时代重演论”的提出，以及非道德性的战争伦理的阐释，其用意不仅仅是要击碎国人的和平幻想而与敌人抗战到底，更为深层的含义则是要重建中国文化，塑造新人格。雷海宗指出，此次抗战的背后，也隐藏着莫大的好处，那就是“为此后千万年的民族幸福计，我们此次抗战的成功断乎不可依靠任何的侥幸因素。……若要健全地推行建国运动，我们整个的民族必须经过一番悲壮惨烈的磨炼。二千年来，中华民族所种的病根太深，非忍受一次彻底澄清的刀兵水火的洗礼，万难洗净过去的一切肮脏污浊，万难创造民族的新生”②。林同济则认为：“站在民族生命长久发扬的岗位看去，抗战的最高意义必须是我们整个文化的革新！”③“抗战不只是把日本的侵略主义打倒。抗战也不只是把祖宗的土地保存。抗战也不只是救着民族的生存。甚至可以说抗战也不只是伸张人类

---

① 林同济：《战国时代的重演》，《战国策》，1940年4月1日，第1期。

② 雷海宗：《中国文化与中国的兵》，北京：商务印书馆，2001，第179-180页。

③ 林同济：《嫉恶如仇——战士式的人生观》，《大公报·战国》，1942年4月8日，第19期。

的正义。抗战的最重大最深远的意义，是在此战的苦撑中建个新的思想来，新的文化来！是在战的锻炼下，立个新的人格来！”①复兴中国文化、重塑国民人格，是“战国策派”强调战国时代重演论的意义所在与价值所系。

西洋文化既已走到它的“战国时代”，那么，世界上其他的文化体系，面对这个蓬勃全球的力量，就不得不面临一个重大问题：如何生存？如果要保持自己的存在而不被毁灭，势必要有一个及时自动的适应。但同时也要注意一种民族性中包含的最大危险，那就是时刻都以“‘大一统’时代的眼光来评量审定‘大战国’的种种价值与现实”②。既然意识到了“危险”，也懂得要自动“适应”，那么如何消除“危险”、如何“适应”就成了亟待解决的问题。“战国策派”针对此问题而开出的救世良方，就是“大政治观”。

第三节　大政治观：伦理目标的实现途径与法则

“大政治观”是“战国策派”最为重视的，由“战国时代重演论”这一核心命题辐射而出的基本主张，也是中国“自存自强”“救亡图存”之道。他们宣称，“战国时代”唯有用“大政治”的眼光和意识去衡量一切，国家才能生存下去。“战国策派”成员对此有着清醒的认识：“大政治眼光是对现代世界生活最重要、最不可缺的眼光。”③“大政治的观点，比较适合我们现在的需要。”④过去二十年里铁一般的事实证明，“此后救亡图存唯有实行国际斗争的大政治”⑤。显而易见，“战国策派”“大政治观”所要实现的伦理目标是救亡图存，而具体的伦理法则就是唯实尚力。

一、“大政治观”的伦理目标：救亡图存

“大政治”为“战国策派”成员自创。洪思齐在《释大政治》一文中说：“大政治

① 林同济：《抗战军人与中国新文化》，《东方杂志》，1938年第35卷第14号。

② 林同济：《战国时代的重演》，《战国策》，1940年4月1日，第1期。

③ 林同济：《大政治时代的伦理——一个关于忠孝问题的讨论》，《今论衡》，1938年6月15日，第1卷第5期。

④ 何永佶：《政治观：外向与内向》，《战国策》，1940年4月1日，第1期。

⑤ 洪思齐：《释大政治》，《战国策》，1940年8月15日，第10期。

这个名词是《战国策》里的几个朋友创的。它的含义并不是一望而知的，但是因为没有更妥当的名词，所以就创了它。……总之，‘大政治’是一个新的名词，具有新的意义。”[①]何谓“大政治”？林同济说：“所谓大政治者，就是国与国间凭着彼此极端全体化的力，以从事于平时的多面竞争与战时的火拼决斗。”[②]“大”的意思就是超派别、超阶级、超省域，是以国为单位，以世界为舞台。本质上，“大政治”是国家与国家间的斗争政治，以战争和外交为斗争方式，以力为最重要的斗争根据，以事实为根据，以国家之生存和发展为目的。[③] 因此，要明白“大政治”的含义，必须先明了“国家”的内涵。

在“战国策派”看来，“国家之所以为国家……在它为一切人群结合中唯一具有‘作战权’的团体，有此则成国，无此则非国。……国家乃在战争中及为战争而存在。一切政治、经济、文化、教育、科学等等设施，有意无意，都是以‘战’为最后决定之因子”。所以，“认定战争为国家最后的精义，时时刻刻想着国与国间是不断地斗着或明或暗的战争，而将国内一切的一切，置于这个大事业的最高总驭之下”[④]。这种观点就是“大政治”的政治观。显而易见，“以国家之生存和发展为目的”正是“战国策派”“大政治观”的伦理目标所在。

“战国策派”为何要提倡“大政治”呢？我们从范长江的报道中或许可以探得出原因。在范长江撰写的《昆明教授群中的一支——“战国策派”之思想》一文中提道，林同济说：“我们战国策之所以提倡‘大政治’，就是主张放大眼光，向外发展，要加紧抵抗欧洲方面向中国侵来的兼并战，我们要用‘大政治’来进行对付欧洲文化的反歼灭战。”而洪思齐指出：“为了要抵制以日耳曼为代表的欧洲文化的东侵，我们根据地理形势，要北增中苏邦交，南扶弱小，如越南、泰国、缅甸等，我们要一致起来抵抗西方文化对中国的侵略，这也就是我们所有要提倡‘大政治’的原因。”[⑤]可见，对“大政治”的提倡，既是出于对西方文化侵略而做出的一种回应，也是为了中国文化的未来及中国之命运谋划出路，最终目标还是落在了民族国家的价值体上。即是说，大政治观不仅是一种忧患意识与爱国情怀的政治情

① 洪思齐：《释大政治》，《战国策》，1940年8月15日，第10期。

② 林同济：《大政治时代的伦理——一个关于忠孝问题的讨论》，《今论衡》，1938年6月15日，第1卷第5期。

③ 同①。

④ 何永佶：《政治观：外向与内向》，《战国策》，1940年4月1日，第1期。

⑤ 范长江：《昆明教授群中的一支——“战国策派”之思想》，《开明日报》，1941年1月9日。

绪，更是实现救亡图存这一伦理目标的手段与途径。

从搜集到的资料看，林同济是“战国策派”内最早使用“大政治”的人，故应为创造此词的主导者。他在1935年所写的关于斯宾格勒《生死关头》的书评中就已用到“大政治”一词，并为其做了基本界定。他认为西方各国为了消除当时的内忧外患，为了准备参加眼前世界帝国的大政治，必须采取“大政治”——“普鲁士主义”。林同济援引斯宾格勒的话说，所谓“普鲁士主义”就是：“(一)必须有个强有力的政府，按着国家大计之需要而严厉地对全国经济加以训练与约束。(二)本着贵族主义的精神，按个人成就的区别而规定其在社会上的品级。(三)对外政策是一切对内政策的大前提。内政是绝对的为外交而存在，要视外交的需要而为转移的。(四)最后的条件是要有一位绝等伟大的人物，主宰一切而却又能绝对地自克自持。”[①]其中第三点成了日后“战国策派”关于“大政治观”的基本观点。此后，他在1938年发表《大政治时代的伦理》一文，又强调了“竞争”“国家”“力”等与“大政治”的密切关系。他认为现代世界是一个大政治世界，其特征包括：(一)它不是缓带轻裘、揖让上下的和平世界，而是一个激烈竞争的世界；(二)“力”是最重要的竞争根据，而不是“法”与“德”；(三)国家是最主要、最不可缺、最有效的竞争力的单位，即最主要的竞争是国力与国力的竞争；(四)国力的发展趋势乃是走向全体化。“大政治时代是以全体化的国力而从事于国际竞争的时代。”[②]从某种程度上看，林同济对“大政治”时代特征的概括，沿袭了近代自严复以来的社会进化论思潮，重视外交也是为了使本国更好地适应国际大环境下的生存竞争。强调竞争观念仍未超越前辈，强调增强国力，特别是突出最重要的竞争根据——力，则是对“鼓民力”与“利群”观念做的新诠释与发展。林同济在这两篇文章中虽未更多着墨加以阐述，但几乎已经全面概括了后来“战国策派”给“大政治”所下的定义。“战国策派”的其他人员，如何永佶、洪思齐等人，则是对“大政治”详加阐述、运用的人。

何永佶首先接过林同济所谓的“普鲁士主义”而对其加以深化。在何永佶看来，普鲁士统一的最大功臣就是“大政治观”的鼻祖——马奇维里(Machiavelli，今译为马基雅维利)，他是“站在十六世纪门跟之一个划时代的人物”，其“特殊政

---

① 林同济：《生死关头》，《政治经济学报》，1935年第3卷第2期。

② 林同济：《大政治时代的伦理——一个关于忠孝问题的讨论》，《今论衡》，1938年6月15日，第1卷第5期。

治哲学”——“‘战国’的政治哲学”正是林同济所谓“普鲁士主义”的典型代表。这种政治哲学诲邪诲力，他教君主令人畏惧，吝啬、残忍，收买人心，不守诺言，使用暗杀手段等。正因为这种国力政治哲学，马奇维里这个私德上的圣人却遭受了数百年的唾骂。尽管如此，何永信却认为，“马奇维里之所以成为划时代的人物，即在其为头一个看出那时神圣罗马帝国及罗马教会下统一局面的空洞无实，并看清欧洲近代国家对峙局面的降临，从而以其敏锐的眼光和犀利的文笔，给这种新局面以一新的政治哲学，这就是几百年来欧洲的国力政治”①。“国力政治”正是“大政治观”的一种解说。

何永信还从政治观即国家观的角度对“大政治”进行了诠释，并提出“小政治”概念与其做对比说明，还形象地将两者比作“金鱼缸”的政治和“大海洋”的政治。“在金鱼缸里时人人都是友，在大海洋时个个都是敌，因为个个垂涎着金鱼的金色美，金鱼而欲生存，第一看它自己的力量，第二也看它的由海洋大政治意识所指使的纵横连合。”并以问题的形式满心期待地提出“从金鱼缸进到大海洋，从小政治进至大政治”的政治、伦理主张。② 另一方面，何永信将政治观分为内向型和外向型，外向的即大政治的政治观，内向的即小政治的政治观，两者都有其历史及环境的远因，各有其时代适应点。但在他看来，两者的主要区别在于：内向的政治观尚“文”，缺乏战争意识，无求力之心，科学成为文人学士所稚弄的玩意儿，注重内争，军队私人化，外交依内政而转移，结果增厚离心的势力，产生“媵妾之道”和“妻妾争风”的政治，从而使政治流为一种虚文的把戏。而外向的政治观尚“力”，认定战为政治的精义，战意识浓厚，非科学无以取胜，清谈虚文为自杀之门，注重国防，军队国家化，外交为先，日夕所祈求的是国力如何增加，国运如何增长。尽管何永信表示对这两种政治观“不存鄙夷心”，但在当前的战国时代，他认为，“大政治的观点，比较适合我们现在的需要”。因此主张“坚固地树立一个外向的政治观”③。

本质上，外向政治和国力政治没有什么区别。何永信试图传达的信息是，我们处在一个以战为中心的战国时代，应该改变我们的政治观，去适应时代的发展以求生存。然而，现实中有不少国人依旧认为，中国仍是一个大一统世

① 何永信：《论国力政治》，《战国策》，1940 年 10 月 1 日，第 13 期。
② 何永信：《论大政治》，《战国策》，1940 年 4 月 15 日，第 2 期。
③ 何永信：《政治观：外向与内向》，《战国策》，1940 年 4 月 1 日，第 1 期。

界,“讲仁义,讲道德,讲尧舜,讲谐和,讲大同,充满了‘雍雍和和’的气象,无半点‘战争意识’”,甚至“尤以为现在仍是‘金鱼缸’的政治”,天下是一个信义和平的世界。这种“大一统”的观念,不仅无法帮助我们真正理解战争,更无法培养战争意识。相反,却会消弭战争意识和战争精神。这就是民族性中包含的最大危险,即用大一统时代的标准来评定大战国的种种价值与现实。这对中国是极为有害的。何永佶认为:“中国已不是‘大一统’的‘世界’,而是在紧张严肃的世界角逐中的一员。”①“要在这角逐中谋胜利,最先要有大政治的意识。”他进而强调:“只有从大政治的观点看,始能看出国家间的无情逻辑,国与国间的悲欢离合,始有线路可找。”因此,何永佶提出的救亡之道就是要变革传统政治伦理意识,而实行大政治。“中华民族非要把他们传统的政治意识彻底改换方向,抛弃小政治(low politics)而进展到大政治(high politics),然后才有出路。”②作为“战国策派”核心人物之一的洪思齐,著文对“大政治观”做了经典说明,并对其加以实际运用。

在《释大政治》一文中,洪思齐通过历史和现实证明,“战争是现实的学校”,要救亡图存就只有实行国际斗争的大政治。他从“大政治”的根据、方法、目标等角度都做了详细的阐释。“大政治是以事实做根据的:国际既不能避免战争,我们唯有以武力维护安全;国际既没有公理、法律、道德,我们的算盘只有国家的利害。国际政治是‘非道德的’(amoral),不是‘不道德的’(immoral)。一切幼稚的善恶观念必须打破。”洪思齐认为,大政治并非新鲜理论,它在我国有悠久的历史渊源。“大政治的方法并不是什么新的东西。我国的战国时代,西洋自文艺复兴时的城国一直到现在的德、意、苏,都是实行大政治的。”并且我国实行大政治还应区分不同的目标:“大政治的目标可以分为目前的和将来的。眼前的目标就是要战胜敌人。将来的目标则为安定亚洲。”在洪思齐看来,“大政治”就是国与国间斗争的政治,它是以国的斗争做中心思想的,手段是战争和外交,法则是唯实政治和力的政治。但这并不代表“我们主张国内行唯实政治和力的政治”,这种看法是对“战国策派”的“莫大的误会”。③

洪思齐睿智地看到了大政治观作用方向的不同,会产生不同的后果,进而

---

① 何永佶:《政治观:外向与内向》,《战国策》,1940年4月1日,第1期。
② 何永佶:《论大政治》,《战国策》,1940年4月15日,第2期。
③ 洪思齐:《释大政治》,《战国策》,1940年8月15日,第10期。

强调,“大政治是对外的,绝对不是用以对内。对内用则引起国家的分裂。只讲厉害不顾是非的唯实政治用以对内则引起党派的斗争,阶级的斗争,私人斗争,小集团的斗争,斗争激烈了,就不顾国家利益,甚至借重外力,出卖祖国。力的政治用以对内则引起革命和内战。两种法宝在国内用都要亡国”。他甚至据此断言,“北伐以前,中国对外依靠法律和公理,对内则实行唯实政治和力的政治,实为今日国难的祸根”。他强调用“大政治”对外,并不等于忽视对内的安排。“对内必须有法律、道德、公理、正义,必须调和团结,才有力量对外。”①可见,其对内的安排也是出于对外的目的。即“外交为先,内政为后,内政许多设施,视外交的需要而定;内政许多改革,也由外交的条件促成”②。其原因则在于,这是一个提倡、践行“大政治”的时代。为此,洪思齐撰写了一系列文章,如《释大政治》《挪威争夺战——地势与战略》《地略与国策:意大利》《如果希特勒战胜》《法兰西何以有今日?》《苏联之谜》《苏联的巴尔干政策》等,对“大政治”做了说明与运用。

由是,“战国策派”在其《战国策》《本刊启事——代发刊词》中提出了其“大政治观”的基本主张:“本社同仁,鉴于国势危殆,非提倡及研讨战国时代之大政治(high politics)无以自存自强。而大政治例循‘唯实政治’(real politik)及‘尚力政治’(power politics)。大政治而发生作用,端赖实际政治的阐发,与乎力之组织,力的驯服,力之运用。”③显然,提倡“大政治”是他们的办刊宗旨,其所维护或实现的伦理目标就是“国势危殆”的民族国家,而“唯实”“尚力”则是“大政治观”的两大伦理法则。

二、“大政治观”的伦理法则:唯实尚力

“战国策派”倡导的“大政治”基本主张,实则是要从唯实政治和尚力政治两个维度加以推行,并将其视为战国时代“大政治”的两大伦理法则:即唯实和尚力。事实上,唯实、尚力是国际政治的基本准则与伦理法则,也可以看作是“大政治观”的主要特点。“唯实政治”就是要以务实、实用、功利为原则,以国家利益为圭臬,实则是“唯利政治”。所谓“唯利”,就是唯国家利益而定。“尚力政治”就是

---

① 洪思齐:《释大政治》,《战国策》,1940年8月15日,第10期。

② 何永佶:《政治观:外向与内向》,《战国策》,1940年4月1日,第1期。

③ 林同济:《本刊启事——代发刊词》,《战国策》,1940年4月15日,第2期。

要以增强国家实力为目的,每个国家成为力的单位,而力也成为最主要的政治条件,最急于提倡、急于培养的法宝。所谓“尚力”,就是崇尚力量,唯“力”是图。唯实、尚力的伦理法则,就是以“利”与“力”为关注焦点去观照国家及国际政治,寻求适于时代的生存法则,实现救亡图存的伦理目标。

从“唯实政治”的维度看,“大政治”所规定的以战争和外交为国与国间的斗争手段,势必要符合“唯实”的法则。首先,以战争为例。林同济认为:“用战的方式来解决民族间、国家间的问题,论理是不道德,也不经济的。……只无奈理论自理论,事实自事实。理论家和平呼声喊得最高之时,也正在战国局面急转直下之顷。……所谓和平手段,世界共和,在战国时代,侃侃能谈者总是最多,实行的可能性也总是最少!这不是说和平不‘应该’,无奈战争是‘事实’。”①以“事实”来看待战争,就会明白战争的现实性、残酷性和务实性。“战争是现实的学校”一语道出了天机。洪思齐指出,通过我们的民族抗战,我们必须认识到国家间只有利害,没有公理,没有法律,国际法也不过是强者逼弱者遵守的制裁工具而已。“国际既没有公理、法律、道德,我们的算盘只有国家的利害。国际政治是‘非道德的’,不是‘不道德’的,一切幼稚的善恶观念必须打破。”②“自国家立场而有利的便是‘好’便是‘是’。自国家立场而有害的,便是‘恶’便是‘非’。国家的利害,变成伦理是非的标准。”③也就是说,战争之“道德不道德”的问题,在战国时代是不存在的。判定善恶是非的标准,已非“大一统”世界下的传统伦理道德标准,而变成了现实的国家利益。

其次,再以外交为例。洪思齐曾指出:“要得到外国的援助唯有实行唯实外交,权利害、玩均势、合纵连横。”④林同济也说:“如果这次欧洲战局明确给了我们教训的话,那就是战国时代的国际政治绝不是根据于所谓意识形态之一物。”而是“完全把他们当作战国作战的工具。合用则高唱高举,不合用则如屣弃捐”⑤。意识形态并不是“大政治”时代处理国际政治的准绳。洪思齐在论《苏联之谜》中曾明确指出,要先清除成见的影响而以现实的眼光来找出苏联在外交上

① 林同济:《战国时代的重演》,《战国策》,1940年4月1日,第1期。

② 洪思齐:《释大政治》,《战国策》,1940年8月15日,第10期。

③ 林同济:《大政治时代的伦理——一个关于忠孝问题的讨论》,《今论衡》,1938年6月15日,第1卷第5期。

④ 同②。

⑤ 同①。

的基本原则，进而言明："她（苏联）的外交是基于现实的政治，并非以理想的环境为对象，换言之，她所行的是唯实的外交，而不是要推行什么主义，打倒什么主义。她和英国一样，只有'永久的利益，没有永久的与国'。……唯实的外交不把'正义''公理''同情''憎恶'打在算盘里，唯一可以感动它的只有货真价实的利害关系，利益之所在，便寄之以同情，利益之所反，便加以憎恶。"[①]陈铨对此说得更为明确清楚："苏联的立场就是世界革命，苏联外交的作风就是随时投机，革命是目的，投机是手段。为着伟大的目的，苏联和过去德日一样，任何手段都不必加以选择。苏联当局是澈（彻）头澈（彻）底的现实主义者……苏联和德日一样，根本没有国际信义的观念。她的外交政策，完全根据'唯实政治'。"[②]正如何永佶所说："国与国的联合，不在各国国内的政党怎样，而在该两国在国际环境内的利益是否一致。"[③]国家利益才是处理国际关系、外交事务的圭臬。

从"尚力政治"的维度看，既然国际政治是国与国间的激烈竞争，那么国家力量的强弱就成了决定胜败的关键。国力的重要性、国力的增强也就成了"战国策派"关注的重点。关于"尚力政治"在战国时代的重要性，何永佶说："尽管你怎样谈仁义道德，尽管你谈得天花乱坠，说得花团锦簇，统一一个国家还是需要军队、兵器和武力。"也就是说，民族国家的建立以及抵抗侵略需要的是力，而不是德。"在这个时期，国家是一个'非道德'的东西，国与国在道德上一律平等，也可以说一律无关。既然如此，国与国间的关系，完全变为'力'与'力'的关系，每个国家成为'力'的单位，是在世界大政治里角逐的一员，所谓'主权'不过是'最高力量不能受国以外的法律限制'之另一种说法。"国与国的竞争，说到底就是力与力的对抗。所以国家要想强大就必须增强国家实力，这样才会在竞争中掌握优势。那么，力的增强就显得极为迫切。"在国与国群向大一统奋争的当儿，显然的，'力'为最主要的政治条件，最急于提出急于培植的法宝，其被视为纯粹一种目的，自属理之固然……在这种局面下，'力'的哲学，'力'的讴歌，与乎国力政治自必应运而兴。"[④]林同济在留学期间也形成"一个强烈而坚定的认识"："（一）西方人的人生观是力的人生观；（二）西方文化是力的文化；（三）而力的组织，自文艺

---

① 思齐：《苏联之谜》，《战国策》，1940年6月25日，第6期。

② 陈铨：《唯实政治》，《智慧》，1947年第26期。

③ 何永佶：《论大政治》，《战国策》，1940年4月15日，第2期。

④ 何永佶：《论国力政治》，《战国策》，1940年10月1日，第13期。

复兴以来，就愈演愈显著地以民族为单位、国家为单位；(四)到了20世纪，国与国间的'力的大拼'已成为时代的中心现实；(五)在日本全面侵略急转直下的关头，中国唯一的出路是'组织国力，抢救自己'。"[①]在他看来，中国的落后，不仅是国力不如人，而且中国的文化和人生观也都有问题。目前最为紧迫的问题就是，国力的加强与集中。"'力'的思想在应对民族危机时萌发，后来逐渐渗透到他的意识深处，成为他后来在战国策时期乃至终生提出的一系列思想的底色。"[②]而尚力的大政治又是西方强国的潮流，所以应向西方看齐，学习他们的崇强尚力的国力政治。

在尚力政治的视野中，"战国策派"所说的"力"是什么样的力呢？"力"是国家的力而不是平民个人的力，"尚力"只是国与国间而不是人与人间的"尚力"。"最要紧的字是'们'字，是'我们'(We)而不是'我'(I)。"[③]他所强调的并不是单个的原子或个体，而是实体性的民族与国家。"所以，你我的力不容任意横行，而必须在这个'时代的大前提'下取得规范。换句话说，你我的力必须以'国力'的增长为它的活动的最后目标。你我的力不可背国力而发展。因为在这时代，你我的力乃绝对离不开国力而存在！"[④]国家成了时代的界线，是时代的大前提！林同济将个体解放与集体生存联结在了一起。

这种对"力"的哲学的讴歌，在陈铨那里就表现为对象征力量的"指环"的拥有。陈铨说："指环就是力量，力量就是满足生存的意志的根本法宝。"力量对于民族、国家是根本性的，也是致命性的。"民族和民族、国家和国家、团体和团体之间，永远需要指环。抛弃指环，便要遭灭亡的惨祸。"因此，"一个国家或民族，图谋自全以至发展，第一步办法就要取得指环，使用指环。没有指环，只渴求正义来救，它的生命和自由必被断送的"[⑤]。"现在世界弱小民族，口口声声呼喊正义人道，终究不能挽救他们灭亡的命运！"[⑥]这并不是说陈铨不讲、不要正义。在他看来，正义也是非常重要的伦理原则和道德要求，只不过正义是对内的，而指

① 林同济：《思想检讨报告》，载许纪霖、李琼编《天地之间：林同济文集》，上海：复旦大学出版社，2004，第305页。

② 雷文学：《回归之路：从尼采到老庄》，《福建师范大学学报：哲学社会科学版》，2011年第5期。

③ 何永佶：《论国力政治》，《战国策》，1940年10月1日，第13期。

④ 林同济：《柯伯尼宇宙观——欧洲人的精神》，《大公报·战国》，1942年1月14日，第7期。

⑤ 陈铨：《指环与正义》，《大公报·战国》，1941年12月17日，第3期。

⑥ 陈铨：《狂飙时代的德国文学》，《战国策》，1940年10月1日，第13期。

环是对外的。也就是说，“正义的道德观念在国内非讲不可，因为不讲就不能生存；在国外不能盲目迷信，因为盲目迷信就妨害生存”[①]。换言之，拥有指环并不等于就放弃正义，要先有指环，然后才配谈正义，并不是不讲正义。就像林同济所说：“这不是说有了力一切可不谈，乃是说有了力才可以开始谈一切。”[②]“有理不必有力，有力才配说理。”[③]这样的说法，也只是为了适应新战国时代的形势，培养有力、能战的国民，而并不是在宣传什么“法西斯主义”。

大政治以唯实外交做指南，也采用尚力政治，但不能说大政治就是唯实政治或尚力政治。不论唯实还是尚力，都属于大政治。“战国策派”试图表达的是唯实政治和尚力政治的关系问题，而非对二者的割裂对待。事实上，所谓唯实政治也好，尚力政治也罢，都是意在强调当前世界强国所采取的政治观——大政治观。何永佶曾在《论大政治》中谈道，“英文有 high politics 一语，又有所谓 power politics，德文有 real politik 一词，中文就没有这类的词，弄到我们须创造‘大政治’的新名词，还以为不甚符合本意”[④]。将“high politics”译为大政治，将“real politik”译为唯实政治，将“power politics”译为尚力政治，实则是为了突出不同的侧重点，强调政治的务实、功利、强力、尚力等特点，是为中国政治寻找正确的方向并制定合理的举措。

据此“大政治观”，“战国策派”提出了一个相当重要的问题，那就是中国何以会丧失这种早已有之的“唯实”“尚力”的大政治意识？在他们看来，其近因就是五四以来中国知识分子偏于介绍、运用英美等国小政治的“国际理想主义”，而忽视德、意等国所具备的“大政治观”；其远因则是受秦汉以后“大一统阶段”文化形态的影响，中国是“只有内政，没有国际政治的世界国家”，缺乏国际斗争，也就不可能产生大政治意识。所以，“战国策派”在探讨如何恢复中国的大政治意识问题时，所循的也正是上述两个方向。

事实上，“文化形态史观”的背后潜藏着的是社会达尔文主义。那么，由“文化形态史观”推演出的“战国时代重演论”，以及由“战国时代重演论”辐射出的“大政治观”，就都无法避免社会达尔文主义的“适者生存”法则的深刻影响。“战

---

① 陈铨：《指环与正义》，《大公报·战国》，1941 年 12 月 17 日，第 3 期。
② 林同济：《柯伯尼宇宙观——欧洲人的精神》，《大公报·战国》，1942 年 1 月 14 日，第 7 期。
③ 林同济：《廿年来中国思想的转变》，《战国策》，1941 年 7 月 20 日，第 17 期。
④ 何永佶：《论大政治》，《战国策》，1940 年 4 月 15 日，第 2 期。

国策派”循着“适”的逻辑，省察固有文化，吸收外来文化，来重新培植国民的大政治意识和战的意识。检讨传统伦理，批其弊，纠其偏，企图构建“并不只是一种战时特有的伦理观，乃是现代国家应有的、必须的伦理观”，“使中国配做现代世界上的国家”的现代伦理，即林同济所谓的“大政治时代的伦理”。①

① 林同济：《大政治时代的伦理——一个关于忠孝问题的讨论》，《今论衡》，1938年6月15日，第1卷第5期。

第三章　“战国策派”对传统伦理的扬弃

为了构建“大政治时代的伦理”，“战国策派”首先对传统伦理进行了扬弃，这包含对传统伦理的检讨与变革。需要注意的是，对传统伦理的检讨要有正确的方法和态度，这样才能在检讨中发现最新的时代精神。诚如贺麟所言：“从旧的里面去发现新的，这就叫推陈出新。必定要旧中之新，有历史有渊源的新，才是真正的新。”①不能既打不倒坏的旧观念，又建设起不好的新观念，更不能既打倒旧观念，却建设不起来新观念。前者不够彻底，影响也恶劣，后者破坏有余而建设不足。两者都是不可取的。“旧的文化体相，有它的先天的力量与自然的优势，不管我们目的在复古还是在维新，对这点不容忽视。”②“若要创造新生，对于旧文化的长处与短处，尤其是短处，我们必须先行了解。”③所以，“战国策派”在反思历史与观察现实的基础上，首先是对其所关心的民族性与国民性的问题加以讨论，并从传统伦理文化的积淀中，寻找中国积弱积弊的根由。

“战国策派”认为，传统伦理主体“兵”和“士”的堕落，导致了近代中国文化成为“无兵的文化”，伦理主体由大夫士蜕变为士大夫，因而呼吁“力人”伦理主体由柔弱变刚强的新生；传统伦理中基于大家族制和官僚制度的政治伦理存有诸多弊端，“战国策派”对其做了深刻而鞭辟入里的批判，并要求变政治伦理化为伦理政治化，主张提倡小家庭制和制度化富贵分离的政治伦理；通过对五伦观念的新检讨，试图找到构建新伦理的永恒基石，进而提倡第六伦道德作为救国的道德基础；在他们看来，传统伦理思维具有德感主义的陋习，是一种唯德宇宙观，与战国时代的“力的宇宙观”、思维模式相违，故而主张变革唯德宇宙观，树立尚力主义的宇宙观。

---

① 贺麟：《五伦观念的新检讨》，《战国策》，1940 年 5 月 1 日，第 3 期。

② 岱西：《隐逸风与山水画》，《战国策》，1940 年 5 月 15 日，第 4 期。

③ 雷海宗：《总论——传统文化之评价》，载雷海宗著《中国文化与中国的兵》，北京：商务印书馆，2001，第 1 页。

第一节 传统伦理主体的堕落与新生：柔弱变刚强

“战国策派”继承了五四新文化运动对中国传统伦理的批判意识，但并未像五四一样全盘性地反对传统，而是将注意力集中于传统文化的弱点，并对其加以检讨。他们将传统伦理的主体设定为“兵”和“士”，这一反求诸己的独特视角也使得他们对传统伦理的检讨充满了特色。他们认为，传统伦理主体的堕落有两种表现或后果：一是近代中国文化成了“无兵的文化”，国民精神柔弱，人格软化；二是士的蜕变，社会中坚溃败，由技术到宦术，由“大夫士”变为士大夫，充满了文人化、官僚化。因此，他们呼吁由柔弱变刚强的伦理主体“力人”的新生。

一、“无兵的文化”：武德的失落

《孙子》言：“兵者，国之大事也，死生之地，存亡之道，不可不察也。”在雷海宗看来，“兵”的问题，也是一个极为重要的伦理问题。它关联整个社会，是民族文化基本精神的问题。“兵”是关系民族文化基本精神、民族盛衰、文化发展、社会稳定、国家强盛的一个重要问题，内含一种古典伦理精神——武德。所以，他将兵作为传统伦理的主体，并且对“当兵的是什么人，兵的纪律怎么样，兵的风气怎样，兵的心理怎样”等兵的精神问题十分关注。因为他“相信这是明了民族盛衰的一个方法”。① 为此，他对春秋、战国直至东汉的兵的情况做了详细梳理，以图从中发现武德失落的原因及再造的途径。

雷海宗通过考察发现，封建时代是所有的贵族（士）男子都当兵，一般平民不当兵，即或当兵也是极少数，并且是处在不重要的地位。春秋时代虽有平民当兵，但主体仍是士族。此时的军队是贵族阶级的军队。他们都以当兵为职务、为荣誉、为乐趣，为贵族的侠义精神所支配。而不当兵则是莫大的羞耻；当兵也不是下贱的事，而是社会上层阶级的荣誉职务；那时人们没有文武的分别，也没有怕死的心理。即便是春秋末期的孔子也是会射猎的，而他所讲的“君子”也不只是阶级的，也是伦理的，是有“斗”的技艺与勇气的。②

战国初期，文化的各方面都发生很大变化。传统的贵族政治与贵族社会被

---

① 雷海宗：《中国的兵》，载雷海宗著《中国文化与中国的兵》，北京：商务印书馆，2001，第2页。
② 同上，第3-7页。

推翻,随之兴起的是国君的专制政治以及贵贱不分、至少在名义上平等的社会。在这种演变中,旧的文物制度不能继续维持,春秋时代全体贵族文武两兼的教育制度无形中也遭破坏,所有的人都要靠自己的努力与运气,去谋求政治与社会的优越地位。此时,新兴文人的典型代表就是张仪,他既无军事的知识,也无自卫的武技,完全是文人。另外一种人就专习武技,钟情于贵族所倡导的侠义精神,聂政与荆轲可为代表。文武的分离开始出现,就是所谓的游说与任侠。“倘若把战国最普遍的风气,作一个整体来观察,就觉得有很可引人注意的两大特色,便是‘游说’与‘任侠’之风。”此风盛行的原因,则是由于“七雄争讲富强,醉心功利”,以及“封建制度的崩坏”①。此论与雷海宗几无二致。《左传》记载的每次战争都有繁文缛礼,杀戮并不甚多。被毛泽东称为有“蠢猪式的仁义道德”的宋襄公,其实正是对春秋时代贵族精神的诠释。

但到了战国时代,各国几乎都实行军国主义,虽不一定人人当兵,但最少国家会设法鼓励每个男子去当兵。此时,各国极力奖励战杀,战争的目的已由前期的实力均衡转向消灭对方势力、攻灭对方。战争的残酷、激烈,使得上等阶级出现了文武分离与和平主义的宣传提倡,以及民间厌战心理的滋生。秦统一六国后,“收天下兵”、征发流民以加强统治,但这也成了后代只有流民当兵、兵匪不分、军民互相仇视的变态局面的滥觞。列国并立时激荡产生的国家主义到统一后就逐渐衰弱,由列国竞争产生的爱国思想,也在天下统一后逐渐枯竭而趋于消灭。爱国观念的消灭、爱天下观念的流产,以及人民变得不愿当兵,结果就产生了一个麻木昏睡的社会,即大一统帝国社会。

到了大一统的汉代,“尚武的精神急速地衰退,文弱的习气风靡一世,征兵制不能维持,只得开始募兵,最后连募兵都感到困难,只得强征囚犯奴隶,或招募边疆归化的夷狄来当兵”②。在此情况下,“一般的民众处在大致安定的大帝国之内,渐渐都不知兵,这些既不肯卫国又不能自卫的顺民难免要遭流浪集团的军人的轻视。由轻视到侮辱,是很短很自然的一步。同时因为军人多是浪人,所以很容易遭一般清白自守的良民的轻视。不过这种轻视没有武力作后盾,不能直接侮辱军人,只能在言语上诋毁。‘好铁不打钉,好汉不当兵’的成语不知起于何

① 吕超如:《战国时代的风气》,《国立第一中山大学语言历史学研究所周刊》,1928年第3卷第34期。

② 雷海宗:《历史的形态——文化历程的讨论》,《大公报·战国》,1942年2月4日,第10期。

时，但这种鄙视军人的心理一定是由汉时开始发生的”①。就兵民关系而言，春秋时代到汉代的发展历程就是，首先是军民不分，后来军民分立，最后军民对立。“现在已到了兵匪不分的时代，这是军民分立最后的当然结果。兵的行动与匪无异，无告的人民不得已也多起来为匪。一个社会发展到这个阶段之后，兵事可说是到了不可救药的地步，任何理论上可通的方法都不能根本改善这种病态。”②民众已不是战国时代人人能战的民众，士大夫更不是春秋时代出将入相的士大夫。这对文化的影响是巨大的。因此，雷海宗断言：“汉代的问题实际是中国的永久问题。”③因为东汉以下兵的问题总未解决。这是中国长期积弱局面的原因之一，也是造成第二周中国文化长期停滞不动的原因所在。

通过这一详细的梳理，雷海宗根据文化形态史观，做出结论：“秦以上为自主、自动的历史，人民能当兵，肯当兵，对国家负责任。秦以下人民不能当兵，不肯当兵，对国家不负责任，因而一切都不能自主，完全受自然环境与人事环境的支配。”由此得出结论：两千年来的历史特征为“无兵的文化”。他发现，中国自“秦以上为动的历史，历代有政治社会的演化更革。秦以下为静的历史，只有治乱骚动，没有本质的变化，在固定的环境之下，轮回式的政治史一幕一幕地更迭排演，演来演去总是同一出戏，大致可说是汉史的循环发展。这样一个完全消极的文化，主要的特征就是没有真正的兵，也就是说没有国民，也就是说没有政治生活。为简单起见，我们可以称他为‘无兵的文化’”④。显而易见，他所谓的“兵”是指全体国民，就是传统伦理的主体，“无兵的文化”则是指伦理主体缺失了某种伦理精神而所具有的柔弱国民性，亦即国民劣根性。所缺失的伦理精神在雷海宗看来，就是兵的精神——尚武、尚力精神。所以，“兵”就成了雷海宗考察、检讨中国传统伦理、中国文化的切入点，也是其改造柔弱国民性、塑造理想人格、造就新生伦理主体的重要内容。

从“兵”的角度出发，基于应时、远虑的思索，雷海宗要求重建兵的文化、恢复文武兼备的人格。所谓“应时”是指应对当前抗战建国的时代任务，“远虑”是对

① 雷海宗：《中国的兵》，载雷海宗著《中国文化与中国的兵》，北京：商务印书馆，2001，第27-28页。

② 同上，第37页。

③ 同上，第48页。

④ 雷海宗：《无兵的文化》，载雷海宗著《中国文化与中国的兵》，北京：商务印书馆，2001，第102页。

中国文化重建的长远忧虑。雷海宗对文化重建、人格恢复的设计既有制度方面的,也有伦理方面的。从制度方面说,首先就是要"努力建起一个能够独当一面的军事机构",推行国民兵役制度;其次就是要废除旧日夺人志气的大家族制,而提倡一种平衡的家族制度。从伦理方面说,就是要批判、清理"无兵的文化"造就的大一统帝国下纯粹的"文德的劣根性"。"旧中国传统的污浊、因循、苟且、侥幸、欺诈、阴险、小器、不彻底以及一切类似的特征,都是纯粹文德的劣根性。一个民族或个人,既是软弱无能以致无力自卫,当然不会有直爽痛快的性格。"① "纯文之士,既无自卫的能力也难有悲壮的精神,不知不觉中只知使用心计,因而自然生出一种虚伪与阴险的空气。"②所以,只有专门使用心计,处世为人,小则畏事,大则畏死。这种劣根性导致中国文化精神中严重的明哲保身意识,以及文弱、寒酸与虚伪的人格,而以往所公认的为家庭的利益而牺牲国家社会的利益的"美德",实为不关心国家、公众利益的自私自利的"恶德"。这种人格是可耻的!这种人所创的社会风气是可鄙的!他用历史的眼光观照当下,不无遗憾地说:"我们不要以为这种情形现在已成过去,今日的知识阶级,虽受的是西洋传来的新式教育,但也只限于西洋的文教,西洋的尚武精神并未学得。"③进而以批判的声调发出振聋发聩的声音:"将来我们若仍像以往二千年一样过纯文德的卑鄙生活,还不如就此亡国灭种,反倒痛快!"④因此,若要彻底革新国民素质,改造国民劣根性,就要涤尽一切恶劣文德的功用,提倡武德的伦理精神。这并非说明雷海宗是要将文、武对立,而是强调在当前的时代环境下,提倡武德更有助于改造国民劣根性,提高国民素质,增强竞争能力。

雷海宗睿智的眼光看到了文武分离的弊端,他以历史的警觉性指出:"我们绝不是提倡偏重武德的文化,我们绝不要学习日本。文德的虚伪与卑鄙,当然不好;但纯粹武德的暴躁与残忍,恐怕比文德尤坏。"⑤文武的独立与分离造就了文化的不健全,重文则流于文弱无耻,重武则流于粗暴无状。两者各有流弊,都是文化不健全的象征。在雷海宗看来,"我们的理想是恢复战国以上文武并重的文

---

① 雷海宗:《建国——在望的第三周文化》,载雷海宗著《中国文化与中国的兵》,北京:商务印书馆,2001,第180页。

② 雷海宗:《君子与伪君子——一个史的观察》,《今日评论》,1939年1月22日,第1卷第4期。

③ 同上。

④ 同①,第181页。

⑤ 同上。

化。每个国民，尤其是处在社会领导地位的人，必须文武兼备。非如此，不能有光明磊落的人格；非如此，社会不能有光明磊落的风气；非如此，不能创造光明磊落的文化"①。也就是说，堕落的传统伦理主体要想获得新生，就要加补"武德"的钙质，具备文武兼备、光明磊落的理想人格。雷海宗将"兵"视为社会的中坚，强调以军人——战士的人生观作为文化重建、人格重塑、国民性改造的先导，也是出于他对民族国家的热爱。

为造就文武兼备的国民，雷海宗认为，应该把初级教育与军事训练都作为每个国民的义务与权利。主张以义教为文化的起点，军训为武化的起点，将两者作为基本的国民训练，使自卫卫国的观念渗入国民的意识中，将一般顺民与文人学士变为为个人、为家庭、为国家民族拼命的斗士，以此实现兵民一体，彻底打破两千年来兵民对立的现象，从而达到抗战建国、民族文化重建、理想人格恢复、伦理主体新生的目的。

不论是文化重建，还是道德重建，知识分子作为社会的良心都应当受到重视和关注，甚至就应该从知识分子开始。然而中国柔弱的传统文化对知识分子的影响依然存在。雷海宗认为："今日的知识阶级，虽受的是西洋传来的新式教育，但也只限于西洋的文教，西洋的尚武精神并未学得。"所以，"将来的知识分子不只不当免役，并且是绝对不可免役的"。"民众的力量无论如何伟大，社会文化的风气却大半是少数领导分子所造成的。中国文化若要健全，征兵则当然势在必行，但伪君子阶级也必须消灭。凡在社会占有地位的人，必须都是文武兼备，名副其实的真君子。""未来的中国非恢复春秋以上文武兼备的理想不可。"②也就是说，作为社会精神社会风气主要载体的知识群体，倘若在危机关头没有舍生忘死的赴难精神，没有文武兼备的理想，又不带动民众共御外侮，那么中国文化就很难有重建的希望。"无兵的文化"实质为文弱的民族精神。通过对"兵"的独特论述，雷海宗希望改变充满文德而又严重缺乏"武德"的民族精神与国民性格，塑造文武兼备的理想人格，使传统伦理主体在注入"列国酵素"后获得新生。

雷海宗对中国传统文化中"兵"以及"无兵的文化"的了解之深的背后，是有

① 雷海宗：《建国——在望的第三周文化》，载雷海宗著《中国文化与中国的兵》，北京：商务印书馆，2001，第181页。

② 雷海宗：《君子与伪君子——一个史的观察》，《今日评论》，1939年1月22日，第1卷第4期。

血有泪的爱国情怀与忧患意识。“因为只有真正爱国的史家才不吝列陈传统文化中的种种弱点以试求解答何以会造成千年以上的‘积弱’局面，何以堂堂华夏世界竟会屡度部分地或全部地被‘蛮’族所征服，近代更受西方及日本欺凌。”① 雷海宗的解答之道，就是对文武并重的文化精神与武德伦理精神的呼吁与倡导，凸显了他对中国文化与国民精神的批判精神、忧患意识及其现实观照。这在“战国策派”的另一主角林同济那里，主要表现为对“士”的分析、批判与检讨。

二、“士的蜕变”：国民性的柔弱

与雷海宗视“兵”为伦理主体不同，林同济将“士”作为批判的伦理主体。林同济认为，“士”与中国的前途命运、文化传承、伦理风貌紧密相关。所以，“如果中国需要改造，士的历史责任似乎是不可逃的，不当逃的。关键却在：我们现有的士究竟配不配来当改造的先锋、改造的动力?”②在他看来，“士”暂时还不能作为改造的动力。因为要当改造的动力，士的本身先须改造！“士”之所以要先改造自身，是因为传统伦理主体发生了“蜕变”。这种蜕变表现为“由技术到宦术”的人生价值的衰变以及“由大夫士到士大夫”人格型的转变。

林同济通过对“士”含义的追根溯源发现，士在二千多年间已经过了好几次的变质，“今之所谓士，绝不是古之所谓士”。依据文化形态史观对中国文化、历史的划分，林同济认为，“由技术到宦术”的人生价值的衰变大致经历了以下四个阶段。

一是技术时期。封建时代的士是充满了技术意义的。“士，事也。”“凡能事其事者称士。”“士者，事也。任事之谓也。”其实，士与事古字是通用的，二者在古代是不可分离的概念。即便到了孟子时，也是“士无事而食，不可也”。技术的专政与专司都是世承的，“仕”并不是做官而是继业，是做事。“士，事也；仕，亦事也。”所以，士必能做事，必须做事。做事就是生产，就是创造。这一时期可称为技术时代——艺的时代。所以，做事、创造就是此期“士”的人生价值。

二是德行时期。到了孔子时代，封建的层级社会已经崩溃到相当程度，士的社会被挤入空前的脱节厄运。世承、专司的士逐渐成为社会上游离不安的分子，当初的技术社会中那种做事、创造的人生价值陡然失去了事实的根据。“无恒产而有恒心者，士亦难能。所谓‘穷斯滥’‘不义而富且贵’的现象，无疑是当时惯见

---

① ［美］何炳棣：《雷海宗的时代》，《博览群书》，2003 年第 7 期。

② 林同济：《士的蜕变——文化再造中的核心问题》，《大公报·战国》，1942 年 12 月 24 日，第 4 期。

的事实了。"[1]士的整个社层经济以及行为标准发生激变，于是孔子苦谋救世之方。一面企图恢复先王秩序，一面广施教诲，在修身上提倡伦理的人格主义，在心理上主张自持自克的哲学。在孔门四科中也是德行为首。于是，技术一物渐渐地被摈于"鄙事"之林，"艺"也被看作君子不为的杂耍了。"士这个字到了孔夫子那套孝悌为本、忠恕为首的学说里面，已经大部分脱离了技术的含义，而变成为一种'道德本位'的名词。再传而至子思手里乃愈道德化，愈精神化，愈注意到所谓'正心诚意'功夫了。孔门在士的历史上的大作用，就在这点：它趁着技术时期的末运，开创了'道德'时期——道的时期。"[2]正所谓"据于德"而"游于艺"。道德说教与立德修身已然成为此期重要的人生价值。

三是说术时期。到了战国便由孔门的"致道"之"士"转变为"游说"之"士"。孔子充满道德先生感觉的游说在许多方面可以说是开了游说之风，但战国时代功利潮流的高涨，使得演讲术变得极为重要并发展到了顶峰，演讲的效用也表现到了极点。此时"士"的代表人物就是苏秦、张仪之类，"士这个字乃渐失了道德的含义，而取得了'诡辩'的新色调。这就是'说术'时期——言的时期"[3]。人生价值的实现端赖"口舌"。

四是宦术时期。大一统后，官僚制度开始稳定，士的"宦术化"也正式揭幕。"宦术化"是就"想做官"而言，这也成了孔子以后凡"士"皆有的普遍志向。但孔子想做官多少还受良心的牵制而不愿"不由其道"，后世之士想做官却大都无所谓由道不由道，能做官就好。其实，官也不是容易做的，往往会患得患失。于是"官场手腕"就变成了人生处世的绝对须知。一切皆手腕，意味着一切皆作态，一切皆做假。所以，官场的事务是假公济私的勾当，官场的道德也是假道德。一切都是做假，只有做官才是真。另外，这些做官的士在不同的时代也有不同的特色。两汉的士多带孝廉的气味，是皇权下的道德先生；魏晋的士具有清谈的风趣，是皇权下颓萎官僚的变态说术；六朝的士则相炫以浮藻的文词，这也开启了士的文人化的历史大门。从此，"文"成为一种法定的做官敲门砖，一种钦定的宦术。不管怎样，从本质上说，士的宦术化却是不可挽回的潮流。做官成了人生价

---

① 林同济：《士的蜕变——文化再造中的核心问题》，《大公报·战国》，1941年12月24日，第4期。
② 同上。
③ 同上。

值的追求目标和判断标准。①

总之，技术时期重器与物；德行时期尚志与心；说术时期口舌为要；宦术时期手腕万能。技术就是做事之术，宦术就是做官之术，而由封建的士到当今的士，便是由技术到宦术，由做事到做官的历史、文化的演变与人格的堕落。这是中国"士的蜕变"的过程。在林同济看来，我们国家的孽运就是，在经过了两千多年的蜕变后，当今的士宦术化太深，完全失去了技术的感觉。而我们又偏偏遭遇了技术文明空前发达的现代西方文化，人家在日夜地制器创物，我们却整体在作态做假。人家不断做事，我们只一味做官。这即是当前中国的士的根本问题。所以，林同济建议，如果士要配当改造的动力与先锋，就必先放弃"做官传统"。将做事的精神灌注到官场，培养一种技术傲气、一种职业道德感，使士的人生价值逆向生长，由宦术到技术逆推出士的新生命、新的人生价值追求。这是"战国策派"的期许与志愿。

士的人生价值发生衰变，士的人格型自然也会随之变化。在林同济看来，士的人格型可以分为两种：一是大夫士人格型，一是士大夫人格型。根据文化形态史观的观点，林同济认为，西周到春秋的社会政治是大夫士中心，而秦汉以后的社会政治是士大夫中心，春秋末世与战国时期属于转折、过渡时代。战国以前没有士大夫，战国以后没有大夫士。大夫士和士大夫代表了两种根本不同的历史背景所产生出来的两种根本不同的人物与人格。他们在气质、品格、社会政治上的功用等方面都表现互异。如果不能切实把握二者的异质性，就会丧失整部历史的意义。所以，由大夫士到士大夫的转型，就是我们民族文化发展路程上的关键所在。这一转型不仅是一种结构的变更，更是一种动力的转换。从此，整个文化的精神也改头换面！所以，林同济概言三千多年的中国社会政治史，就是"由大夫士到士大夫"。②

林同济将士大夫定义为文人官僚，即雷海宗所谓的"伪君子"，其典型代表人物就是"文人""官僚""奴隶"。由此形成的文化是一种"无兵的文化"；作为一种人格型，是一种柔道的人格型。林同济在《论文人》开篇就直言不讳地宣称："中国人的第一罪恶，就是太文了！"③大一统时代的官僚传统被林同济喻为"皇权之

① 林同济：《士的蜕变——文化再造中的核心问题》，《大公报·战国》，1941年12月24日，第4期。

② 林同济：《大夫士与士大夫——国史上的两种人格型》，《大公报·战国》，1942年3月25日，第17期。

③ 林同济：《论文人（上）》，《大公报·战国》，1942年6月3日，第27期。

花”,但这朵“花”却包含皇权毒、文人毒、宗法毒、钱神毒四种毒质,而且还制造了中国的自亡之道——中饱。所以说,两千多年的文人政治、官僚传统对整个民族的思想、意志以至性情、性格,都产生了深刻普遍的影响,并由此形成了中国人的“柔道的人格型”。

林同济认为,我们传统所称为优秀分子的是文人,传统的为政阶级也是文人,这既是我们文化的特征,也是我们文化的致命毒。也就是说,中国人的文化即是文人化的文化,中国传统的文化大体上代表文人阶级的文化。那么,何谓文人?如何认识文人?林同济通过对“文”字的分析,来揭示文人的头脑与心肠,解释中国文化之文人化的精神。他认为,文与质对立;文带有伪意;文含有法的色彩;文与武对照,有反力的气味。此外还分析了文的反力含义的逻辑结果——“文弱”(生理上和心理上)、文人暗中追求的理想风格——“文雅”、文之意义——“文字”(文字迷的宇宙观)。道地的中国文人所关心的,不是现实“是否”如此,乃为一切“应当”如此;不是“事”实如此,乃是“理”该如此。① 这其实是一种唯德主义的思维方式,是“战国策派”所要变革的对象。

林同济以深刻而形象的语言指出,文人“乃是一位孜孜人事、殷殷仪礼之人。重外表,不免略带浮夸。多花样,口味偏僻复杂。带三分虚伪,握一套具文。做事敷衍,对人装假。一方面懦弱不竞,却看不起有力之徒。另一方面高唱德化,斥武事为取祸之阶。生活脱离现实,论道必尊古拘文。他的处世手段是以弱取怜。他的求进方法是谄媚夤缘。临职则文章堂皇,实际上一事莫举。公余或招友宴朋,借诗酒以博雅名。得志时则多不免要依势舞文,假公济私,有时且不惜文致无辜,排挤同辈。失志时却都会相机抽身事外,唱独善以遂‘哀衷’。这就是中国一般的文人。这就是中国一般的文人头脑与心肠。这就是中国的‘文人性’”②。这种文人、文人化的文化是重德轻力反力的,认定德化第一,这种“德的迷信”是与现代“力的世界”“力的文明”背道而驰的。这种鞭辟入里的分析与批判是需要勇气的,也是需要对中国传统文化有透彻而深刻的了解。

雷海宗也指责士大夫有其特殊的弱点:都是文弱书生,不解兵事,不肯当兵。一般说来,在太平盛世他们靠皇帝与团体组织维持自己的利益,而到了乱世,他们就失去自立自主的能力,也缺乏应付时局的能力。雷海宗认为,乱世士

---

① 林同济:《论文人(上)》,《大公报·战国》,1942年6月3日,第27期。
② 林同济:《论文人(下)》,《大公报·战国》,1942年6月10日,第28期。

大夫的行为不外三种：第一是结党误国，第二是清谈误国，第三是投降祸国。[1]这种论断有失公允，因为历史上也有众多在国难当头之际而为国捐躯的士大夫。但问题的重点在于，一方面，雷海宗是要借古讽今，表达对当局的不满。他认为当前抗战中的后方人士，尤其是知识分子阶层太不争气。而那些多年享受国家的高位厚禄，承受社会的推崇尊敬的自命优秀分子，却厚着脸皮以残废老弱自居去逃难。这实在是"反常而可耻"[2]。另一方面，其用意也是想激发知识分子群体奋发有为，振奋民族精神，提升抗战士气。挽救民族危亡、拯救国民堕落是其基本的出发点。

士大夫是大一统皇权专制下的产物，是精神市侩化的官僚和文人。他们的欲望在投机取巧——"中饱"，信仰的宗教是金钱——"孔方兄"。大一统皇权的本质是众人之上有一人（皇帝），一人之下众人无别。即皇帝专制下的人人平等。这为人人做官、改变身份提供了条件。士变为做官的准备，大夫成了做士的目标。也就是说，官已不是世其业，人人都有做官的资格和机缘。功名观念代替世业观念，升官念头代替守职念头。士大夫区别于大夫士的地方在于，它已由大夫士的世承流变为一套"世训"："义"流产为"面子"，"礼"流产为"应酬"。大夫士的忠、敬、勇、死的四位一体观巧变为孝、爱、智、生的四德中心论。这并非说孝、爱、智、生不是美德，只是在"战国时代"的背景下这实在是有点不合时宜。[3] 因为在当前的"战国时代"，我们急需的是大夫士精神，是忠、敬、勇、死的刚道人格。有论者指出："林同济对士大夫'柔道的人格型'的批判及对'刚道的人格型'的提倡，和雷海宗对'无兵的文化'造成的民族性格弱点的批判及提倡恢复'兵的文化'，思路是一致的，都是为了改造国民性弱点，挖掘民族强力，再造民族文化。而'人格型'概念的引入，则是对五四时期'改造国民性'主题的继续和深入。"[4]这种继续和深入掀起了一股尚力尚武的时代之波。

---

① 雷海宗：《无兵的文化》，载雷海宗《中国文化与中国的兵》，北京：商务印书馆，2001，第112-113页。

② 雷海宗：《总论——抗战建国中的中国》，载雷海宗《中国文化与中国的兵》，北京：商务印书馆，2001，第169页。

③ 林同济：《大夫士与士大夫——国史上的两种人格型》，《大公报·战国》，1942年3月25日，第17期。

④ 温儒敏、丁晓萍：《时代之波——战国策派文化论著辑要》，北京：中国广播电视出版社，1995，前言第8页。

由大夫士到士大夫,体现的是一个人格型的退变。另外,如果我们承认层级结构的合理性的话,大夫士才是合理的顺序,士大夫本身就是对“礼”、对层级结构的一种僭越,这种僭越也可以反证出这一退变。所以,我们整个文化的精神、整个流行的人生观,也逐渐地官僚化、文人化、乡愿化、阿Q化。如何翻转而塑造新的人格,就成了眼下的关键问题。林同济认为,除杀敌之外,还要把战士的壮烈精神向后方延长、倒灌到全部民族的细胞,使一切营营的官僚文人、靡靡的乡愿阿Q都从根本上洗心革面,树立一种新人格与新人生观。即适合时代要求、时代发展的大夫士的刚道的人格型,而非大一统时代“无兵的文化”中士大夫的柔道的人格型。他们明确指出,这并非是要复兴大夫士制度,而只是设法重新培养大夫士的精神、大夫士的人格型。具备这种精神、人格的伦理主体,也就是“战国策派”呼唤新生的“力人”。

三、“力人”的新生:战士式人格

在检讨“兵”和“士”的基础上,“战国策派”看到了传统伦理主体的堕落,于是他们呼吁现代伦理主体——“力人”的新生。“战国策派”口中的“大夫士”“君子”“英雄”“超人”“战士”等不同的概念,都代表了这一伦理主体,也代表了一种理想伦理人格。“力人”是与“无兵的文化”中的士大夫相对立的一种人格型,也是当时“大战国时代”所急需的伦理主体。“我们需要‘力人’,需要有力的人格,也就是主人型的人格,光明的人格。”[①]在雷海宗看来,“‘新生’一词含义甚广,但一个最重要的意义就是‘武德’”[②]。因此,这种“力人”伦理主体必定有主人人格而非奴隶人格,必定具备武德精神的战士式人生观而非文德精神的文人式人生观。

林同济指出:“中国问题,千头万绪。归根结底,一切在‘人’。人的革新,也千头万绪,而新的人生观的建立是必需的条件。”[③]人生观的革新是此次抗战极为重要的意义,但最高的意义必须是我们整个文化的革新!林同济认为,抗战中种种浩大牺牲的真正代价,就是要在收复江山之上,培养出一个健康的民族,创

① 陶云逵:《力人——一个人格型的讨论》,《战国策》,1940年10月1日,第13期。

② 雷海宗:《建国——在望的第三周文化》,载雷海宗《中国文化与中国的兵》,北京:商务印书馆,2001,第180页。

③ 林同济:《请自悔始!》,载林同济编《时代之波》,重庆:在创出版社,1944,第89页。

造出一个崭新的、有光有热的文化。“战国策派”文化重建的宗旨再次凸显。至于人生观的革新，就是要在这个战争中打出一套新的人生观，铸出一副新的人格型，即战士式人生观、战士人格。这也正是“力人”伦理主体所应具备的新人格与新人生观。它的基本内涵是：“猛向恶势力，无情地作战——这是这次抗战对我们所深深启示的人生意义。第一步，要认定宇宙间大有恶势力存在。第二步，要用全副力量，向恶势力进攻。前者是一种现实的眼光，后者是一种坚决的意志。”①即是说，这副新的人格与人生观就是“嫉恶如仇”的战士式人格与人生观。

在林同济看来，目前最为重要的就是在太浊的空气中引进一阵“嫉”字的清风。我们今天所要提倡的精神，不是“爱”的婆心，而是“嫉”的火气。然而，时至今日，我们的文化大师、呐喊小卒依旧自吹自擂“宽大为怀，爱人容忍”②。这对我们抗战必胜决心、战时文化建设、国民性格改造都是不利的。林同济进而号召青年投身抗战：“你们抗战，是你们第一次明了人生的真谛。你们抗战，是你们第一次取得了‘为人’——为现代人——的资格。战即人生。我先且不问你们为何而战；能战便佳！”③“战”的精神与武德对于“力人”是本质性的。与恶势力无情地作战，是这次抗战对我们人生意义的启示。事实上，恶势力的存在是战士存在的价值论根据，也是价值上“嫉”字存在的解释。恶是人世的事实，而战士是专为对付恶势力而生。其眼光集中在恶势力，永远贯注着现实精神，不做漫游乌托邦的温软梦。针对抗战期间国民的柔弱与萎靡，“战国策派”高呼，要以“嫉”的精神、惊醒的姿势搜寻恶势力，并与之做无妥协、无让步的你死我活的斗争。

但是，那些深受传统文化浸淫的好好先生、滑头老板，都会指骂“嫉”是异端。“道学先生们讲道德，偏重了‘爱’的一个字，流弊所及，乃造成乡愿，造成今日滔滔如许的阿 Q。”④他们既没有认定宇宙间有恶势力存在的现实眼光，也没有用全副力量向恶势力进攻的坚决意志，更没有贯穿现实眼光与坚决意志间的“嫉”的热情。所以他们不愿结仇，害怕仇人，更不敢报仇。但真正的战士并不担心结仇，他们一生的事业就是嫉恶。“专把自己迫到一个地位，非与恶势力决斗，没有

---

① 林同济：《嫉恶如仇——战士式的人生观》，《大公报·战国》，1942 年 4 月 8 日，第 19 期。

② 同上。

③ 林同济：《萨拉图斯达如此说——寄给中国青年》，《战国策》，1940 年 6 月 1 日，第 5 期。

④ 林同济：《请自悔始！》，载林同济编《时代之波》，重庆：在创出版社，1944，第 89 页。

出路之可能——这就是战士处世之方!"[①]嫉就是恨。爱与恨都是新人格所必需的要素,外面理想中的新人格必定是永远驾驭着爱与恨的两活龙,热腾腾地向四围的环境寻求对象。它们的活动趋向都是外倾,即爱与恨的对象都是外面之"他"。但这种纯"外倾"的情绪有时会流为肤浅,也常常忽视对自我的检点与估量,从而会失了自己的灵魂。所以,林同济说:"要爱不流于乡愿,必须有恨;要爱与恨不流为肤浅,必须有'悔'的工夫!"[②]这也正是他所谓的恨与爱是永远并存的现实。两者相得益彰,相失两损。实际上,林同济所设想的理想人格,并不仅仅是这里所谓的"嫉恶如仇"的"战士式人格",因为"人的革新"也要先从"悔"字开始。所以,他综合之前的观点得出结论:"我们的理想人格,是热腾腾的爱与恨,再加上深抑抑的一个悔。"[③]

"战国策派"在树立新人生观、新人格的同时,还对传统的人生观与旧人格进行了批判。在传统伦理主体兵、士早已堕落的"名教"古国,名实向来不符。名是冠冕堂皇,实却全非所指。譬如"分明是贿赂公行,偏叫作'润墨小费'。分明是霸占民产,却叫作'合理经济'。准备打死的丫头,叫作'义女'。专卖鸦片的税收,叫作'懒捐'"。"这个'衣冠'的文化,'表里'总倾向于'不符'。"[④]特别是传统伦理重那些所谓的爱人如己的唯爱论以及宽大容忍的美德,更为林同济所抨击。他指出,宽大是老滑苟安的别名,容忍是忍辱容奸的缩写。因为"宽大"透过官僚、文人、乡愿、阿Q的手掌已流为一种纵恶藏奸的民族习惯,在我们"宽大"的肚皮里,增长了很多罪恶,埋没了众多冤魂。他们的处世之方就是"无仇无怨",即"和其光而同其尘,呼我为马者,应之以为马,呼我为牛者,应之以为牛。管他世上有是非,人间有不平,我只须挺这幅'宽大'肚皮,笑里旁观,容忍笑语"。其目的就是保住他的小饭碗、小头颅。这是传统伦理主体堕落后所形成的官僚、文人、乡愿、阿Q人生观的根本精义,也是他们"明哲保身"的哲学。所以要反对这种"宽大为怀,爱人容忍"的明哲保身的哲学。

事实上,宽大为怀的人生观正是以爱人如己的唯爱论为根据的,爱在传统伦理中占据中心地位。唯爱论的矛盾之处就在于,爱的本意却被爱本身打翻,善为

① 林同济:《嫉恶如仇——战士式的人生观》,《大公报·战国》,1942年4月8日,第19期。
② 林同济:《请自悔始!》,载林同济编《时代之波》,重庆:在创出版社,1944,第91页。
③ 同上。
④ 同①。

善本身所伤害。不分善恶而无条件地以爱相待，爱到极端便是无抵抗主义、反抵抗主义。这就是否认战士的存在，否认战士的精神。由此造成的结果，便是不公、不仁，即是非不分、纵恶为虐。若要解决此矛盾，就必须在爱神旁放置"嫉神"。"战国策派"并未完全否定爱的价值，而是承认它的存在，但不主张它占独尊地位。林同济指出，"以爱为原则，百行只得其一二。以嫉为原则，百行可以九十五六次不差"①。可见，伦理原则的不同会导致后果的严重失调。所以，他主张把"爱"暂时搁置，把"嫉"作为重估一切价值的起点。"让我们从今认定，抗战以后的伦理，'嫉'字要与'爱'字并驾齐驱。"②这是对传统唯爱论伦理思想的一种冲击和变革，也是救弊之道。"战国策派"敏锐的目光散发着对传统伦理"嫉恶如仇"的厌恶，"无论在学术上还是伦理观念的建设上，他们提出了一个应认真研究的重大问题，它关系到中国文化健康发展的前景"③。

另一方面，陶云逵对"力人"的主人型人格做了解释。他认为，"力人"代表主人型人格，是自主、自动，象征光明。"力人"不受传统支配，他要创造，有独到的是非观念；他真，意志坚决，直爽，光明，不怕阻挠，不怕死，愿为他的"是"——真理而死。与之相反，奴隶型的人则患有公认的中国病：不负责、怕事、无创造、专事模仿、因循随便、怕得罪人、不敢当面说亮话，却鬼鬼祟祟背地做工夫；无绝对的是，也无绝对的非。这其实是"无力"的表现。正是这种不光明磊落、不敢担当，使得"道德"成了这些奴隶型的人美化自身的工具。"只有大家敢做敢当，才有'道德'这件东西存在的可能。奴隶型的人们正相反；既知是错，却又要做；做了又不承认。不但不承认，而且把做的错事，用种种的道德名词粉饰成一个了不起的美举。"道德成了奴隶型的人的护身符。他们用卑鄙的手法把主人型的人压倒、打败，并造成"文化的堕落""人格的鬼魅化""幽暗的扩大化"。④

强者主人型的人，反为弱者奴隶型的人所淘汰、打败。这一悖论是文化体系中的"劣币驱逐良币"。陶云逵认为，中国的"力人"经过几千年的反选择程序而被奴隶型的人群淘汰，现存的"力人"是凤毛麟角。但是，奴隶型的人却有千万浑浑噩噩地在繁殖着。这种反常的情况何以会发生呢？"战国策派"用适者生存法

---

① 林同济：《嫉恶如仇——战士式的人生观》，《大公报·战国》，1942年4月8日，第19期。
② 同上。
③ 江沛：《战国策派思潮研究》，天津：天津人民出版社，2001，第153页。
④ 陶云逵：《力人——一个人格型的讨论》，《战国策》，1940年10月1日，第13期。

则做了解释。他们认为，在一个适者生存的环境中，强者未必能够生存，弱者未必会消亡。“凡是适于环境者生，不适于环境者死。”[①]林同济也认为：“普通流行的‘优胜劣败’一句话，是极容易引起误会的。适者胜，优者不必胜。……无论在自然界人事界——尤其是在人事界——我们往往适得其反：就是‘优败劣胜’！”[②]“力人”与奴隶型的人正是优与劣、败与胜的典型代表。在价值上，一个优，一个劣。但在现实情况上，则一个败，一个适。陶云逵举例说，在一个凝固的，特别是中国大一统的文化中，力人会首先遭到打击、暗算，他们在竞争中能够真正感到压迫，且不甘屈服而做出抵抗。而奴隶型的人生来就是奴隶，没有力人那种警醒的意识和敏锐的感觉。陶云逵极为形象地描写了奴隶型的人的奴隶心理：“设如力人跌了一跤，设如力人们身上冒出一股血，这帮奴隶型的人们却在背后窃笑。他们不敢大笑。怕，怕力人听见。他们窃笑，因为可以借着敌人去消灭他们心窝深处真正的敌人——力人。”[③]当我们民族到了最危险的时刻，是做主人还是奴隶，显而易见。诚如陈铨所言：“处在现在的战国时代，我们还是依照传统的‘奴隶道德’，还是接受尼采的‘主人道德’，来作为我们民族人格锻炼的目标呢?”[④]因此，从民族和国家生存、发展、进步的角度看，主人型的力人是珍贵的。所以要挽救力人，保存力人。解决之道，要先抛弃奴隶型人格，就像扬善必先从除恶开始一样。挽救的方法，在陶云逵看来，“要想把‘力’发扬光大，最重要必从遗传入手。唯有这一条道才是基本大道，才是一劳永逸之举”[⑤]。此外，还要用教育来唤发力人。这一举措即是用以遗传研究为根据的优生学的方法选择力人，使他们多生殖，无力人当少生殖，以此改进社会。这种观点自然会遭到批评“战国策派”的人的指摘。

传统伦理主体的堕落，造成其人生观的官僚化、文人化、乡愿化、阿Q化，无法立于20世纪的天地之间。林同济主张，我们应在战火中烧断阿Q类型，铸出一种战士式人生观，并将前方战士的壮烈精神倒灌到全部民族的细胞，使官僚、文人、乡愿、阿Q都根本洗心革面，树立“嫉恶如仇”的战士式的新人格、新人生观。“战国策派”在检讨伦理主体的同时，又对传统政治伦理做了批判。

---

① 陶云逵：《力人——一个人格型的讨论》，《战国策》，1940年10月1日，第13期。
② 望沧：《演化与进化》，《大公报·战国》，1942年4月29日，第22期。
③ 同①。
④ 陈铨：《尼采的道德观念》，《战国策》，1940年9月15日，第12期。
⑤ 同①。

第二节　传统政治伦理的弊端与纠偏：伦理化政治到政治化伦理

传统中国社会是一个典型的政治伦理化社会，政治具有浓厚的伦理色彩，这就导致中国政治社会在众多方面均显示出明显的伦理性价值取向。"战国策派"不仅认识到了这一特点，而且进行了深入的探讨分析，并从传统政治伦理思想入手，在检讨与纠偏的过程中寻找现代伦理滋长的动力。概言之，"国力竞争局面，需要政治化伦理，不要伦理化政治"[①]。为此，"战国策派"学人对重家庭而轻国家的大家族制进行了批判，认为近代以来大家族制的危害日愈明显，必须对其进行检讨、批判，找出危害所在，寻找解决之策。此外，"战国策派"学人还将对传统政治伦理批判的矛头直指沿袭了几千年的"官僚传统"。针对大家族制与官僚传统的弊端，"战国策派"开出的治理药方是改革政治伦理，主张制度化的富贵分离。

一、批判大家族制：重家庭而轻国家

雷海宗认为，中国的大家族制历史悠久，曾经历了一个极盛、转衰与复兴的变化。这个变化与整个政治社会、伦理思想的发展有密切关系。建立在血缘基础之上的中国传统文化是一种伦理型的文化，而对伦理的极端重视就是其基本特征之一。特别是王权至上、宗法意识、等级观念等伦理观念与政治思想已深入人心，若不对其进行痛入骨髓的剥离和脱胎换骨的扬弃，就无法建立起近现代新的伦理观念和道德评价。与这些封建伦理观念紧密联系的就是大家族制，它不仅是中国传统伦理思想的重要内容，还是影响中国传统政治伦理思想发展趋势的纽结所在。但近代以来，大家族制却成了国家进步与发展的窒碍。那么，批判大家族制，扬弃中国传统而落后的伦理精神以适应世界潮流的发展，就成为时代要求，也是"战国策派"改造国民性格、反思政治伦理制度和重建中国文化的重要内容。

---

① 林同济：《大政治时代的伦理——一个关于忠孝问题的讨论》，《今论衡》，1938年6月15日，第1卷第5期。

事实上，早在五四时期就有激烈的反传统论者，对中国传统伦理文化中的基于血缘关系的家族制度进行了批判。吴虞在他一系列批判传统伦理文化的文章中尖锐地指出，君主专制之所以利用家族制度，是因为“夫孝之义不立，则忠之说无所附；家庭之专制既解，君主之压力亦散；如造穹窿然，去其主石，则主体堕地”。可以说，基于血缘关系的“孝悌”之类的道德观念“为两千年来专制政治与家族制度联结之根干，而不可动摇”，而中国“顿于宗法社会之中而不能前进。推原其故，实家族制度为之梗也”①。李大钊也针对由家族伦理支撑的宗法社会成为专制的土壤指出：“看那两千余年来支配中国人精神的孔门伦理，所谓纲常，所谓名教，所谓道德，所谓礼义，哪一样不是损卑下以奉尊长？哪一样不是牺牲被治者的个性以事治者？哪一样不是本着大家族制下子弟对于亲长的精神？”②总之，由家族伦理到整个社会的等级关系、封建专制制度是相互支持、互为因果的。所以要求家族制度、家族伦理变革的呼声日益强烈，并成为此后伦理变革和道德革命的重要内容。五四时期的反传统论者对家族制度仅提出了批判，并未拿出批判后的具体措施。抗战时期“战国策派”的核心成员雷海宗接过五四前辈的反传统大旗，在梳理战国以下的家族制度的基础上，认为在现代民族国家林立的“战国时代”，大家族制缺乏应有的国家观念，并预言小家庭制则是未来的出路。

在雷海宗看来，春秋前是大家族最盛时期，春秋时代大家族制仍盛行，它以固定的组织法则即宗法来维持其运行。宗法的大家族是维持封建制度下贵族阶级地位的一种方法。若士族受封或当官后，即可自立一家，称“别子”。其嫡长子为“宗子”，称“大宗”，且可世代相传。宗子的兄弟为“支子”，称“小宗”。③ 小宗须听命大宗，都是五世而迁，没有服丧与祭祀的责任。只有大宗才能承继土地或爵位，百世不迁，担负养赡无能为生的族人的责任。这种大族不只是“社会的细胞与经济的集团，并且也是政治的机体。各国虽都具有统一国家的形态，但每一个大族可说是国家内的小国家”。这种政治伦理制度实际上也隐藏着某种政治危险，“晋、齐两国的世卿最后得以篡位，根本原因就在此点”④。

---

① 吴虞：《家族制度为专制主义之根据论》，载《吴虞文录》，合肥：黄山书社，2008，第1-6页。

② 中国李大钊研究会编注：《李大钊全集（第三卷）》，北京：人民出版社，2006，第144页。

③ 雷海宗：《中国的家族》，载《中国文化与中国的兵》，北京：商务印书馆，2001，第57页。

④ 同③，第58页。

到了战国时代，大家族制逐渐衰微，各国贵族被推翻，宗法也随之破灭，大家族制也根本动摇。重家族观念而轻国家观念是大家族制度的弊端，专制君主为巩固其自身的统治地位而随意支配家族的命运，使每个人与国家都直接发生关系，主张打破大家族，提倡小家庭生活，使其完全独立，不再有大家族将其与国家隔离，以此削弱家族意识，并提高国家意识。通过实行征兵制，强化国家组织，从而增强国家竞争实力。此后，"家族只是社会的细胞与经济的集团，政治机体的地位已完全丧失"①。

秦汉以后，为巩固大一统的政治统治，求社会的安定，各代方法措施众多。鼓励增加人口成为当政者的共识，而重新恢复几近消灭的大家族制也是为此目的。雷海宗认为，小家庭制度下，个人比较流动，社会因而不安。大家族可使多数的人都安于其位；所以非恢复大家族，社会不能安宁。此外，恢复大家族的另一个原因就是增加人口。"小家庭制与人口减少几乎可说有相互因果的关系。大家族与多子多孙的理想若能复兴，人口的恐慌就可免除了。汉代用政治的势力与权利的诱惑提倡三年丧与孝道，目的不外上列两点。"②由于丧制与孝道的恢复，曾被讥笑的儒家又重新得势，并为此后大家族制的延续做出了不可磨灭的贡献。

大家族制度有其积极的历史贡献。在雷海宗看来，它在一定程度上强化了汉民族的凝聚力，使孝成为传统伦理意识中的重要观念之一，丰富了传统伦理思想的内涵，是汉文化抵御五胡乱华而血脉延续、创造新局面的要素，对中国文化的传承具有重要性。"东汉以下二千年间，大家族是社会国家的基础。大家族是社会的一个牢固的安定势力。"但从大政治时代的伦理的观点看，大家族制是不符合当前的历史潮流和伦理趋势的。"汉以下的中国不能算一个完备的国家。大家族与国家似乎是根本不能并立的。"每个家族就是一个小国家，为了家庭的利益常常牺牲国家的利益，这几乎是以往所公认的"美德"。因为在大家族制度之下，家族观念太重，国家观念太轻，导致"国家因而非常散漫"。"二千年来的中国只能说是一个庞大的社会，一个具有松散政治形态的大文化区，与战国七雄或近代西洋列强的性质绝不相同。"③民众视家族为生命及生活方式的核心，宣扬

① 雷海宗：《中国的家族》，载《中国文化与中国的兵》，北京：商务印书馆，2001，第58页。
② 同①，第70页。
③ 同①，第73页。

孝道而淡漠忠义，缺乏基本的国家意识和民族主义精神。

战国时代大家族没落后才形成了真正统一的完备国家。而近代以来，大家族制因西方文化的强烈冲击而被撼动，以至于颠覆。大家族制度对国民国家意识、民族意识、爱国主义意识、国家利益乃至中国文化的发展等都产生了不利影响。“传统的宗法社会在战国时代颇受打击。商鞅鼓励大家族析为小家庭的办法，恐怕不限于秦一国，乃是当时普遍的政策。为增加人民对于国家的忠心，非打破大家族、减少家族内的团结力不可。”①这种做法说明宗法制度受到了严重的动摇。为顺应时代潮流，故而主张废大家族制度而倡小家庭生活。“实行小家庭制，虽不见得国家组织就一定可以健强，但古今似乎没有大家族制下而国家的基础可以巩固的。”②虽然雷海宗无法预料小家庭制的优劣及对文化发展、社会进步的影响，但根据历史以及20世纪世界文明的发展可知，小家庭制仍是历史迷雾中民族延续、伦理改革与文化更新中的一种有益的倡导。

“战国策派”还运用了中西比较的方法对大家族进行了批判，特别是大家族制度下所盛行的子孙观念。林同济在迹近“俚亵”的题中对其求出一番不磨的真理，探得一纯客观的精神。他在《中西人风格的比较——爸爸与情哥》中指出：中西人风格的不同有个极微妙、极根本的底基。这个底基是不可以逻辑解释的人的肉体与灵魂的两种原始要求，即本能或天性。这两种要求深藏于人的最深邃处、最蕴藏处，握有极强大、极永恒的力量，在人的本体上，不断地活动、指使，而且还必须要取得相当的满足。简言之，一是性爱的要求；一是有后的要求。在林同济看来，西方人发挥了前者，中国人发挥了后者。结果就造成两种母题互异的风格或类型：西方人是情哥，中国人是爸爸！“数千年来，有脑力、有知识的国民，都被迫着个个非做姑爷、非做爸爸不可。我们文化中的破绽，恐怕就是端为这点出来！我们整个的文物制度，整个的人生观，太‘姑爷’，太‘爸爸’了。”③所谓“姑爷”“爸爸”乃是指中国人特别看重生子，生子是惊天动地的事业。即是说，延嗣在中国人的精神生活上占有惹人注意的地位，具有无上的价值。“为了延嗣，牺牲了一切，好像都是应该。所以整个的家庭可以闹得天翻地覆，糟糠的老

① 雷海宗：《中国文化的两周》，载《中国文化与中国的兵》，北京：商务印书馆，2001，第149-150页。

② 雷海宗：《中国的家族》，载《中国文化与中国的兵》，北京：商务印书馆，2001，第73-74页。

③ 林同济：《优生与民族——一个社会科学家的观察》，《今日评论》，1939年6月24日，第1卷第23期。

妻可以吞鸦片、上吊梁，延嗣的小老婆，却是非娶不可。"[①]要彻底、中肯地认识中国民族性问题，关键之关键就在于中国人死要儿子这一繁衍后代的子孙观念。

因此，中国人把精力放在关心家族规模、注重血缘延续的现世生活的追求上，缺乏一种集体和社会的意识，更缺乏以自身实践去充实思想、高扬意识并使生命在文化传播中无限延续的伟大抱负。这在何永信看来就是，"中国人只求'活着'"[②]。"无疑的，缺乏'天召感'的人生哲学使中国人只是活着，活着，不管其他。从出世到长大，娶妻生子，而老而衰而死，数十寒暑就是在'活着''生子''死亡'的圈子内平淡无奇地混过去!"这种混日子的人生哲学就逐渐养成了一个"老滑宇宙观"。何永信不无痛心地说:"无怪我们忌谈政治，寄情诗、酒、小品文，效嵇康、阮籍的狂放，以'苟存性命于乱世'。流风所至，一套中国的人生哲学，成了如何品茶，如何栽花，如何烹鱼，如何酿酒，如何欣赏女人小脚的美之老滑宇宙观!"[③]何永信意在提倡国民除活着外再做点事，使中国成为一个动的中国，文化成为一种动的文化。否则，这种"只求活着"而混日子的"老滑宇宙观"，不仅无益于中国文化的复兴，而且还对中国文化精神起着弱化作用。

正如江沛先生所评论的，"在他们看来，中国人对人生实际意义的过分关注及重视血缘宗法的伦理意识，使他们把生命价值的体现与延续，全部寄托在血缘宗法之上。从某种意义上讲，这也是中国人自私自利观念极重、精神散漫'如一盘散沙'、缺乏集体意识的原因之一，直接导致了中国人家族意识普遍的强盛而民族与国家意识的相对淡化。在帝国主义时代以国与国为单位的残酷竞争中，这种意识与心态的延续，持续不断地起着弱化中国文化精神的作用，更无助于中国文化第三周的复兴工作"[④]。当然，这对"大政治时代的伦理"的构建也是起不到积极作用的。但是，对大家族制度的批判，至少是一种自我反省，是产生新伦理制度的起点。这种指向自身的传统政治伦理的批判也瞄准了官僚传统。

二、抨击官僚传统：皇权之花与中饱

"战国策派"对官僚传统这一政治伦理的批判，可以说找到了影响中国传统

---

① 林同济：《中西人风格的比较——爸爸与情哥》，《战国策》，1940年6月1日，第5期。

② 何永信：《中西人风格一较》，载林同济编《时代之波》，重庆：在创出版社，1944，第33页。

③ 同②，第36-37页。

④ 江沛：《战国策派思潮研究》，天津：天津人民出版社，2001，第143页。

政治伦理文化发展的症结所在。他们主要从以下两个方面对官僚传统进行了批判：一是批判官僚传统之伦理毒质——皇权毒、文人毒、宗法毒、钱神毒。二是批判官僚传统之另类面孔——中饱。我们知道，传统中国社会是政治伦理化的社会，官僚传统作为一种政治制度也必然会显示出伦理性的价值取向。林同济认为，官僚传统关系政治清明、民族复兴等国家重大问题，它是中国政治的关键。"关键不彻底改良，其他枝枝节节的改良都属无关宏旨的。"①所以，从广义的角度穷究其然与其所以然，对官僚传统的批判与清算关系重大，也意义重大。

林同济解释说："所谓官僚传统者，不仅指一般官吏任免黜陟的法规与夫分权列职的结构，乃尤指整个结构之运用的精神、表现的作风，以及无形中崇尚的价值、追求的目的。"②就狭义而言，它是一种行政制度，广义地说，它是一种活的社会形势、一种动的文化现象。这其实是一种文化形态史观的解释。也就是说，"战国策派"关注的不是器物、技术、制度等，而是文化层面的精神和人格。事实上，官僚传统与大一统王权崇拜下的皇帝政治是密不可分的，而大一统皇权制度是官僚传统腐化的缘由。林同济指出："官僚与专制，在历史时间上说，是并世而生的。在功用上说，也确相得益彰，相助为理。"③官僚制度在大一统后，其结构变得堂皇，地位相对稳固，威望也日渐崇高。中国两千多年的专制政治统治，不仅形成了王权崇拜观念，成就了帝王权位的至高无上，还使王权主义成为中国传统政治文化价值系统的核心。"从此以后，皇帝就是国家，国家就是皇帝。"臣民不但缺乏主人意识，向心力也极差，更不关心国家命运，就像一盘散沙。雷海宗指出，这种社会政治伦理观念的变化，"与战国时代孟子所倡的民贵社稷次君轻的思想，及春秋时代以君为守社稷的人而非社稷的私有者的见解是两种完全不同的政治空气"④。他的深刻之处在于，将专制的政治体制视为国民性变异以及由此导致的中国社会长期停滞不前的根源。在雷海宗看来，近百年的西洋政治经济文化的势力是足以使中国传统文化发生根本动摇的一种强力。所以，他试图对此凝固、僵化的政治伦理制度加以抨击与改革，改革的方式是打破皇帝专制政治以及学习西方政治伦理文化。"战国策派"也清醒地认识到，"废旧容易，建

① 林同济：《官僚传统——皇权之花》，载雷海宗、林同济《文化形态史观》，上海：大东书局，1946，第138页。

② 同上。

③ 同①，第144页。

④ 雷海宗：《中国的元首》，载《中国文化与中国的兵》，北京：商务印书馆，2001，第90页。

新困难”。传统伦理制度的革新并非易事，需要长期的坚持和努力。

林同济就是这样一位关注传统伦理制度革新的智者。他从文化形态史观出发，认为官僚制度并不是中国的专利品，它是任何高级文化从封建阶段走到列国阶段的产物。从列国进展到大一统阶段，外患消失，贵士风气也逐渐丧失，但官僚的势力却逐日增高，与时俱长。他认为，中国官僚制度于春秋末期萌芽，于战国时代成熟，而于秦汉时期大成大定。由秦汉发展到明清，官僚制度可谓登峰造极。不过，官僚制度表面上的辉煌却掩盖不住其腐化颓萎。事实上，列国阶段的官僚传统与大一统阶段是有质的区别的。即是说，官僚传统从列国到大一统发生了变质，从而使其成为两种截然不同的类型，即外向型与内向型。

列国阶段的官僚传统是外向型的。此时国与国间壁垒森严，都积极向外扩张以求生存，一切内在设施都以对外为最终目的。官僚制度也在这个时代精神的熏陶下而积极对外。战国的策士也变得更为功利，没有一个不以“富国强兵”为号召的。但到了大一统阶段，在“王者无外”的大气度的掩护下，一切的人与物都流入一种“内向”的趋势。目光只求在宇内保太平，为皇家保帝祚，为百姓谋安居。于是，制度陷入僵化，文化堕入颓萎。外向的警觉性逐渐消失，内向的兴趣立刻增高。最终的结果就是，列国间的大政治衰亡，大一统的小政治繁衍。这种内向型政治的意义，表面上关乎国计民生，实质上却逃不出官僚们对功名利禄的明争暗夺。大一统阶段内的“贤丞良吏”证明，“官僚传统的恶劣化与官僚势力的膨胀恰成正比例”。① 官僚制度逐渐成为政治效率的阻碍，成为腐败与落后的象征。

于是，林同济又进一步揭露了这一内向型官僚传统所含的四种伦理毒质②：一是皇权毒。官僚制度与专制皇权结合，养成了“妾妇”派头，致使中国人的臣民观念、奴性思想以及忠君意识不断深化，积重难返。大一统阶段皇权专制养成了官僚的两重人格：对下必作威作福，对上必阿谀奉承。以专制为风的皇权必然会造就“妾妇之道”的官僚，而“妾妇之道”的官僚又反促进皇权的专制。二是文人毒。官僚制度与文人阶级结合，熬炼出“作文不做事”的秘诀，知识分子也逐渐丧失了其独立人格，经世济民的责任与担当也被扭曲而成为官僚制度的寄生虫。

① 林同济：《官僚传统——皇权之花》，载雷海宗、林同济《文化形态史观》，上海：大东书局，1946，第143页。

② 同上，第144-147页。

三是宗法毒。官僚制度与大家族制度配合，树立了"任用亲私"的习惯，无法走出家族的伦理圆圈而扛起民族国家的重担。由尚贤转向唯亲，官僚传统受宗法观念的熏陶，树立了"用私人""拔亲人"的习惯。四是钱神毒。官僚制度与商人社层配合，发展出"贪财舞弊"的风气，败坏社会风俗，有伤风化。由于官商勾连，商不成商，官乃实商。商不能充分发挥商的历史作用，官又不敢明目张胆为商。官僚不爱钱而又期期爱钱，这是中国社会的"真症结"。结果导致官僚制度的严重腐败，致使中国流产为一个生产分配两无办法的"赤贫国"。①

"战国策派"认为，在这些毒质的长久浸淫中，我们的内向型官僚制度与处于"大战国时代"的世界列强的外向型官僚制度根本无法抗衡，解决之道在变内向型为外向型，并改革中饱集团为中坚力量。林同济说："拿我们二千年大一统局面下日就颓萎的官僚制度，要来同现时血气方刚的大战国的官僚制度争担时代的使命，必败无疑！我们唯一的出路只有在新的猛省中把我们整个的官僚传统按着大战国的需求彻底地改头革心。中国的官僚制度必须由庞大的'中饱'集团改革为民族的'中坚'工作者！"②于是，"战国策派"学人又将批判的锋芒转向了官僚传统的另一面——中饱。

从文化形态史观的观点看，官僚制度是文化发展到列国阶段的必然产物，中饱也是古今中外都有而非中国所独有。中饱这一现象，在战国时代也许是变态的、例外的，但到了大一统时代却逐渐成了惯例。与其他文化不同的是，中饱不仅是社会生活的常态，而且是政治上的默认制度。这是中国的"独有之光"与特色所在，且浸注人心，成了民族的第二天性！所以，要想根除，必定艰难。这种认识是深刻的，洞察是深邃的。在"战国策派"看来，中饱是中国社会、政治上一个紧要的现象，是两千年来最灵验的"自亡单方"，是官僚传统的另类面孔。"在抗战建国的今日"，如果不先对中饱做仔细、清楚的批判检讨，那么一切一切的革新都将要落空。"不但落空而已，一切革新都要扩大了中饱的机缘！"③那么，何谓中饱呢？

"中饱"一词源于《韩非子》："薄疑谓赵简主曰：君之国中饱。简主欣然而喜

① 林同济：《官僚传统——皇权之花》，载雷海宗、林同济《文化形态史观》，上海：大东书局，1946，第148页。

② 林同济：《中饱与中国社会》，《战国策》，1940年9月15日，第12期。

③ 同上。

曰：何如焉？对曰：府库空虚于上，百姓贫饿于下，然而奸吏富矣！”（《韩非子·外诸说右下第三十五》）“饱”字描写其状态，“中”字说明其方法。奸吏之所以“饱”，全靠其“中”。以“中”取“饱”，是谓“中饱”。在林同济看来，“一边是政府，一边是人民，中间有官僚。政府与人民彼此间的行动，不能直接达到对方，于是乃必须有一般人在中间媒介一切，料理一切。凭借着或利用着这种政治上的中间地位，对一切经手的事件或接触的人物取得法外的收入——这个微妙的勾当就叫做中饱”①。所谓“中”就是中间地位，就是中介、中间人，其作用在传递。事实上，在社会发展到一定程度后，某个行为不能有效地、迅速地由发动者直接达到受动者时，就需要组织“机关”作为传递行为的工具。机关实则就是中间人。从文化发展的角度看，“文化愈进，机关愈多；机关愈多，中间人的势力也就愈大。换句话说，组织生活愈发达，中间人愈不可缺；中间人愈不可缺，他们乘势欺人的可能性也就愈来愈凶”②！如何利用中间人而不为中间人所利用？如何能得到中间人的好处而同时又可免掉中间人从中取饱？这是社会亟待解决的重要问题。“解决有方，则社会的生活可以保健全，文化的生命可求展进。解决无方，则社会的生活脱节，变为畸形，变为恶性，而文化的生命也就颓萎、僵化，而渐就消灭。”③因此，我们要对此问题高度重视，并予以解决，以健全社会生活，发展文化生命。

在“战国策派”看来，中国社会的症结就在于没有把中间人——官吏问题弄清。官吏良与否，是任何文明社会要先解决的问题。官吏对社会与文化的发展也是影响深刻而远大的。官吏良则社会生活就入轨道，文化也可以有焕发灿烂的机会。反之，则一切的一切无从调理。虽然官吏对社会影响至深，但“战国策派”未免有些夸大。他们并不承认“二千年来的中国官僚，没有一个秉公尽职、廉洁持身”。“然而中国的官僚传统，整个的说法，终不免是一个中饱集团”，贪污就是他们的先天职务。官吏凭借其政治上的中间地位，掌控着经济中间人——商人——的能力，并利用他们的重要地位对社会各团体搜刮剥削。“中”饱，所以“国”贫。从而使“中国”成为“中饱之国”。

由于中国社会是以官商为中心的社会，也可以说是中间人得势的社会。

① 林同济：《中饱与中国社会》，《战国策》，1940年9月15日，第12期。

② 同上。

③ 同上。

这就无形中影响了中国人的人生哲学甚至中国人的民族性，使他们都沾染上了中间人的色彩。他们立身、行事、思维等有种种相同之处，诸如折中、妥协、喜取巧、好讲价、反彻底、恶极端、厌动武、善敷衍等等。所以，"中国人的民族性处处都显出一种道地的'中间人精神''官商者模样'"，并且"官"的模样要更浓厚于"商"！① 在林同济看来，官商有着不同的性格癖好。商人具有"投机癖"。他要发财取利必须冒险去投机，冒险是商人所必需的精神，这种精神不但是投机的必需条件，并且也可当作商家营利的伦理上的根据与说明。但官具有"坐享癖"。官的坐享十分安全，绝无危险。因为他们一不用出本钱，不怕亏本；二可以假公济私。这就是本着万全主义的官僚发财方式。所以官的"坐享癖"就大行其道蓬勃发展，几乎成为全民族的第一希求和第二天性。这种坐享心理，不但从获得财富的方法上显现出来，在守财的方式更可看出。传统的方式，最主要的就是买地，其次还有开当铺一类的勾当。这些不用冒险，赚的是舒服钱，符合官僚的脾胃。近现代的方式与传统几无二致，不过添了一层外国势力的关系。在租界买地，到外国银行存款。正是这种官僚式"守财奴"的财富观使得中国社会无法完成财富的积累，更无法进展到资本主义社会。林同济批评说："传统的守财方法，埋钱于国土之下，摩登的方法，却送钱到外人之手。前者把资本'凝固'起来，后者把资本'倒流'出去。在任一形式下，不但所谓自由资本主义社会不会诞生，就是官僚资本主义的秩序也不能出现。"②因此，两千多年来的社会也只不过是中饱集团玩的中饱把戏，但它所造就的却是一个"府库空虚于上，百姓贫饿于下"的"中饱"国家！

在认清官僚传统这些弊端的基础上，"战国策派"认为，解决之道在改良官僚传统，改革中饱集团，而非取消官僚制度。林同济根据其政治家的敏锐预言，官僚制度不但是社会的必需，而且它的作用将要加强加大。所以，"我们的问题不是要取消官僚制度，乃是要改良我们一向的官僚制度"③。这种观点显示了林同济作为一名政治学学者的辩证眼光及其现实主义观点，这与五四时期对传统的全盘抛弃截然不同。这实际上是一种更为理性，也更为合理的做法。然而，改良

---

① 林同济：《中饱与中国社会》，《战国策》，1940 年 9 月 15 日，第 12 期。

② 同上。

③ 林同济：《官僚传统——皇权之花》，载雷海宗、林同济《文化形态史观》，上海：大东书局，1946，第 141 页。

这个有着雄厚历史背景的官僚传统，实非易事。必须从整个的社会组织、生活习惯、国民教育方针以至政府与社会各势力的关系上多方下手，才能“把我们这个内向型的官僚传统改头洗心，转变为彻底的外向型，以应付四面洪流的战国局面”①。这就需要我们对官僚传统的基本精神进行革命，使每个做官的人都敏锐地意识到，官职不是个人功名利禄的对象，而是一种责任意识和服务观念，是要尽忠竭力，做得精彩绝伦，使国家得以光耀驱驰于国际之场。对官僚制度的改良，既有官僚制度自身的原因，又有政治腐败的原因。对于腐败等政治弊端，“战国策派”还提出了另一种改革方案，那就是富贵分离。

三、改革政治伦理：制度化富贵分离

不论是将大家族制度析解为小家庭制度，还是对官僚传统的改良或改革，这些传统伦理化政治的现代化都必须走制度化的道路。这就意味着对传统政治伦理实行变革。这一思想鲜明地体现在“战国策派”对“富”与“贵”关系的独特分析及其主张之中。何永佶在《富与贵》中明确指出：“政治的弊病正在‘富’‘贵’二字不分开。‘富’与‘贵’结婚，是一切政治的病源，它们俩所生的子子孙孙，就是‘贪污’‘卑鄙’‘无耻’‘混乱’‘倾轧’‘毁谤’，以及其他一切一切的病征。”解决之道就是，“使私有财产制度在统治阶级里根本废除，使‘富’与‘贵’无法结合，使国家的机构成为一种‘贵’只做‘贵’的事，而‘富’只做‘富’的事”②。所以，要改变中国人总是多偏于道义劝告的作风，走制度化的道路，即富贵分离的一种制度安排。

何永佶指出，富与贵“本来是而且应当是绝对两样的事情，现在几乎变成一样的东西”。“绝对两样的事情”何以“本来是”？为何“应当是”？“应当是”乃一种主观的道德理想、价值构建与美好愿望，至于能否达到，则不得而知。“本来是”乃一种客观的现实存在，不管是否接受，它是无法否认的事实。那么，这个价值与事实上都“绝对两样的事情”，为何会“几乎变成一样的东西”呢？一个重要的原因就是，两千多年官僚传统之钱神毒、中饱的熏陶与浸淫，使得富不为富、贵不为贵。如何恢复这个“本来是”与“应当是”绝对两样的事情，就是何

---

① 林同济：《官僚传统——皇权之花》，载雷海宗、林同济《文化形态史观》，上海：大东书局，1946，第144页。

② 何永佶：《富与贵》，《战国策》，1940年5月15日，第4期。

永佶试图解决的问题。解决“本来是”的问题,可以从词源上给予明白解释,恢复其本来面貌。这不是他着重论述的问题,但却是他重点阐述“应当是”这一问题的出发点。

何永佶认为,从孔子“富与贵,人之所欲也”“不义而富且贵,于我如浮云”,到孟子所交者“尽富贵也”,以及俗语所谓的“富贵寿巧”“生死有命、富贵在天”等等,都证明在中国人的习惯上、应用上、思想上,富与贵都不曾分离。但事实上,在孔子那里,富与贵还是有区别的。因为他并未直接合称“富贵”,而是分说“富与贵”。“富与贵,是人之所欲也,不以其道得之,不处也。贫与贱,是人之所恶也,不以其道得之,不去也。”(《论语·里仁》)此处我们可以看出,孔子是以贫富、贵贱对举,贫与富、贵与贱是两组不同的概念。所以,富与贵也非同一概念。正如何永佶所说:“什么是‘富’?就是‘有钱’‘有财产’,更加经济学点的术语便是‘有购买力’。什么是‘贵’?就是‘地位高’‘有统治权’‘有领导力’。”[①]“富”者,财富、财产之谓;“贵”者,地位、名望之谓。前者是就经济上财产的多少而言,后者是以政治上地位的高低而论。这就是何永佶对富与贵“本来是”“绝对两样的事情”的词源解释。

事实上,贵之所以为贵,在于其精神之可贵,即贵族精神。贵族精神,是在贵族社会中人类共同创造,并由历史积淀而成的一种精神传统和优秀文化遗产。许纪霖认为:“所谓的贵族精神,有三根重要的支柱,一是文化的教养,抵御物欲主义的诱惑,不以享乐为人生目的,培育高贵的道德情操与文化精神。二是社会的担当,作为社会精英,严于律己,珍惜荣誉,扶助弱势群体,担当起社区与国家的责任。三是自由的灵魂,有独立的意志,在权力与金钱面前敢于说不。而且具有知性与道德的自主性,能够超越时尚与潮流,不为政治强权与多数人的意见所奴役。”[②]“不自由,毋宁死”的自由精神正是贵族精神的核心。这是对自由意志和灵魂主权的确认,这也就意味着荣誉是至高无上的,它是比生命更重要、更宝贵的东西。

在分析富贵两分的基础上,何永佶对富与贵“应当是”“绝对两样的事情”进行了价值构建的制度化设计,其直接理论根源就是柏拉图的《理想国》。首先他将国内的人民分为统治阶级与被统治阶级,前者是领导和御侮的阶级,是专以统

① 何永佶:《富与贵》,《战国策》,1940年5月15日,第4期。

② 《东方早报·上海书评》编辑部编:《温馨的火种》,上海:上海书店出版社,2009,第62页。

治为业的阶级，即“贵”的阶级。此处的“阶级”并不是以有钱无钱来分，而以做什么事来分；是功用的阶级，而非经济的阶级。“贵人”们担负着保家卫国的使命，这也是他们的宿命。真正的“贵族”是把握整个时代方向的舵手，“一个社会缺少了‘贵族’，有如一叶扁舟缺乏了舵公”①。但一方面，由于“贵”为“富”所侵蚀、软化、浸淫，使其不成其为“贵”；而另一方面，贵族阶级闭户自封，缺乏新鲜血液而致“贫血症”。这两方面的原因致使贵族阶级也逐渐崩溃没落。

柏拉图针对这两个原因，开出了治疗方案：为避免“贫血症”，主张从“铜铁为质”的人里不断地挑选“金银为质”的人；为避免“贵”为“富”蚀，主张把富与贵截然分开。“这两点真知灼见，都充分证明柏拉图是国家‘内在’观下最大的政治思想家。”②并且认为，“贵”的阶级不得私有家庭、不得私有财产的主张，是“政治学上的一大发现”。这一“大发现”的真正意义，就是要把财产与政权绝对分开，把“富”与“贵”的联系截然斩断。禁止“贵”的阶级“富”，即不得私有家庭，不得私有财产。这是“政治原理的奥妙”。因为权利与财富是互相侵蚀、互相腐化的东西，财富会引起统治权的分裂而致指挥失灵，国内混乱。“在私有财产制度之下，大部分的争斗，骨子里还是财富之争。譬如军阀之争地盘，实际上还是争地盘的税收。统治权如容许财富汇入，则有分裂的危险。”③尽管如此，这个危险还是可以通过“自制”“知足”的方法减轻，但不能免除。柏拉图却在此走向了极端，在统治阶级中将财产私有制废除了，不许他们有私有财产。但在被统治阶级则不然，他们的目的是要求个性发展，而私有财产制正好可以促进这个目的，所以没有废除的必要。既然不许贵人有私有财产，那么给他们以“富”的报酬不也是公道的吗？这种问题正是我们“富贵不分之社会心理”的逻辑结果。要分开富、贵，首先要清楚这种心理，否则即便建成了新的制度，那也只是对制度的顺服，而不是心服。“以‘富’来酬‘贵’，未免太小看真正的贵人了！”④真正的贵人所希求的报酬不是有钱，不是物质高度地享受。他们的快乐寄托在他们的工作里，他们生命的意义就是创造，他们所希求的只是心灵上的安慰！这里所要强调的，其实是“贵人”阶层所具备的贵族精神。

---

① 何永佶：《富与贵》，《战国策》，1940 年 5 月 15 日，第 4 期。
② 同上。
③ 同上。
④ 同上。

另外，何永信认为统治阶级通过物质的高度享受而为财富所“软化”，统治者的效能与其物质享受恰成反比。从历史来看，“每次中华民族水深火热的时候，也就是他们统治阶级穷奢极侈大兴土木的时候。秦始皇的阿房宫、隋炀帝的陆行舟、慈禧太后的颐和园：在这些大建筑崛起的过程中，工人们的一槌一凿，都是敲着那朝代的丧钟！”①特别是在抗战紧张的当前，“我们的要人们必定要仿照洋人式生活姑成其为‘要’。即使要人不‘洋’，要人的太太们呢？她们哪一个不摩登？风气一开，统治阶级乃忘掉其本来的使命而竟以物质的优越为务了”②。借此讽刺国民党统治阶级的“要人”，表达了对国民党统治阶级的不满情绪。

说到底，这是在用西方的制度、思想来救治中国的弊病。这种做法是近代以来众多爱国爱民的仁人志士的共同选择。不论成功与否，都不失为一种为国为民的有益探索，都无法否定其忧国忧民的爱国热情。但就何永信对柏拉图思想的借鉴而言，这种尝试与探索仍是一种类似《理想国》一样的乌托邦式的“理想”。

第三节　五伦新解与“第六伦”：私德到公德

五伦观念是中国传统伦理的核心观念之一，五四新文化运动以来一直饱受批评，基本处于被全盘否定的地位。而“战国策派”成员贺麟则另辟蹊径，走出五四全盘否定的窠臼，对五伦观念做了新检讨，并试图从中寻找出不可毁灭的永恒的伦理基石，进而在这基石上重建新社会的行为规范和准则。重建的工作则由何永信接手，他“提倡第六伦道德”，以公平与真实为“第六伦”的两大信条，并以其作为救国的道德基础。

一、检讨五伦观念：五伦要义与三纲真义

传统伦理制度不仅包含宗法式的大家族制度、官僚制度，更为重要也更为核心的则是纲常制度。贺麟在 1940 年 5 月 1 日《战国策》第 3 期上发表了《五伦观念的新检讨》一文，对传统伦理制度的纲常制度进行了新检讨。他本着“有历史渊源的新，才是真正的新”的观念，以近代哲学思维与启蒙理念，对五伦与三纲的

① 何永信：《富与贵》，《战国策》，1940 年 5 月 15 日，第 4 期。
② 同上。

本质进行了分析，为重建新道德体系做出了重要贡献。对传统伦理制度批判，特别是触及传统伦理思想核心的纲常制度，既需要勇气，更需要智慧。在贺麟看来，我们每个人都生存于传统与现代之间，无形中有两种支配我们生活的重大力量，一是过去的传统观念，二是现在的流行观念。假如要想保持行为的独立与自主，既不做传统观念的奴隶，也不做流行观念的牺牲品，就必须拥有批评、反省的精神，才能“把握住传统观念中的精华，而做民族文化的负荷者。理解流行观念的真义，而做时代精神的代表”。[①] 对于传统的旧观念与流行的新观念，若不进行批评的考察、反省的检讨、重新的估价，就可能会盲从于新名词、新口号，反做传统观念的奴隶而不自觉，既不能保持旧有文化的精华，又不能认识新时代的真精神。[②] 贺麟正是本着这种精神，对五伦、三纲的纲常伦理制度做了本质性的检讨。

贺麟在检讨五伦观念之前，首先对批判五伦观念的流行做法进行了总结：第一，只从表面现象或枝叶处立论而全面否定。第二，只从实用的观点去批评五伦观念。第三，因噎废食，因末流之弊而废弃本源。第四，以经济状况生产方式的变迁作为推翻五伦说的根据。这四种方法虽然有其一定的合理性，但缺乏贺麟所谓的本质性。因为这些做法“实在搔不着痒处。既不能推翻五伦观念，又无补于五伦观念的修正与发挥”[③]。针对这些流行做法，贺麟提出对五伦观念要做“新检讨”，加以本质地批评，即“我们要分析五伦观念的本质，寻出其本身具有的意义，而指出其本质上的优点与缺点”。在贺麟看来，“五伦的观念是几千年来支配了我们中国人的道德生活的最有力量的传统观念之一。它是我们礼教的核心，它是维系中华民族的群体的纲纪”[④]。从本质上考察，五伦观念包含四层要义：

第一层要义，五伦是五个人伦或五种人与人之间的关系。即是说，五伦观念特别注重人以及人与人的关系。而在人类诸多文化形态和种种价值追求中，注重物理的自然而产生科学，注重神而产生宗教，注重人以及人与人之间的关系便产生道德，注意审美的自然而产生艺术。中国的儒家注重人伦，特别注重道德价

---

① 贺麟：《五伦观念的新检讨》，《战国策》，1940 年 5 月 1 日，第 3 期。
② 同上。
③ 同上。
④ 同上。

值，形成偏重道德生活的礼教，故与希腊精神和希伯来精神皆有不同之处。因为希腊精神注重物理的与审美的自然，故希腊成为科学与艺术的发祥地；希伯来精神注重神，即注重宗教价值。从世界近代思想文化发展的趋势来看，西方自文艺复兴以后，人被重新发现，人本主义盛行，开始注重人以及人与人的关系。同时，依旧保持了对自然奥妙的兴趣和对宗教的热情。因此，要提倡科学精神与宗教精神，并不意味着就要反对或放弃自己传统的重人伦道德的观念。"我们仍不妨循着注重人伦和道德价值的方向迈进，但不要忽略了宗教价值、科学价值而偏重狭义的道德价值，不要忽略了天（神）与物（自然）而偏重狭义的人。"依照《中庸》中"欲知人不可以不知天"及《大学》中"欲修身不可以不格物"之旨即可充实、发挥五伦学说。[①]

第二层要义，五伦是五常的意思。常即恒常之伦、恒常之道。五常一般有两个意义，一是指仁、义、礼、智、信五常德，一是指君臣、父子、夫妇、兄弟、朋友五常伦。贺麟所言是指五常伦。五常是人所不能逃避、不应逃避的关系，它规定了种种道德信条，以调整人伦关系。"人不应规避政治的责任，放弃君臣一伦；不应脱离社会，不尽对朋友的义务；不应抛弃家庭，不尽父子、兄弟、夫妇应尽之道。总而言之，五伦说反对人脱离家庭、社会、国家的生活，反对人出世。"[②]进而，贺麟批评无君无父的杨子、墨子，认为"杨子为我"有离开社会、国家而做孤立的隐遁的个人的趋势；"墨子兼爱"有离开家庭的组织而另外组织下流社会的倾向；还认为佛教徒则有脱离家庭、社会、国家的出世生活或行径。在贺麟看来，这种注重社会团体生活，反对枯寂遁世的生活，注重家庭、朋友、君臣间的正常关系，反对伦常之外的别奉主义、别尊教主的秘密团体组织的主张，也是"发展人性、稳定社会的健康思想，有其道德上政治上的必需，不可厚非"。值得注意的是，信条化、制度化的五常伦思想会发生强制作用，损害个人的自由与独立。倘若将五常关系看得太狭隘、太僵死、太机械的话，不但不能发挥道德政治方面的社会功能，而且更有损于非人伦的超社会的种种文化价值。所以，贺麟主张，应减少五常伦说之权威性、褊狭性，而力求以开明、自由的态度处理人伦关系。[③]

第三层要义，实践五伦观念要以等差之爱为准。即五伦观念包含有等差之

---

① 贺麟：《五伦观念的新检讨》，《战国策》，1940年5月1日，第3期。

② 同上。

③ 同上。

爱的意义。贺麟认为，爱有差等是普遍的心理事实，也是很自然的正常的情绪。等差之爱，就是说我们爱他人，要爱得近人情，让自己的爱的情绪自然发泄。确切地说，等差之爱的意义，不在正面提倡，而主要是反面消极的反对和排斥非等差之爱。所谓"非等差之爱"有三：一是兼爱，不分亲疏贵贱，一律平等相爱；二是专爱，因对象不同而有不同类别的专爱：专爱子女谓之沉溺，专爱外物谓之玩物丧志，专爱自己谓之自私；三是平等之爱，如不爱家人而爱邻居，不爱邻居而爱路人，还有以德报怨。这三种非等差之爱，有不近人情、浪漫无节制而发狂的危险，足以危害五伦的正常发展。事实上，儒家的五伦观念对人的态度大都很合理，近人情也很平正。等差之爱不仅有心理基础，而且也有恕道或絜矩之道做根据。也就是说，以等差之爱说为原则，并不是不普爱众人，只不过注重推己及人而已。贺麟还对等差之爱的观念提出了两条重要的补充。第一，决定等差之爱为自然的心理情绪有三种不同的标准：一是以亲属关系为准之等差爱；二是以物为准之等差爱；三是以知识或以精神的真合为准之等差爱。第二条须补充的是善意理解下的普爱说或爱仇敌说，与合理的等差爱之说有不相违背的地方。"所以在五伦观念所包含的各种意义中，似乎以等差之爱之说，最少弊病。"①

第四层要义，五伦观念中最基本的意义是三纲说。贺麟认为，五伦观念发展到最后、最高就是三纲说。"五伦观念在中国礼教中权威之大，影响之大，支配道德生活之普遍与深刻，亦以三纲说为最。"②三纲说实为五伦观念之核心，离开三纲而言五伦，则五伦说只是将人与人的关系分为五种，比较注重人生、社会和等差之爱的伦理学说，并无传统或正统礼教之权威性和束缚性。中国自西汉始正式成为真正大一统的国家，所以需要一个与大一统国家相匹配的、伟大的、有组织的礼教和伦理系统以奠定道德基础。于是将五伦观念权威化、制度化，发挥为更有力、更严密的三纲说。贺麟认为："站在自由解放的思想运动的立场去攻击三纲，说三纲如何束缚个性、阻碍进步，如何不合理、不合时代需要等等，都是很自然的事。"③不过，贺麟的认识若到此为止，则与新文化运动的先驱者相差无几。他用哲学的观点，站在客观的文化史、思想史的立场，进一步说明了三纲说发生的必然性及其伦理意义。

---

① 贺麟：《五伦观念的新检讨》，《战国策》，1940 年 5 月 1 日，第 3 期。
② 同上。
③ 同上。

首先，五伦本是一种“相对的关系”，进展为三纲后变成一种“绝对的关系”。前者指五伦的关系是自然的、社会的、双向的、相对的。而三纲说则“要求臣、子、妇尽单方面的忠、孝、贞的绝对义务”。其次，由五伦进展为三纲包含有由五常之伦进展为五常之德的过程。五常伦之说是维持人与人之间的长久关系，但人有生灭离合，人之品行也良莠不齐，所以，在事实上是不易而且不能维持长久的关系的，而只能维持理想上的长久关系。这就是五常之德——它是维持理想的久长关系的五项道德规范，同时也是三纲说的绝对要求。即人应绝对守住自己的位分，履行自己的常德，尽自己应尽的义务，不随环境而改变，不随对方为转移，奠定维系人伦的基础、稳定社会的纲常。贺麟指出：“所谓常德就是行为所止的极限，就是柏拉图的理念或范型。也就是康德所谓人应不顾一切经验中的偶然情况，而加以绝对遵守奉行的道德律或无上命令。这种绝对的纯义务的单方面的常德观，也在汉儒董仲舒那里达到了极峰，所谓‘正其谊不谋其利，明其道不计其功’。‘谊’和‘道’就是纯道德规范，柏拉图式的纯道德理念。换言之，先秦的五伦说注重人对人的关系，而西汉的三纲说则将人对人的关系转变为人对理、人对位分、人对常德的单方面的绝对的关系。故三纲说当然比五伦说来得深刻而有力量。”①

但是，让贺麟感到奇怪和惊异的是，他在这中国所特有的最陈腐、最为世人所诟病的旧礼教的核心——三纲说中，发现了与西方正宗的伦理精神相符合之处。具体来说，三纲说与柏拉图的理念论、康德的绝对命令不无契合之处。据此，贺麟认为，“就三纲说之注重尽忠于永恒的理念或常德，而不是奴役于无常的个人言，包含有柏拉图的思想。就三纲说之注重实践个人单方面的纯道德义务，不顾经验中的偶然情景言，包含有康德的道德思想”②。事实上，陈寅恪早在20世纪20年代就有认识。他在《王观堂先生挽词并序》中指出：“吾中国文化之定义，具于白虎通三纲六纪之说，其意义为抽象理想最高之境，犹希腊柏拉图所谓idea者。”③而王国维先生“所殉之道，所成之仁，均为抽象理想之通性，而非具体之一人一事”④。贺麟所言，正与陈寅恪所言上述精神相通。

---

① 贺麟：《五伦观念的新检讨》，《战国策》，1940年5月1日，第3期。

② 同上。

③ 陈寅恪：《王观堂先生挽词并序》，载《陈寅恪集·诗集》，北京：三联书店，2009，第12页。

④ 同上。

所以，三纲所包含的价值，不在其具体的内容，而在于其包含的纯粹的，在任何条件下都不改其志、不渝其度的康德的义务论精神，即"道德本身就是目的而不是手段""道德即道德自身的报酬"。它要求一方履践绝对的单方面的义务，而超出世俗一般相互报酬的交易式的道德。据此，贺麟认为："由五伦到三纲，即是由自然的人世间的道德进展为神圣不可侵犯的有宗教意味的礼教。"三纲说在礼教方面的权威曾桎梏人心，束缚个性，妨碍进步，其权威已被彻底颠覆。现在，消极地破坏、攻击三纲说的死躯壳已经没有很大意义，关键是如何积极地把握住三纲说的真义，加以新的解释与发挥，以建设新的行为规范和准则。贺麟指出："三纲的真精神，为礼教的桎梏、权威的强制所掩蔽，未曾受过启蒙运动的净化，不是纯基于意志的自由，出于真情之不得已耳。以学术的开明、真情的流露、意志的自主为准，自己竭尽其片面之爱和片面的义务，贞坚屹立，不随他人外物而转移，以促进民族文化，使愈益发扬，社会秩序，使愈益合理。"而"传统礼教在权威制度方面的束缚性，自海通以来，已因时代的大变革、新思想新文化的介绍、一切事业近代化的推行，而逐渐减削其势力。现在的问题是如何从旧礼教的破瓦颓垣里，去寻找出不可毁坏的永恒的基石。在这基石上，重新建立起新人生新社会的行为规范和准则"①。即依照合理性、合人情的原则，建设适应新时代的新的社会伦理规范和准则。

贺麟将传统伦理视为宝藏与源泉，并积极挖掘，披沙拣金，这无疑是继往开来的、有价值的工作。对此，韦政通评价说，"五四"以来，保守主义者很少能像贺氏那样对传统伦理有深刻的认识，传统在他们的心目中变成有价值的实体，他们甚至把传统神圣化，使传统所提倡的固有伦理，仍被当作一般惯例习俗保留着。② 贺麟的研究启迪我们，对伦理传统的肯定不是感性的怀旧，而是出于生存发展需要的从旧中出新："必定要旧中之新，有历史有渊源的新，才是真正的新。"③它启示我们，破除传统伦理之弊只是重建新伦理之开始，更艰巨的任务是接续传统，寻找出不可毁灭的永恒的伦理基石，并进而在这基石上重建新社会的行为规范和准则。对此，"战国策派"的另一成员何永佶就提出了其"第六伦"的新道德运动。

---

① 贺麟：《五伦观念的新检讨》，《战国策》，1940年5月1日，第3期。

② 韦政通：《伦理思想的突破》，北京：中国人民大学出版社，2005，第15页。

③ 同①。

二、“提倡第六伦道德”：公平与真实

“战国策派”在检讨五伦观念后并没有停止下来，何永佶针对传统五伦的不足，提出建立“第六伦”——人与人之伦——的道德规范，并且主张第六伦的伦理原则应当高于前五伦。在他看来，“第六伦”道德包含公平与真实两大信条，它们是救国的道德基础。何永佶对五伦的认识虽不及贺麟深刻，却听到了时代对公德——第六伦——的呼唤，看到了个人与陌生人之间缺乏适当的伦理规范和道德准则，明确提出了“提倡第六伦道德”的伦理变革的主张。[①] “以道德范畴区分，五伦属于私德的范围，第六伦属于公德的范围。”[②]从近现代伦理变革的思想潮流来看，这实际上是传统私德向现代公德转型的伦理变革潮流的一种延续和承继。

近代道德革命的先驱梁启超认为，我们传统的伦理道德“偏于私德，而公德阙如”。通过对比中西方的伦理道德，他认为中国伦理是一种“旧伦理”，而西方伦理是一种“新伦理”，并指出：“旧伦理之分类，曰君臣，曰父子，曰兄弟，曰夫妇，曰朋友；新伦理之分类，曰家族伦理，曰社会（即人群）伦理，曰国家伦理。旧伦理所重者，则一私人对于一私人之事也；新伦理所重者，则一私人对于一团体之事也。”[③]父子关系、兄弟关系、夫妇关系均属于家族伦理，朋友关系属于社会伦理，君臣关系属于国家伦理或政治伦理。但朋友一伦，不足以囊括社会伦理关系，君臣一伦，更不等同于国家伦理或政治伦理，特别是在大政治时代的民族国家之中。所以，第六伦道德的提倡就有其必要性。

对于中国传统的伦理道德，私德重于公德、公德缺失是“战国策派”几个学人共同的论断。林同济说：“私德为先，公德为后；私德为主，公德为副。这是二千年来，我们宗法制度下的伦理之不可免避的倾向、不可免避的流弊。”所以主张在国力竞争的世界中，“公德重于私德”。他所谓的“公德”，主要是指对于民族国家的“忠”。[④] 与梁启超断言的中国旧伦理属于“家族道德”稍有不同，何永佶认为，中国旧有道德是一种“亲戚朋友的家属道德”，且大半是私德，缺乏社会公德。这

① 何永佶：《提倡第六伦道德》，《民声周报》，1932年第18期。

② 韦政通：《伦理思想的突破》，北京：中国人民大学出版社，2005，第184页。

③ 梁启超：《新民说·论公德》，载《饮冰室合集·专集之四》，北京：中华书局，1989，第12-13页。

④ 林同济：《大政治时代的伦理——一个关于忠孝问题的讨论》，《今论衡》，1938年6月15日，第1卷第5期。

与韦政通先生所说“五伦中有三伦(父子、夫妇、兄弟)属于家庭,其余君臣、朋友虽非家庭成员,但基调上完全是家庭化的,国君无异是个大家长,固有‘君父’之称,朋友间则称兄道弟,甚至四海皆兄弟”①本质相同,即就道德范畴而言,二者都认为“五伦”属于私德范畴。

何永佶在《提倡第六伦道德》一文中指出:“中国之固有道德,一大半是私德,很少是公德。论起私德来,中国人往往比外国人强,而讲起公德来,则瞠乎其后矣。中国之旧道德,可以说完全是亲戚朋友的家属道德,差不多毫无社会共同的道德。”特别是中国传统伦理思想中的“五伦”观念,“从‘伦’看来,就可以见得中国固有的道德是以家庭为基础的。你看五伦之中,就有三个——父子、兄弟、夫妇——是完全属于家庭的;其余两个——君臣、朋友——是附带属于家庭的,因‘君’不过是扩大家庭(就是国)的父,‘臣’不过是扩大家庭的子,而朋友亦不过是家庭的朋友。此种‘五伦’的道德,有一很可惜的遗漏,就是第六伦,就是‘人与人’的伦”②。言语中流露出对公德的渴望。他所谓的“第六伦”实则是个人与社会大众的关系,即群己关系的社会公德问题。同时,他还认为中国内忧外患的病根在于中国没有第六伦。“中国的病根,在无第六伦,而外国的强处在有第六伦。”③针对此种断言,他提出的应对之策是“提倡第六伦道德”,将“公平”与“真实”——“第六伦”的两大信条——作为救国的道德基础。因为一个社会如果普遍缺乏公德心,缺少个人对他人的道德责任心,由此导致的后果就是败坏社会的秩序、和谐与安宁,使生活素质降低,间接后果是损伤社会作为一个促进个人福利的工具的有效性,最终阻碍经济的发展④,削弱国家的竞争力。

在何永佶看来,中国人深受五伦观念的影响,其道德观念与伦理意识基本僵化,缺乏对“他人”的道德责任意识。所以,在传统伦理社会中,一个中国人对于他的“君”“父”“兄弟”“妇”及“朋友”,多少都觉得有道德责任心;而除此五人外,中国人基本就毫不觉得有道德的责任。他还批评中国人“纯粹因为另一个人是一个人,而感起一点的道德责任心者,非常之少。中国人侍奉他的‘君’、他的‘父母’、他的‘兄弟’、他的‘妇’、他的‘朋友’,则惟恐不力;而完全为一抽象的‘人

---

① 韦政通:《伦理思想的突破》,北京:中国人民大学出版社,2005,第7页。

② 何永佶:《提倡第六伦道德》,《民声周报》,1932年第18期。

③ 同上。

④ 同①,第185页。

类'、为一素不相识的人而牺牲的,则绝对少见;退一步讲,为父母兄弟夫妇朋友而牺牲素不相识的人、牺牲素不相识的公共社会的事实,则恒河沙数"。这种评断意在说明:"五伦的行为准则属于特殊主义,即仅适用于特殊对象,例如父慈子孝只适用于父母、子女之间。第六伦的行为准则属于一般主义,即大家都适用同样的准则。"[①]所以,这种建基于家庭上的"亲戚朋友的家属道德","其趋势是外分的而不是内合的;其结果可令一群民众只知有家庭,而不知有社会,只知有亲戚朋友,而不知有'人'"。[②] 对"他人"无道德责任意识,必然会导致人与人之间的矛盾和冲突。

中国传统伦理中的"家属道德"缺乏人与人相处所应遵循的社会公德,即公平伦理。何永佶认为,这一点在中国人最著名的"面子"说中体现得更为明显。所谓"面子"就是完全因为某某人是亲戚朋友而以亲戚朋友优待他的意思。倘若一中国人要办一事时,他若认得些"熟人",则一帆风顺;假如他不认得"熟人",则是叫天不应,叫地不灵。这种"面子"伦理已成为根深蒂固的民族性,几乎无处不在。这种传统伦理的弊端实际上却成为经济发展与国力增强的阻碍。何永佶指出:"中国之亲戚朋友的道德,有令大规模的合作为绝对不可能;因为大规模的合作,要确实认定的是'人'而不是亲戚朋友;其互相之待遇,亦要是因为某某人是'人'而以'人'待他,而不是因为某某人是亲戚或朋友而以亲戚朋友优待他。所以中国凡是大规模的合作无有不倒的。""可见中国人的'公平'观念,其软弱实等于无;尤可见亲戚朋友的道德尚战胜社会的道德。"[③]另外,中国人由于对素不相识的人缺乏道德责任心,所以公共的东西,即视若无人的东西,因为"公共"不是亲戚朋友的。这种伦理意识所培养出来的人,遇有公共财物就攫入私囊,既毫不以为怪,也毫不觉得是一种罪恶。破坏公物、贪小便宜的国民劣根性,甚至成了中国落后挨打的伦理缘由。何永佶认为,这是旧道德缺乏"第六伦"的遗毒。在当前的"大战国"时代,如不铲除这种"遗毒",将后患无穷。何永佶痛心疾首地说:"如中国人到此时仍不觉得其旧道德之不合用,而思有以代之,则其结果必至于亡国灭种,极为可怕。盖世界上到底是'优胜劣败适者生存',中国人守此种不

---

① 韦政通:《伦理思想的突破》,北京:中国人民大学出版社,2005,第183-184页。

② 何永佶:《提倡第六伦道德》,《民声周报》,1932年第18期。

③ 同上。

合时宜之道德的，不适于二十世纪之世界，决不能生存，也不配生存！”[①]由此可见，对待“亲戚朋友”与“素不相识的人”的鲜明态度对比以及“战国时代”对国民公德的强烈要求，使得传统伦理变革成为一种时代要求和历史趋势。

为适应伦理变革的时代要求，何永佶明确指出：“惟今之计，只有努力为一种‘新道德运动’，努力提倡第六伦——即‘人与人’之伦。此第六伦应该在任何前五伦之上，并应具以下二大信条：(一)公平，(二)真实。”[②]此处，何永佶既提出了其伦理主张——提倡第六伦道德，也点明了“第六伦”的价值排序——在任何前五伦之上，还阐明了“第六伦”的伦理内涵——公平与真实。概言之，“公平”并不是对待亲戚朋友的公平，而是对待一般人的公平，无论是谁，只要他是一个人，就应当对他发生一种道德责任心。真实就是不撒谎，就是信。撒谎是一种羞耻的事，不是男子汉大丈夫做的事，不是公民应该做的事，这就是“真实”，就是所谓的“信”。严格说起来，“真实”是包括在“公平”观念内的，因“公平”是指一人一物是如此便应如此待遇；“真实”便是看一事如此便如此待遇——是如此便说如此。这是实事求是的伦理精神。

何永佶认为，中国人的一大毛病就是太注重传统的五伦，往往为亲戚朋友而整个的牺牲“第六伦”，牺牲公平与真实的两大信条，结果导致“中国人只知有家庭，而不知有社会，只知亲戚朋友，而不知有国”，使中国人犹如一盘散沙，缺乏凝聚力和向心力。这在何永佶看来，最大的原因就是中国社会内缺少“公平”。因为“‘公平’之于社会犹‘健康’之于人身；未有人身无健康而能生存，未有社会无‘公平’而能团结者。‘真实’之于社会亦犹血脉之于人身；未有血脉不流通而人身能康健者，未有人人说谎而社会能康健者”。因此，中国的自立自强，最后还要靠我们自己道德的改造。必须扬弃亲戚朋友的家属道德，而认定“公平”“真实”为自救的两大原则。如此一来，“则不要说满洲，就是一切利权租界，都可以不收自回。盖有此二大原则，然后有良善的政府，然后有大规模的合作运动，到其时中国民族真是一个整个的民族，而不是四万万的散沙，虽‘残暴’的日本不敢侮”[③]。此言虽有夸大伦理道德的作用之嫌，却也说明了伦理道德的重要地位及其价值。倘若“第六伦”的“二大信条与别的道德信条——例如孝、情谊、面子等

① 何永佶：《提倡第六伦道德》，《民声周报》，1932年第18期。
② 同上。
③ 同上。

等——有相冲突时，则应守此二大信条，虽至破坏其余一切信条，亦所不惜。然后才能彻底地改革旧道德，建立一种新道德”。[①] 所以，必须坚持“第六伦”的首要道德价值地位，使“第六伦——人与人之伦——高于任何伦之上”。这种变化实际上是要求从传统的私德向现代的公德变革。

总之，“中国之五伦，则唯于家族伦理稍为完整，至社会国家伦理不备滋多。此缺憾之必当补者也，皆由重私德轻公德所生之结果。”梁氏将传统伦理之不完整归咎于对公德提倡不力：孔子无过，而后世曲士贱儒因不解儒家真义而有所偏，乃至“谬种流传，习非胜是，而国民益不复知公德为何物”[②]。公德缺失实为我国传统伦理的一大弊端。“我国民所最缺者，公德其一端也。公德者何？人群之所以为群，国家之所以为国，赖此德焉以成立者也。”[③]梁启超之言，意在强调公德是近现代伦理启蒙的重要内容，也是一种时代精神。故而主张近现代国家必须有公共道德、爱国观念，并将公德观念上升为最高伦理原则：“是故公德者，诸国之源也，有益于群者为善，无益于群者为恶……此理放诸四海而准，俟诸百世而不惑者也。”[④]“战国策派”实际上延续了这一倡导公德的近现代伦理变革潮流，并提出了自己的伦理主张，有其时代特殊性和现实性。

值得注意的是，他们渴望突破中国传统伦理思维的束缚，思考诊治中国的妙方所用的适应“战国时代”的现代伦理思维，实际上是一种伦理思维方式的深刻变革，即对“是”与“应当”、“事实”与“价值”的区分，从注重“应当”与“价值”的传统伦理思维到强调“是”与“事实”的现代伦理思维的转变与革新。

第四节　传统伦理思维的习惯与革新：宇宙观革命

伦理思维习惯是一个民族或个人在特定的历史环境中，受传统伦理文化的影响而逐渐形成的。它一旦形成就具有独立性并会反过来影响甚至支配人们的行为活动。它对国民的性格、精神面貌乃至民族信念等都会产生深刻而久远的

① 何永佶：《提倡第六伦道德》，《民声周报》，1932 年第 18 期。
② 梁启超：《新民说·论公德》，载《饮冰室合集·专集之四》，北京：中华书局，1989，第 13 页。
③ 同上。
④ 同上。

影响。因此，要改革传统观念，必须革新人们的思维习惯。要改造国民性，必须革新人们的伦理思维习惯，特别是传统的伦理思维习惯。所以，“战国策派”也对中国人的传统伦理思维习惯进行了检讨。他们认为，将“应当有”武断地认定为“必定有”的“德感主义”是中国传统伦理“思维习惯所犯的毛病”。这种思维习惯与当前的“战国时代”格格不入，甚至相龃龉。因此，必须用“战国时代”的适者生存的尚力主义伦理思维来革新传统伦理思维习惯，方能应对“战国时代”的挑战。伦理思维的革新，就其实质而言，实则是一种宇宙观的革命，即从“唯德宇宙观”变革为“力的宇宙观”。

一、检讨德感主义：唯德宇宙观

将“应当有”武断地认定为“必定有”的传统伦理思维习惯，究其根源，则在于中国儒家的德感主义。“儒家的特殊的历史作用乃在把这个主义的寿命延长到二千多年之久，遂使我们的文化留滞在某一阶段之中而不能突破藩篱，以进到更新的另一阶段。”①因此，传统伦理思维习惯要革新，就“不能不重新估量中国思想系统上的一个关键问题”，即必须对儒家及其德感主义进行检讨。

林同济认为：“德感观念，在中国最初的文献里，本来已略见端倪。把它充分地发扬传播而成为一种民族信念的，那是儒家之功。儒家是德感主义的正统宣传者。儒家在社会上逐渐地占上风，也就是德感主义在各社会的意义里逐渐地占优势。”②一般认为，“德”观念形成于上古时代，从历史事实和理论逻辑上看，尧舜禹时代就已经具备了“德”观念形成的政治环境及社会基础。殷商时代的“德”并无伦理道德的意蕴，它只是对人的具体行为的一种概括表达，尚停留在关注人的外在行为的表面化阶段，并未达到对人内在品格要求的深层次维度。③而到了周代，周人开始自觉地审视“德”的现实意义，德感文化的基因也于此时形成。“德”已经渗透到了宗教、政治、伦理等众多领域，并发挥了支配性作用，西周是一个“德”大行其道的时代。“以德配天”的命题，使得周革殷命找到了合理性与合法性的依据，“德”成了周人受命开基的根本。周人将“神性范畴(天)和伦常观念(德)同时并举，非常有利于贵族阶级的现实统治，这使他们能够一方面利用

---

① 林同济：《力》，《战国策》，1940 年 5 月 1 日，第 3 期。

② 同上。

③ 李德龙：《先秦时期“德”观念源流考》，吉林大学博士学位论文，2013。

‘天’的权威，给自己的统治蒙上神秘性、绝对性；另一方面又可利用‘德’的观念，来证明统治的合理性、必然性。两者相辅相成，成了贵族统治得以有恃无恐的理论依据”①。所以，有“德”就受“天命”，无“德”就失“天命”。正所谓“天命靡常，惟德是辅”。传统伦理思维的唯德观开始萌生，但其最初也只是一种“应当有”的价值期望，而非“必定有”的事实存在。

林同济据史认为：“《尚书》所称舜舞于羽而有苗格、武王垂拱而天下治等等，可以说是一种胚胎式的‘唯德史观’，表示德的伟大能力。即是孔孟的德治论也不是仅仅提倡为政‘应当’以德，乃更肯定有德便万事亨通的。”②孔子说：“为政以德，譬如北辰，居其所而众星共之。”（《论语·为政》）也就是说，当政者只要“为政以德”，那么其地位就会像众星围拱北辰一样，“不动而化、不言而信、无为而成”。于是，传统伦理思维由“唯德”所具有的“应当有”的价值期望逐渐转向“必定有”的事实存在。这一转向将中国传统伦理思维带入了主观性价值泥淖，“无形中把中国的思维术永远地局限在主观的价值论的范畴里而不使踏进了客观的科学境地”③。

根据文化形态史观，德感主义是一种文化现象，它在文化发展的过程中产生。其发生原理是：一个民族从野蛮到文明，通常要先经过下列两阶段——一为自表阶段；二为自觉阶段。在自表阶段，民族充满了创造活力，出现的是形形色色的文物制度，是本能的焕发。但在自表阶段，大家只知自表，只知创造，而不知为什么创造，也不问创造后又为什么。一切的创造只是力的表现，活力的自成。当创造者由于身心压力而对创制品发生“是什么”“为什么”的追问时，就到了自觉阶段，产生的是非非是是的议论文章，是理智的作用。自觉阶段的标志是“为什么”，是穷究出意义目的之所在。这个标志带有一种“情绪”和“精神”，即自觉阶段的情绪和自觉阶段的精神。前者就像上帝创世时兴高采烈地连声“让它有”（上帝创世时的言词）的心理一般，后者却要在每个“有”的里面说出来它的“应当有”或“不应当有”。其中，道德学是最能代表这阶段的整个精神的。

在林同济看来，自觉阶段的中心意义是“道德头脑”的产生。一方面，由自表

---

① 张持平、吴震：《殷周宗教观的逻辑进程》，《中国社会科学》，1985年第6期。

② 林同济：《力》，《战国策》，1940年5月1日，第3期。

③ 同上。

阶段的"不觉"进入"自觉"是一个进步的运动。另一方面，其中却也含有"大危险"，即用价值来代替事实，用"应当"来代替"是"。由于"道德头脑的倾向都是要拿我们主观所定的'应当有'与'不应当有'来观察、评量、解释宇宙间的'有'与'不有'"[1]。所以，这个"大危险"会引发两种逻辑上的错误：一是把主观的价值引申到纯客观的事实里，其结果是错解真相。因为一个纯客观的现象本无所谓善恶，而我们却定要拿着道德的眼光来评定个"应当有"与"不应当有"。二是把主观的价值当作客观的存在，其结果是丢失现实。因为不管客观上是真"有"与否，但若主观的理性或情感认为"应当有"或"不应当有"，我们便相信事实上是"必有"或"必无"。这一危险性就在于太注重主观的价值，所以势必要向"反现实"的路径上走去。

儒家的德感主义正是这个"反现实"的道德头脑的表现。林同济认为，德感主义不仅主张我们"应当"以德感人，而且进一步肯定、相信德"必定"感人。在这个德感主义政治观、历史观的背后，还有一个"唯德宇宙观"。"这宇宙观认定宇宙间一切事物的本质都是'德的'，一切事物彼此间的相互关系也是'德的'。"[2]董仲舒的"天人感应论"标志着这个"集大成而有系统的中国宇宙观"的告成。在这个"德感主义的宇宙观"中，宇宙的结构与运行全靠"德"来维持，根本没有"力"的地位。换言之，在"德的秩序"中，只有"德约因果关系"，力是走不通的。所以，"德感主义，按其内在逻辑，必定要自然而然地向轻力主义、反力主义的路线走的"[3]。所以，在当前激烈竞争的"大战国时代"，若沿着这一路线前进，结果必招致败亡。那么，对"德感主义"的变革也就成了时代的必然要求。

"战国策派"将中国文化轻力、反力的"罪魁祸首"推到了儒家头上。他们认为，孔子不语怪力乱神，开启了儒家甚至中国文化轻力的序幕。孟子以王霸思想做对比，提倡王道之"以德服人"，而反对霸道之"以力服人"，认为以德服人高于、优于以力服人，恭维以"德"手段的高明。而到了后世文人手中，德"成为一种弱者的自慰语，无力者的自催眠"。而孔孟当时"有所为而言"的格言，无意中造成了中国民族对力的两种先天的偏见：一是看不起，认为力不如德

---

① 林同济：《力》，《战国策》，1940 年 5 月 1 日，第 3 期。

② 同上。

③ 同上。

有效；二是认为恶，说力是不德的、反德的。也就是说，“力在道德上是‘坏’是‘恶’，并且在实际上是‘无效’是‘无用’的。德不但是‘好’是‘善’，并且事实上、实用上是无坚不破无往不服的。……把德认作一种百验护符，认作一种脱力量、超力量而存在的力量，而力的本身还成为‘无力’”[①]。由此就导致我们思想上的一个“盲点”，即提到“力”字，我们最义愤填膺，并指斥为万恶之源，认为“力”就是不道德，就是残暴。这实际上也是一种陈旧的思维习惯，是对“力”缺乏了解的一种“价值盲”。在“战国策派”看来，用德感主义的宇宙观对“力”字不问究竟地霸道派头地解释，使力的精义汩没，这也只是“传统腐儒的偏见”[②]。这种本末倒置、是非颠倒的唯德恶力的偏执思维，必然导致国民的文弱、文化的阴柔以及战争意识的缺失。

“应当”即“必定”的传统德感主义的伦理思维习惯，使我们有意识或无意识形成一种“德的迷信”。结果所致，就是“敌至城下，亦竟或诵经赋诗而图存。数千年不讲国防，一旦失去东四省乃瞠目不解其理，不解为什么在此光天化日之下，在此国联盟约、九国公约、非战公约的森严世界里，竟会有人来犯天下之不韪以破我行政土地的完整。惊愕之余，乃仍在那里梦想欲借公论以克暴力，喊正义以动邻国”[③]的荒唐可笑与“贸贸然趾高气扬妄认此后大同的世界只须由那三五个‘合理’条约、‘非战’宣言来包管维持”的和平幻想。这就是近代以来这种德感主义思维在现实中带给我们的深刻教训。

客观而言，“德是价值论上的一个应当有，力是宇宙间万有所必定有、必须有！”[④]虽然我们传统的德感主义有它相当的道理，但无法与现代的“力的世界”“力的文明”抗衡争强。所以，“战国策派”大声疾呼：“我们必须把力字从那乌烟瘴气的腐儒意识形态中拯救出来，恢复它在初民时代固有的净光，用它以代表宇宙间万物所‘皆有而必有’的那个本质——就是力量。”[⑤]面对当前的“战国时代”，我们必须把日本的“侵略”这件事当作一客观科学的事实来看，而不当作一道德事件来看，然后我们才比较善于应付侵略的无情事实。[⑥] 尽管这一侵略是

① 林同济：《论文人(上)》，《大公报·战国》，1942年6月3日，第27期。
② 林同济：《柯伯尼宇宙观——欧洲人的精神》，《大公报·战国》，1942年1月14日，第7期。
③ 同①。
④ 同②。
⑤ 同②。
⑥ 星客：《鬼谷纵横谈(三)》，《战国策》，1940年8月15日，第10期。

非正义的战争，而我们的抗战是正义的，但我们必须先从客观的事实来认识这场侵略，而不要仅从道德的立场来审验。

实际上，以德为中心的世界是一个礼的世界，它与中国历史上的天下观是一致的。只要这个天下不亡，那么这个世界就依然以华夏的礼为核心，按照普遍的、同一的德性原则来安排宇宙、社会和人心的秩序。① 但是，当"天下"被西方的坚船利炮冲击倒塌时，以华夏为中心的礼的世界也随之崩溃。传统的宇宙观自然也随之颠覆，人们逐渐认识到，宇宙已然将"力"作为自身的发展动力，与宇宙秩序相通的社会秩序和人心秩序，也必然如此。于是，"力"压"德感主义"，掀起了近现代史的尚力思潮。

既然当前已是力的世界，那么我们需要的就不是这种传统的"德感主义的宇宙观"，也不是"应当"即"必定"的德感主义的伦理思维。"战国策派"认为："中国目前所急急需要的，是由'自觉'阶段再进到所谓'他觉'阶段，撇开内在的'我(自)的价值'，而力求体验外在的'物(他)的真相'。"②这就要求抛开传统德感主义宇宙观，而建立起力的宇宙观，以力来重建刚道人格与充满战争意识的人生观。即是说，我们所急需的是适应"战国时代"要求的"力的宇宙观"，是"力的世界""力的文明"中尚力主义的现代伦理思维。

二、推崇尚力主义：力的宇宙观

尚力主义的现代伦理思维，要求用"力"去重估一切价值。"拿起任何东西或事实，第一步必要先从我们这里所谓的力之立场去观察，去估量——这就是柯伯尼系统的作风！自然界、人事界，一切的一切都是力的表现、力的关系。""所以，抓住了力字，便抓住了柯伯尼的核心"③，其实质就是一个"力的宇宙观"，即林同济所谓的"柯伯尼宇宙观"。

在中国的思想传统中，吾心即宇宙。宇宙的秩序与人心的秩序具有同一性，有什么样的宇宙观，就有什么样的人生观。"战国策派"为了塑造"战国时代"新人格的需要，就必须解决宇宙观的问题。林同济在《力》一文中明确指出："力者非他，乃一切生命的表征、一切生物的本体。力即是生，生即是力，天地间没有

① 许纪霖：《林同济的三种境界》，《历史研究》，2003年第4期。

② 林同济：《力》，《战国策》，1940年5月1日，第3期。

③ 林同济：《柯伯尼宇宙观——欧洲人的精神》，《大公报·战国》，1942年1月14日，第7期。

'无力'之生,无力便是死。"[①]在他看来,这个宇宙的本质就是力。"无穷的空间,充满了无数的力的单位,在力的相对关系下,不断地动,不断地变。"[②]它不仅代表了欧洲人的精神,而且是近代欧洲文化精神的象征,是欧洲人的人生观。这都是我们需要学习的,特别是在世界文化演到空前的"大战国时代"。这个"力的宇宙观"还可以给我们一些启示:第一,"我即是力"!以此批评那些总不敢看自己为力量的"谦让君子",进而鼓舞国民"有一分力,做一分事","有一分热,发一分光。哪怕你不过一萤火"[③]!第二,必须警醒,必须拼命,必须唤出全副的精神。第三,要以无穷的努力,换取无穷的可能。因为可能的实现,全靠自家的努"力"!最后,就是"大战国时代"必须以国为力的单位,将国家看作时代的界限和大前提。个人的力的发展必须以增强国力为目标,不能背离国力而发展。用"力"来重估一切价值,就会觉悟到"祖传德感主义的思维习惯"是多么的不合时宜,公理是不能脱自力而存在的。这就是所谓的"有理不必有力,有力才配说理"。"现在世界弱小民族,口口声声呼喊正义人道,终究不能挽救他们灭亡的命运!"[④]因此,我们应趁这个苦战求生的机会,认清力的真正意义,建立一个力的宇宙观、自力的人生观。

"战国策派"虽然将中国文化轻力、反力原因归咎于儒家,但也承认中国的先人是尚力的。我们从先秦法家与墨家的一些观念与主张中即可看到此点。韩非子通过对时代的体认发现:"上古竞于道德,中世逐于智谋,当今争于气力。"[⑤]人与人之间就是一种竞争和战争关系,只有尚力进取才能获得生存。墨子虽然主张"非攻",但也强调"赖其力者生,不赖其力者不生"的"尚力"思想。[⑥] 法家与墨家在近代的复兴从一个侧面也反映了伦理转型的新趋向,即由唯德向尚力的转向。这种满含尚力伦理精神的探索在近代中国掀起了长达半个世纪的尚力思潮。这一思潮发轫于严复,而为"战国策派"所终结。它与近代中国民族主义思潮具有一致的理论根据,即以"物竞天择,适者生存"为法则的社会达尔文主义。这种思维模式崇尚的是"适者生存"的"生存价值",即把"'存在'当作'价值'的标

---

① 林同济:《力》,《战国策》,1940年5月1日,第3期。
② 林同济:《柯伯尼宇宙观——欧洲人的精神》,《大公报·战国》,1942年1月14日,第7期。
③ 同上。
④ 陈铨:《狂飙时代的德国文学》,《战国策》,1940年10月1日,第13期。
⑤ 《韩非子·五蠹》
⑥ 《墨子·非乐》

准”，而不再是德感主义的把“应当”当作“必定”的主观价值。事实上，近代尚力主义的兴起正是中国民族危机日益加深的表征。甲午战争的失败，使中国人的民族危机意识达到总爆发点。在这种历史情境下，有“近代中国西学第一人”之称的严复，率先引进社会达尔文主义。他强调人类社会的“物竞天择，适者生存”，“物竞者，物争自存也；天择者，存其宜种也。意谓民物于世，樊然并生，同食天地自然之利矣。然与接为构，民民物物，各争有以自存。其始也，种与种争，群与群争，弱者常为强肉，愚者常为智役。及其有以自存而遗种也，则必强忍魁桀，趫捷巧慧，而与其一时之天时地利人事最其相宜者也。”①物竞天择是永恒的铁律，从生物界到人类社会莫不如此。“天行人治，同归天演。”②无论是动物中同种的个体之间、不同种的群体之间，还是人类社会的人与人之间、民族与民族之间，皆遵循“天演”之道，“进者存而传焉，不进者病而亡焉”③。他将自然界的“物竞”“天择”观念引申到人类社会，以适应中国社会的实际需要。显而易见，其目的是向国人展示自然界及世界文化演化过程中弱肉强食的无情竞争局面，以期警醒国人的民族危机意识和激发国人的民族竞争意识。如《天演论》译者自序中所言，“于自强保种之事，反复三致意焉”。这使“自强保种”“爱国保种”“救亡图存”的主题成为中国近代民族主义思潮的理论基础。换句话说，“‘物竞天择’学说与民族危机意识的结合，促使以崇尚强力、倾向实用、反省传统为特征的民族主义意识应运而生”④。

如果说严复为表达自己的观点，而在翻译《天演论》过程中增加大量“按语”以弱化赫胥黎的生物学原理。那么“战国策派”则又强调了严复当初所弱化的“适者生存”的生物学原理。其用意是在警醒国人在当前激烈的国际竞争中，只有适应国际环境的国家才能生存。“如果要保持自己的存在，而求不被毁灭，势必决定一个及时自动的‘适应’。”⑤并将之作为一种实用原则，认为凡适应“战国时代”形势需要的就保存、发挥或者引进，反之就抛弃、否定。于是，“适”就成了“战国策派”“尚力主义”伦理思维下衡量“优劣”“善恶”的价值标准，决定“胜败”的事实根据。在自然界的生存竞争中，只有“胜败”的事实，没有“优劣”的人为价

① 严复：《原强修订稿》，载王栻主编《严复集(第一册)》，北京：中华书局，1986，第16页。
② 吴汝纶：《天演论·吴序》，载王栻主编《严复集(第五册)》，北京：中华书局，1986，第1317页。
③ 严复：《天演论·最旨》，载王栻主编《严复集(第五册)》，北京：中华书局，1986，第1351页。
④ 江沛：《战国策派思潮研究》，天津：天津人民出版社，2001，第45页。
⑤ 林同济：《卷头语》，载雷海宗、林同济《文化形态史观》，上海：大东书局，第2页。

值观念。“天演者,是一种‘无心’‘无私’的程序,并不含有‘人的立场’或‘人的价值’。”“天演上‘适’于环境的,在人的价值论上,正不必其为‘优’。”[①]普遍流行的“优胜劣败”,在“适者生存”的原则下往往适得其反,而是“优败劣胜”。就如在很多方面,人不如猛虎长蛇、蚊蝇不如恐龙,但繁殖滋长的却是人类、蚊蝇。不论是在自然界,还是人事界,“适者”不一定就是“优者”,正所谓“适者胜,优者不必胜”。所谓的“善恶”同“优劣”一样,充满了人的立场与价值。胜便是优!“物竞天择,所存者善。”[②]能胜、能存在的便是优、善。反之就是劣、恶。因此,尚力主义所肯定的价值是生存价值。“能存在,便有价值;多存在,便多价值。”[③]那么,站在当前的列强角逐的“战国时代”,谋求胜利、民族生存就成了我们当前的大目标。正如林同济说的,“一切是手段,民族生存才是目标。在民族生存的大前提下,一切都可谈,都可做”[④]。这也表达了“战国策派”所倡之尚力主义是一种集体主义的价值取向。

“战国策派”之所以主张革新德感主义的传统伦理思维,而代之以尚力主义的现代伦理思维,是因为前者已无法再适应于重演的“战国时代”这一新局面。他们指出:“中国的旧文化,不能应付这一个新的局面,已经是有识者所承认的了。”[⑤]因此,我们必须要重新创造一个能够使人类幸福生活的新文化,重新估量一切的价值,抛开中国本位或全盘西化的极端态度,“不问中西,只问如何能把这个蹒跚大一统末程的文化,尽可能地酿化为活泼健全的‘列国型’”[⑥]!这一“列国型”文化的典型代表,莫过于以“柯伯尼宇宙观”为精神象征的西方“力”的文化。在这个力的宇宙观中,一切都是力的表现,一切都是力的关系。所以有一个存在便有他的力,无力便无存在。有力才能存在,无力必归消灭。这实是“物竞天择,适者生存”的达尔文主义的另类表白。只不过达尔文指出了如何存在的方法,那就是“适”。可见,“适者生存”被进一步提升为“战国时代”改造旧文化、创造新文化的原则。同时也成了“战国策派”革新传统伦理思维习惯的主要依据。“战国策派”推崇尚力主义为的是“建立起一副铜筋铁质的头脑”,“锻炼出一种顶

① 望沧:《演化与进化》,《大公报·战国》,1942年4月29日,第22期。
② 严复:《译〈群学肄言〉自序》,载王栻主编《严复集(第一册)》,北京:中华书局,1986,第124页。
③ 同①。
④ 林同济:《廿年来中国思想的转变》,《战国策》,1941年7月20日,第17期。
⑤ 在创丛书编辑委员会:《在创丛书缘起》,载陈铨《从叔本华到尼采》,上海:大东书局,1946。
⑥ 林同济:《卷头语》,载雷海宗、林同济《文化形态史观》,上海:大东书局,第4页。

天立地之人”，从而“熔化一个满意的宇宙观”[①]，即柯伯尼的宇宙观，也就是力的宇宙观。

无论他们如何批判传统，传统也不会一下子从他们身上消失，现代也不会立刻出现。相反，正是由于对传统伦理主体、传统伦理制度以及传统伦理思维和宇宙观的熟悉，才使得他们对传统的批判更加强劲有力。总之，用“力”的立场去观察、估量一切，是尚力主义现代伦理思维的总体要求。“战国策派”据此找到的具体方法就是“适”，并以此构建战时特有的伦理观与现代国家应有的伦理观，即“大政治时代的伦理”。

① 林同济：《学生运动的末路》，《战国策》，1940年5月15日，第4期。

第四章 “战国策派”对“大政治时代的伦理”的构建

对传统伦理的检讨只是构建现代伦理的奠基。“战国策派”在对传统伦理的检讨基础上,又进一步为构建现代伦理绘制了蓝图。他们已然明了五四时期对传统伦理破坏有余而对现代伦理建设不足的时代局限,因为“一个时代有一个时代的道德,一个民族有一个民族的道德。天下古今没有‘放诸四海而皆准,俟诸百世而不惑’的道德标准”①。传统德感主义的传统文化面对尚力主义的西方现代性的无力,使得以西方文化阐释中国问题成为主导潮流。“战国策派”也无法偏离主潮的方向,他们对德国哲学、文学、史学等文化情有独钟,并以其为构建现代伦理的西方文化渊源。同时,他们也不忘发掘现代伦理的中国古典文化渊源,从中找到适合现代伦理的古典伦理驱动力。中西并用,新旧互补,从而构建起以尚力崇义为精神内核,以忠是公德、孝是私德为时代道德观念,以民族主义为底色的现代伦理。

第一节 尚力崇义的伦理精神内核

中国传统文化所孕育的是一种尚柔崇德的传统伦理,已然不能应付新战国时代的局面。故而在“战国策派”看来,必须构建能够适应或应付新战国时代的现代伦理,方能在激烈的民族竞争中得以幸存。这一适应新战国时代的现代伦理精神内核就是尚力、崇义,这两个精神内核又是相互交织的。

一、力之为德:民族国家的伦理价值指向

在“战国策派”的伦理思想体系中,他们是崇战尚力的。尽管“战国策派”将

① 陈铨:《指环与正义》,《大公报·战国》,1941年12月17日,第3期。

力提升到了本体论的地位，但事实上，在“战国策派”的伦理构建或文化设想中，民族国家是高置于力之上的伦理价值目标。民族至上、国家至上是他们的一贯立场。在“战国策派”那里，力不仅具有本体性的价值，更为重要的还是一种工具性价值。即是说，力本身不是德，而力之为德，在于力是“战国策派”实现其伦理目标——救亡图存、建立民族国家——的手段和方法。从而力便具有一种深层的伦理意义，并成为一种德。在此意义上，尚力就成了伦理变革与救国强民的手段与方法。因此，本书将“尚力”作为“战国策派”伦理思想的精神内核之一。

目的是有层次的，价值是有序列的。力也同样具有层次和序列。何永佶就曾明确指出：在国与国的竞争中，“‘力’为最主要的政治条件，最急于提倡急于培植的法宝”，而国力竞争的激烈，使得“人们遂没有工夫再如从前那样的视‘力’为手段(mean)，而今仍视之为目的(end)”。[①] 力在我们近代落后贫弱的中国之所以被视为目的，是因为我们遭到了列强的侵略和凌辱，力就是强大的象征。正如何永佶所说，力“被视为纯粹一种目的，自属理之固然，犹如久经贫贱的人，视‘钱财’为目的，而不看为获得幸福的手段一样”[②]。但从长远来看，力也不过是个人、国家强盛的手段和工具，其最终伦理价值指向是民族国家。通过对“力”的崇尚、把握、运用和拥有，而实现挽救民族危亡与建立民族国家的伦理价值目标。

崇尚刚与力、勇与强的阳刚和倡导智与德、柔与弱的柔弱气质，是中国古典文化基本精神所蕴含的两种特质。“先秦的中国文化意识中，兴起于春秋、极盛于战国的尚武崇力的精神高扬，‘风萧萧兮易水寒，壮士一去兮不复返’的阳刚之气，直到汉初仍有流风余韵。秦汉之后，儒、道、释互补的主流文化高度发达，天下既服，守成意识日浓，尚文轻武、崇智反力被视为文化精神的最高境界，这种追求一直沿袭至晚清时代”[③]。中国在长达两千多年的柔弱文化的熏陶下，人们已经失去了征服与冒险的智力和体力，并且在体格上也失去了活力。这就表明，民力、国力的衰微意味着在面对崇尚力量进而把尚力精神发挥到极致的西洋时而居于弱者地位。

特别是近代以来，中国在西方列强的欺凌下，渐渐把古典文化的柔弱特质视

---

① 何永佶：《论国力政治》，《战国策》，1940 年 10 月 1 日，第 13 期。

② 同上。

③ 江沛：《战国策派思潮研究》，天津：天津人民出版社，2001，第 42-43 页。

为近代中国落后的重要原因之一。进而认识到,中国存亡的关键在于民族精神的强盛。这就导致知识分子对古典文化精神的质疑与诟病,也刺激了近代士林对尚力文化精神的重新认识。于是,近代一些先进知识分子发起了一场持续半个世纪之久的"尚力思潮"[1]。"战国策派"显然继承了这一"尚力思潮"的话语体系,他们以"力"改造民族精神,并将"力"推进到文化哲学领域,建立起"力"本体论,企图在文化哲学的层面进行立论定性,并在历史、政治、伦理、文学等领域进行革命性的变动。

需要指出的是,"战国策派"的尚力并不是对前人的简单重复,而是对前人思想加以深化、提升,并将之作为该派伦理思想的精神内核。"力,不仅是宇宙的本原,也是战国时代的社会准则、人的本质规定和人生的奋斗意义所在。"[2]他们强调尚力对改造国民性、民族精神以及应付现实危机的重要性。林同济说:"中国人的思想,也包括儒家思想,其终极的、最重要的一个关注点是人格。"[3]也就是说,"战国策派"所真正关注的只是人,特别是关于国民性和国民人格的再造问题。这就意味着,力的宇宙观最后就要落实到人格的改造,这是第一位的。力是中国文化面临大战国时代所应倡导的基本伦理与精神。所以,尚力是"战国策派"伦理思想的最大特色。

"战国策派"断定当前正是"战国时代的重演",战国时代各个国家间的关系是力与力的关系,每个国家都是力的单位,国与国的竞争就是力与力的竞争。西方文化是力的文化,现时代是一个力的时代。欧洲文化精神的底蕴就是柯伯尼宇宙观,它恰恰是一个"力的宇宙观",力构成了宇宙的本质。所以,"战国策派"认为,纵观我们的历史,两千年来中国传统文化并非"尚力"型的文化,而是充满了柔弱特质的无力的德感文化。这种判断虽然有些武断,甚至绝对,但不可否认,他们找到了中国文化的一种深层特质,这与西方"尚力"的文化是截然不同的。

在这种柔弱文化的长期熏陶下,人们对"力"也丧失了客观的认识,"力"被传统伦理文化中的德感主义所遮蔽。如林同济所说:"我们这个古老古怪民族已是

---

① 郭国灿:《中国人文精神的重建:约戊戌—五四》,长沙:湖南教育出版社,1992,第181-186页。

② 许纪霖:《林同济的三种境界》(代序),载林同济《天地之间——林同济文集》,上海:复旦大学出版社,2004,(代序)第10页。

③ 林同济:《中国思想的精髓》,载《天地之间——林同济文集》,上海:复旦大学出版社,2004,第200页。

人类历史上对‘力’的一个字最缺乏理解，也最不愿理解的民族了。这朵充满了希腊美之火花，在我们一般人的心目中，竟已成为一个残暴贪婪的总称。‘力’字与‘暴’字，无端地打成一片。于是有力必暴，凡暴皆力。”①这样的认识以及长久以来“力”的缺场，无疑会将处于激烈竞争中的民族国家置于亡国灭种的危险之地。所以，他进而指出：“一个民族不了解，甚至于曲解误解‘力’字的意义，终必要走入堕萎自戕的路程；一个文化把‘力’字顽固地看作仇物，看作罪恶，必定要凌迟丧亡！”②因为“力者非他，乃一切生命的表征、一切生物的本体。力即是生，生即是力。天地间没有‘无力’之生：无力便是死”③。力是一切生物之征，无力便是死亡。力是一切行动之原，无力便无创造。传统德感主义文化对“力”的遮蔽以及现代欧洲文化对“力”的崇尚表明，“力”在当前的“大战国时代”是极具合理性、正当性和必要性的。

考察“力”字意义演变的踪迹，我们发现，最初“力”只是“人筋”之意，是一个纯生理的名词，不含任何道德观念、人为价值。渐渐地“力”的意义开始抽象化，由筋之“体”而作筋之“用”。即便是“凡精神所及皆曰力”的意义上的力，也不过是宇宙间的客观现象，并不含有任何主观的伦理价值。力同生命一般，无所谓善，也无所谓恶，只是一种存在。“力的本身，原无善恶，它是超道德、非道德的现象。力而有善恶，乃全由其所应用的对象而分别。”④从“功”“胜(勝)”“勇”“男”等都从“力”的字可以看出当时“力”的价值以及先民对“力”的崇尚。尽管这种崇尚只是对作为一种感性的生命力量的力的崇尚，然而，“当进入文明社会以后，在西周思想和先秦儒家思想中很早地出现了德的概念，德成为从宇宙秩序到社会秩序乃至心灵秩序的核心，世界之所以是有意义的，是因为它是有德的，宇宙的德性与人间的德性相通，构成了以儒家为中心的中国思想的内核”⑤。因此，林同济将对“力”的歧视、轻视乃至仇视的原因归责于儒教。他认为，儒教兴起以后，怪、力、乱、神就成了忌讳，力和怪、乱、神等现象一样荒诞，一样不堪挂齿。儒教对“力”的态度，无意中造成中国民族对力的两种先天的偏见：一是看不起力，

① 林同济：《力》，《战国策》，1940年5月1日，第3期。

② 同上。

③ 同上。

④ 林同济：《廿年来中国思想的转变》，《战国策》，1941年7月20日，第17期。

⑤ 许纪霖：《林同济的三种境界》，载林同济《天地之间——林同济文集》，上海：复旦大学出版社，2004。

说力不如德;二是认为力就是恶,力是不德、反德的。在这种观念下,人们的思维方式与行为习惯就被德感主义所禁锢,还形成了"唯德"的政治观、历史观和宇宙观,从而使我们的民族文化走向了轻力主义、反力主义的路线。"力的精义的汩没,与德感主义的流行,在我们文化史上是恰成正比例的。"[①]此外,儒教还延长了德感主义的寿命,阻碍了尚力文化的发展,最终导致中国民族养成了柔弱型、奴隶型的人格。"到了今天,胆敢提出'力'字者,前后左右,登时就拥出一群大人先生、君子义士,蜂起而哮之。鸦片可抽,'花瓶'可搂,公款可侵,国难财可发,而'力'的一个字,期期不可提!"[②]所以,林同济宣称:"我们必须把力字从那乌烟瘴气的腐儒意识形态中拯救出来,恢复它在初民时代固有的净光,用它以代表宇宙间万有所'皆有而必有'的那个本质——就是力量。"[③]仅将轻力、反力的伦理传统归责于儒家是不全面的,虽然儒家的中庸态度对其有很大的影响,但道家的"柔弱胜刚强""弱者道之用"以及佛教的慈悲等伦理观念,同样有弱化甚至消解刚强有力、昂扬进取的尚力伦理精神的作用。但"战国策派"对尚力伦理精神的提倡,则抓住了时代伦理的重心。所以,他们主张把力作为救国之危、拯民之弱的良方妙法,将尚力作为民族当前的文化选择和伦理变革的努力方向。

改造传统文化下柔弱型、奴隶型的国民性,构建"大战国时代的伦理",重建中国民族文化,尚力精神理应是出发点。"力"不仅是"战国时代重演论"的逻辑结果,更是战国型人格"力人"的内在支柱。[④] 有学者评论说:"'战国策派'的'力'乃是从本体论到人生观的文化论。他们首先把近代欧洲机械论宇宙观与叔本华、尼采的唯意志论结合起来,强化了梁启超以来的'力本论',以'力'为价值之源,破除加诸其上的一切政治导向与道德规范。……然后据此以'力'来概括个人的感性生命和意志力量,以此为新人生观的要素。"[⑤]即是说,"力"是构成林同济所期待的"刚道的人格型"和"战士式人生观"、陶云逵大力提倡的"力人"以及陈铨所崇拜的"英雄"的内在伦理精神的核心要素。

正是出于对"力"的渴求与希冀,"战国策派"学人不仅援引权力意志、超人(英雄)崇拜、悲剧意识、文化形态史观等代表西方的强力思想文化,而且还试图

① 林同济:《力》,《战国策》,1940年5月1日,第3期。
② 同上。
③ 同上。
④ 郑大华、邹小站:《中国近代史上的民族主义》,北京:社会科学文献出版社,2007,第242页。
⑤ 单世联:《中国现代性与德意志文化》,上海:上海人民出版社,2011,第225页。

从中国古典文化中挖掘有“力”的“列国酵素”，从而以中西融合的方式来改造国民性、增强国力，重建民族文化。“战国策派”强调指出：“现在世界文化已经演到空前的大战国时代。本来国与国间的形势，其性质不折不扣恰恰‘柯伯尼’，就是说力的单位与力的单位，在力的相对关系下，不断地动，不断地变。大战国时代的特征乃在这种力的较量。比任何时代都要绝对地以‘国’为单位，不容局限于个人与阶级，而也不容轻易扩大而多言天下一体。国家是‘时代的界线’！是‘时代的大前提’。所以，你我的力不容任意横行，而必须在这个‘时代的大前提’下取得规范。换句话说，你我的力必须以‘国力’的增长为它的活动的最后目标。你我的力不可背国力而发展。因为在这时代你我的力乃绝对离不开国力而存在！”①即是说，他们强调“尚力”不是以个体主义而是以“集体生命”为基础的。“战国策派”体认到民族国家“无力”的时代危机，因而主张将力、国民精神、民族精神以及民族国家的命运熔铸一体，将个体与民族存亡紧密联系起来。故而说：“如何趁这个苦战求生的时刻，把力的真正意义认清，建立一个‘力’的宇宙观、‘自力’的人生观。这恐怕是民族复兴中一桩必需的工作。”②所以，必须唤醒国人被文德和奴性长期浸淫的“力”的意识和精神，恢复文武兼备的光明人格，树立刚强有力的战士式的人生观。

然而，“战国策派”的尚力主张存在一种矛盾性：一方面它承继了五四启蒙时期对传统柔性文化的批判，并高扬文艺复兴以来的个性潮流；另一方面它又把尚力思想转化为一种民族至上、国家至上的权威主义，即所谓的国命潮流。前者在一定程度上深化了尚力思潮的感性启蒙，并达到了力本体的哲学阶段；后者则恰恰又走到了五四感性启蒙的反面，把尚力思潮转化为一种政治的权利意识，最终完结了中国近代长达半个世纪之久的尚力思潮，从而也导致了近代感性启蒙的悲剧性结局。③ 尽管如此，“尚力”思潮依旧有其文化史和思想史的意义，更有深刻的伦理意义。通过对“力”的提倡与崇尚，使国民以“力”为荣，以“力”为强，进而消解中国文化中的文德之气与文弱习性，恢复阳刚文化与刚道人格。“尚力”伦理精神的提倡与践行，是对传统伦理的新发展，也是对传统思想的一种深刻挖掘。“战国策派学人‘力本体’哲学的提出，从根本意义上突出了生命

---

① 林同济：《柯伯尼宇宙观——欧洲人的精神》，《大公报·战国》，1942年1月14日，第7期。

② 林同济：《廿年来中国思想的转变》，《战国策》，1941年7月20日，第17期。

③ 郭国灿：《近代尚力思潮的演变及其文化意义》，《学习与探索》，1990年第2期。

与道德的悖论性冲突，希望人们从形成于中世纪的伦理化观念中走出来，重新确认生命的意义与价值，使生命从道德束缚中解放出来，这一呼声显然是近代以来'尚力'思潮的延续。"①作为"战国策派"伦理思想的精神内核，除"尚力"之外，还有崇义。

二、义之为人格："大夫士人格"的重塑

刚强有力是"战国策派"所设想的伦理精神内涵，而崇义即塑造刚强有力的大夫士人格，也可以看作是"战国策派"对"大政治时代的伦理"所塑造的另一精神内核。此处所言之"义"并非大一统皇权之下的士大夫所谓的"义"，而是战国以前大夫士所谓的"义"。"义"是指荣誉意识，也是大夫士人格的灵魂。换句话说，"义"是指一种刚道的人格，即大夫士人格。它是"战国策派"所渴望并力图恢复的理想人格，是"战国策派"伦理思想的重要组成部分。

何谓大夫士？林同济认为用英文表达最为明显，即 Noble-Knight，就是贵族武士之意，它是封建的层级结构的产物。在中国封建时代的层级结构中，大夫士具有枢纽作用，是最活跃的。南面御临的天子诸侯充当统治的象征，庶民奴隶是进行劳力生产，而大夫士才是真正的支配者和创造的动力。大夫士是封建时代层级结构中的执政和行政社层，所以说，"封建社会实是大夫士中心的社会"②。那么，大夫士社会有何特征呢？林同济认为，从纵的方面说就是"世承"，横的方面就是"有别"。尽管世承有别的制度流弊甚多，但在民族文化发展的路程中，却产生了一种基于世承有别之事实的统治者的人生观或道德感，即"贵士传统"或"贵士风尚"。

贵士传统不是贵族制度，而是指一种自成一套的君子行规、道德感、人生观等。因为是世承，所以会养成世业的抱负；因为是有别，所以会培出守职的恒心。前者是积极的感觉，因为其所承受的事业要"上不辱于先人，下有启于子孙"。后者是消极的自克，因为只求在本分内尽其所能，不求向上面等级的跃进僭人。世业与守职的观念，虽然后代的士大夫也有能够亲身践行的，但大夫士的世业与守职则是直接地根据于荣誉。

---

① 江沛：《战国策派思潮研究》，天津：天津人民出版社，2001，第 151 页。

② 林同济：《大夫士与士大夫——国史上的两种人格型》，《大公报·战国》，1942 年 3 月 25 日，第 17 期。

“荣誉”是大夫士的灵魂的核心，它是标准的贵士情绪，也就是骑士所谓的“Honor”，中国古代所谓的“义”。义即荣誉意识，它是一种极端敏锐、极端强烈的自我尊敬心，把自我看作一个光荣圣洁之体，容不得一点污垢侵染。对外来的污垢要以决斗来自卫，对自作的污垢要以自杀来自明。这种荣誉意识实际上是有一个“死的决心”作支撑的(佩剑为证)。荣誉意识的自然表示、自尊心的流露，就是所谓的“礼”。它是“荣誉之规(Code of Honor)”，即“义之规”。与后世的送往迎来、洒扫揖让的仪节之“礼”有本质不同。有人说“战国策派”伦理思想是反道德的，这同尼采是一样的道理。“战国策派”所反对的道德乃是传统柔道型、无力的道德，对于主人型、有力的道德他们则是热烈欢迎，并大力提倡的。这种主人型、有力的道德就是指“义”。在林同济看来，“义”有四大原则，即忠、敬、勇、死，这也是贯彻履行荣誉意识的立身行事的标准。

所谓忠者，乃是一种对上之诚。而对上的关系是大夫士所以立身的最基本关系。大夫士的荣誉意识也最主要地表现在“忠”字上。然而在现代民族国家林立的世界上，忠不是古代忠于君或忠于朋友的忠。“大政治时代”的忠，绝对忠于国。关于此点，笔者将在后文加以详论，此处不再赘述。敬是一种持诚之道。敬的态度是一个极美的态度，它是自己脚跟站着后再来承认对方的价值，它是寻着自己人格的位置后而公允地接受他人的人格的威严。与己欲立而立人似有相通之处，敬的意义是自敬而敬人。这也正是黑格尔所谓的“法的命令”：成为一个人，并尊敬他人为人。然而，现在我们社会上一般人已经不知道敬是什么东西了，我们对事对人，都习惯了排斥笑傲。这是需要加以改善的。勇是一种致诚之力，是一种实现之力，“有勇则一切可真实，无勇则一切尽空谈”。甚至说，“万恶怯为首”，“毫无疑义地判断：勇实是他们(古代大夫士)的一个‘中心之德’。因为他们认得清勇乃贯彻一切美德的‘必需之力’！”①不过，我们中国受了传统腐儒的意识形态的蛊惑，把勇认作次等之德，这实在是“民族大憾事”。那么勇来自何处呢？在林同济看来，勇来自死的决心，所以能死便能勇。死是生力之志，是一切的试金石：“整个的大夫士的人格型，最后最关键的因素还在‘死’的一个字。……整套的大夫士人格训练都是建设在死的决心上：何时死？何地

① 林同济：《大夫士与士大夫——国史上的两种人格型》，《大公报·战国》，1942年3月25日，第17期。

死？为何死？如何死？"[1]"死"在"战国策派"的伦理思想体系中是一种道德精神。

由此，林同济总结说，大夫士的人格型是以义为基本感觉而发挥为忠、敬、勇、死的四位一体的中心人生观，来贯彻他们世业的抱负、守职的恒心，是一种"武"的气概，是一副"刚道的人格型"。所以，"崇义"即是崇尚这幅"刚道的人格型"。这就是"战国策派"主张重塑国民人格的理想模型。

有学者针对"战国策派"的尚力思想做了警示性的分析："就重建文化精神而言，崇'战'尚'力'作为对两千年萎靡衰颓的矫正，在应对现实危机方面确有功效，但以此为核心来重建文化则会导致对人类社会生活的其他方面的忽略甚至伤害。第一，战士的精神并不是普遍的精神，每一文化的周期内都不只有一个战国时代，春秋时代、大一统时代都不以'战'和'力'为最高价值；第二，'战''力'不只是一种精神意志，还需要合理的制度安排、良好的经济状况、丰富的文化生活来支撑，所以救亡策略与文化理想必须有所区分。现代中国的深刻教训之一，就是把困难时节的'变计'视为建国以来的'常计'，迷信实力政治和强权政策，崇尚枪杆子出政权，严重妨碍了中国社会的现代转型和文化重建。尽管不能要求'战国策派'的书生教授为此负责，但其对'战''力'的热情刻画和认真渲染，确实反映了苦难现实对良好意愿的扭曲，部分地参与了病态政治文化的塑造。"[2]这种分析与判断是合理而公正的。

第二节　国家至上的时代道德观念

"战国策派"构建的现代伦理所需要的道德观念是以适应战国时代为前提的，即"在战的现实、战的必需与追求下，企图一个自动的变更、健全的适应"。这种企图不当只以应付一时战局为目的，而应当追求一个普遍的、根本的问题，即如何使中国配做现代世界上的国家。现代世界上的国家特别是世界强国，大多属于民族国家，它们所持的时代道德观念是与民族国家紧密联系的，即忠于民族

---

① 林同济：《大夫士与士大夫——国史上的两种人格型》，《大公报·战国》，1942年3月25日，第17期。

② 单世联：《中国现代性与德意志文化》，上海：上海人民出版社，2011，第231页。

国家的公德，这是最重要的一种政治德行。谈到忠，就不能不涉及孝。因为忠与孝关系到"中国文化的核心，牵连到中国文化的命运"[①]。所以，应以忠孝为起点，奋力把中国整个的文化，做一次彻底的、忠实的再一次的反省，进而甄别出在"战国时代"我们所该具有的时代道德观念，即树立忠于民族国家的公德以及孝于父母的私德的道德观念，并且强调忠为百行先。

一、"忠"的公德观念：忠于国家

事实上，"战国策派"提倡"忠"的公德观念沿袭了近代自梁启超以来用公德新民的思想传统。只不过在梁启超那里，忠的公德观念被置换为爱国的公德观念。"战国策派"所提倡的忠，是忠于民族国家；梁启超所谓的爱国，爱的是大民族主义的国家，与传统的封建专制国家相区别。所以说，两者具有内在的关联性和一致性。

梁启超认为近现代国家必须有公共道德、爱国观念，故将公德观念上升为最高伦理原则："是故公德者，诸国之源也，有益于群者为善，无益于群者为恶。此理放诸四海而准，俟诸百世而不惑者也。"[②]梁启超在《新民说・论公德》中指出："我国民所最缺者，公德其一端也。公德者何？人群之所以为群，国家之所以为国，赖此德焉以成立者也。""道德之本体一而已，但其发表于外，则公私之名立焉。人人独善其身者谓之私德，人人相善其群者谓之公德，二者皆人生所不可缺之具也。无私德则不能立，合无量数卑污虚伪残忍愚懦之人，无以为国也；无公德则不能团，虽有无量数束身自好、廉谨良愿之人，仍无以为国也。"[③]可见，不论是私德，还是公德，对于一个近代国家的存在极具重要性，特别是公德。

强调公德是近现代伦理启蒙的重要内容，也是一种时代精神。梁启超通过比较中国旧伦理与西方诸国新伦理，发现我们传统的伦理道德是多么地"偏于私德，而公德殆阙如"。他将中西新旧伦理归结为："旧伦理之分类，曰君臣，曰父子，曰兄弟，曰夫妇，曰朋友；新伦理之分类，曰家族伦理，曰社会（即人群）伦理，曰国家伦理。旧伦理所重者，则一私人对于一私人之事也……新伦理所重者，则

---

① 林同济：《大政治时代的伦理——一个关于忠孝问题的讨论》，《今论衡》，1938 年 6 月 15 日，第 1 卷第 5 期。

② 梁启超：《新民说・论公德》，载《饮冰室合集・专集之四》，北京：中华书局，1989，第 15 页。

③ 同②，第 12 页。

一私人对于一团体之事也……夫一私人之所以自处，与一私人之对于他私人，其间必贵有道德者存，此奚待言！虽然，此道德之一部分，而非其全体也。全体者，合公私而兼善之者也。"[①]以西观中或以新察旧，我们就会发现，父子关系、兄弟关系、夫妇关系均属于家族伦理，朋友关系属于社会伦理，君臣关系属于国家伦理或政治伦理。但朋友一伦，不足以囊括社会伦理关系；君臣一伦，更不等同于国家伦理或政治伦理，特别是在"大政治时代"的民族国家之中。总之，"中国之五伦，则唯于家族伦理稍为完整，至社会国家伦理不备滋多。此缺憾之必当补者也，皆由重私德、轻公德所生之结果也。""吾中国数千年来，束身寡过主义，实为德育之中心点。"梁氏将传统伦理之不完整归咎于对公德提倡不力：孔子无过，而后世曲士贱儒因不解儒家真义而有所偏，乃至"谬种流传，习非胜是，而国民益不复知公德为何物"[②]。这与林同济所言"私德为先，公德为后，私德为主，公德为副。这是二千年来，我们宗法制度下的伦理之不可免避的倾向、不可免避的流弊。把私事当作公事，把家事当作国事，公私辨别不清。这已不符合时代要求"[③]可谓异曲同工。

"战国策派"的另一成员何永佶在《提倡第六伦道德》一文中针对传统五伦道德指出："中国之固有道德，一大半是私德，很少是公德。论起私德来，中国人往往比外国人强，而讲起公德来，则瞠乎其后矣。中国之旧道德，可以说完全是亲戚朋友的家属道德，差不多毫无社会共同的道德。"言语中流露出对公德的渴望。他同时还认为，中国内忧外患的病根在于中国没有第六伦，并提出以公平真实的"第六伦道德"为救国的道德基础的主张："中国固有的道德是以家庭为基础的。你看五伦之中，就有三个——父子、兄弟、夫妇——是完全属于家庭的；其余两个——君臣、朋友——是附带属于家庭的，因'君'不过是扩大家庭（就是国）的父，'臣'不过是扩大家庭的子，而朋友亦不过是家庭的朋友。此种'五伦'的道德，有一很可惜的遗漏，就是第六伦，就是'人与人'的伦。"[④]

在梁启超看来，只有"知有公德，而新道德出焉矣，而新民出焉矣"[⑤]。梁氏

---

① 梁启超：《新民说·论公德》，载《饮冰室合集·专集之四》，北京：中华书局，1989，第12-13页。

② 同①，第13页。

③ 林同济：《大政治时代的伦理——一个关于忠孝问题的讨论》，《今论衡》，1938年6月15日，第1卷第5期。

④ 何永佶：《提倡第六伦道德》，《民声周报》，1932年第18期。

⑤ 同①，第15页。

指出，公德之大目的，即在利群。具体而言，首明“国家思想”：“一曰对于一身而知有国家，二曰对于朝廷而知有国家，三曰对于外族而知有国家，四曰对于世界而知有国家。”[①]从鼓吹“合群”，到宣扬民族主义，到爱国所依赖的伦理准则即公德，梁启超的思想脉络一以贯之。孙中山也说过与梁启超类似的话：“个人不可太过自由，国家要得到完全自由。到了国家能够行动自由，中国便是强盛的国家，要这样做法，便要大家牺牲自由。”[②]孙中山还进一步地批判了“忠”君的传统伦理，使忠的意义从忠于君发展为忠于国、忠于民。“我们做一件事，总要始终不渝，做到成功，如果做不成功，就是把性命去牺牲亦所不惜，这便是忠。”“我们在民国之内，照道理上说，还是要尽忠，不忠于君，要忠于国，要忠于民，要为四万万人去效忠，为四万万人效忠，比较为一人效忠，自然是高尚得多。故忠字的好道德还是要保存。”[③]这与“战国策派”对“忠”的看法是一致的。

“战国策派”认为在“大政治时代”公德重于私德，公德“先”于私德。公德、私德两者往往相成、并行不悖，但也有时相冲突，也有相悖的倾向，在此情况下我们“当全公德而灭私德”，“当存公德而舍私德”。在“战国策派”看来，一切公德之中，忠最重要，忠为第一。故而他们主张“忠为百行先”。这与传统伦理中的“孝为百行先”必然相龃龉。那么，他们为何要抛弃两千年传统伦理之“孝为百行先”的道德观念而选择“忠为百行先”的道德观念呢？

林同济认为，在此空前的抗战局面下，我们必须先认清时代和现实，并借此强调其立场。现代世界是一个大政治世界，它不是缓带轻裘、揖让上下的大同世界，而是充满了激烈的竞争。力是最主要的竞争根据，而不是“法”与“德”。竞争力的单位不是个人、家庭、教会或阶级，国家才是最主要、最不可缺、最有效的竞争单位。也就是说，最主要的竞争是国力与国力的竞争。在当前的大政治世界，全体化是国力发展的趋势。在这种情况下，“以全体化国力为竞争单位的世界，最重要的是每个人民都要成为国家的有机体的一分子。个个‘人民’都得练成一个得力的‘公民’。换言之，在大政治世界上公德比私德重要”[④]。也就是说，“大政治时代的伦理”要求公德为先，公德为主。并且公德之中，忠为第一。

① 梁启超：《新民说·论国家思想》，载《饮冰室合集·专集之四》，北京：中华书局，1989，第16页。
② 孙中山：《三民主义·民权主义第二讲》，载《孙中山全集》第9卷，北京：中华书局，2006，第282页。
③ 同②，第244页。
④ 林同济：《大政治时代的伦理——一个关于忠孝问题的讨论》，《今论衡》，1938年6月15日，第1卷第5期。

林同济进一步解释说:“所谓忠者,不是古代忠于君或忠于朋友的忠。忠于君或忠于朋友的忠不免含有五分私德意。大政治时代的忠,绝对忠于国。”①视“忠”为公德,并将其置于首位,否定对君之忠而对国尽忠,这是对中国几千年传统伦理忠君思想的颠覆。毕竟当前已不是君君臣臣的专制社会,而是以民族国家为竞争单位的大政治世界。所以“唯其人人能绝对忠于国,然后可化个个国民之力而成为全体化的国力”②。进而说“忠是国力形成的基础、形成的先决条件”,这或许是“战国策派”唯意志论的延展与体现,用唯意志论来解释此话自然有其合理之处。但就现实而言,未免有些太过夸大“忠”这一道德观念的作用。但林同济强调忠在聚合国民之力与国家实力间的转化作用,以及忠作为一种强烈的爱国主义和爱国情怀,我们不置可否。

林同济认为,忠是一种纯政治的德行,它与伦理原则有时相吻合,而有时又相冲突。他举例说:“本国与他国冲突时,即使在伦理上本国未必是,他国也未必非,我们也履行政治道德的需求,必须为本国作战,与他国拼杀。我们为求对得住国家,有时乃对不住人类。”③事实上,不但政治时常脱离伦理的羁绊,就连伦理本身也大有日趋政治化和国家立场化的倾向。林同济申言,国家的利害是伦理是非的标准,对国家有利的便是好、是,对国家有害的便是恶、非。这在以往的伦理观念来看,是十分不道德,甚至是反道德的。但在“大政治时代”却是十分必要的。“大政治时代”就要有“大政治”的立场,国力竞争的局面需要政治化伦理,而不需要伦理化政治。也就是说,“大政治时代”的伦理含有反伦理的倾向,即反传统伦理的倾向。

“大政治时代”是以全体化的国力来从事国际竞争的时代,因此,“必须树立‘忠为第一’主义,必须以忠为中心以建立我们全民族思想系统,以忠为基础建造我们国家的社会制度”④。换言之,忠不但为百行先,而且不可遏止地成为百行的标准、一切价值的评判者。既然“战国策派”主张“忠为百行先”的公德观念,那么自然会批评传统伦理文化中的“孝为百行先”的公私不分的道德观念。

---

① 林同济:《大政治时代的伦理——一个关于忠孝问题的讨论》,《今论衡》,1938 年 6 月 15 日,第 1 卷第 5 期。

② 同上。

③ 同上。

④ 同上。

二、"孝"的私德观念：孝于父母

林同济认为，在"大政治时代"，我们的主要目标是多多提倡与民族国家紧密相连的"忠"伦理，而不是奢谈传统的"孝"伦理。"我们最好的办法是干干脆脆把孝一套旧理论旧制度轻轻地束之高阁，只留下'敬爱父母'的干净四字作我楷模，好把这民族所有的有限精力直接灌输到'忠'的伟大工夫上！"①所以，他站在"国力组合，与政治集体"的立场表示："反对孝为百行先。"但是如果站在个人、私德的立场，林同济说："我们不反对孝：如果孝只作为'敬爱父母'解，我们不但不反对，并且赞成。"②但毕竟当前是他们所强调的"大政治时代"，其时代道德要求必须是关乎民族国家的集体主义立场。在此意义上，"战国策派"主张"孝"具有"敬爱父母"的本原道德含义，更应当对民族行其大孝。

在林同济看来，中国之孝并不是一种纯净的道德行为，也不是自然人情的流露，更不是简单的哲理概念，而是两千年来特殊阶级为了其特殊渊源与特殊利益，矫揉造作所铸成的一种思想系统与一种庞大复杂的社会制度。③ 何永信也认为："我们的旧道德信条，以'孝'字为出发点，亦以'孝'字为归宿点。孔子讲'孝'，差不多把人群道德信条都包括在内，中国以往之社会，可以说以一'孝'字治天下。所谓'忠'者，亦无非是一放大的'孝'；因中国古来所谓'忠'，不是忠于一抽象国，而是忠于一具体的君。但君是人民的父，故忠于人民的父仍是'孝'。"④林同济强调，本来孝只是个私德，是子女私人对父母所自认为当行的一种精神上或物质上的责任。它本是与外人无关的私事、自尽良心的事，但在上述"思想系统"和"社会制度"的束缚与压制之下，人们总喜欢拿孝的私事当公事，把家事当作国事！公私辨别不清，私德与公德不分，已然违背了时代道德要求，也必然会遭到时代伦理变革的命运。

林同济指出，如果以孝为百行先，就是以孝为国民伦理的基础，并扩大孝的意义，用孝来解释一切人生的价值。自汉以后，"孝为百行先"的观念就牢牢地扎根于人民心中，而忠却始终处在次要的位置，结果就是不孝之罪大于不忠，不孝

---

① 林同济：《大政治时代的伦理——一个关于忠孝问题的讨论》，《今论衡》，1938 年 6 月 15 日，第 1 卷第 5 期。

② 同上。

③ 同上。

④ 何永信：《提倡第六伦道德》，《民声周报》，1932 年第 18 期。

的人为乡党所不齿，卖国者反而可以取得一般亲友的宽容。这实是缘由于“以孝为中心而组成一套思想系统，还凭此思想系统而组成一批‘吃人’的礼法，构成一个庞大的宗法社会，复杂的家庭制度”①。至于那所谓的“父母在不远游”“孝子不登高，不临深”“身体发肤，受之父母，不敢毁伤”的孝的哲学，也不过是与明哲保身相混合而结成的一套“怕死的人生观”。这与“战国策派”所倡导的“大夫士人格型”“战士式的人生观”是格格不入的，必然会遭到他们的强烈反对与激烈批判。但是，对孝伦理的反对与批判，并不意味着对它全部价值的否定。“战国策派”在反对与批判的同时，也看到了“孝”伦理的积极的意义，即对社会秩序的维持。何永佶认为，“这种道德在中国从前的社会亦未尝不可维持社会的治安，因中国从前的社会，是农业的社会，而农业的社会，以父系的家庭为组织的单位，‘孝’于父母便是维持家庭，维持家庭便是维持社会治安”②。

尽管如此，“战国时代”对国民的道德要求，强调的是公德，是政治德行，是忠为第一。而两千多年宗法制度下伦理的流弊所及，却是私德为主，公德为副，私德为先，公德为后。所以，溺于“私德的伦理观”的中华民族便无法了解 20 世纪“战国时代”、纯政治时代的意义，更别提在此空前的民族战争之中，领略崇拜公德的精神，体验政治化伦理的雄心了。然而，却有人仍不理解时代的意义，偏要向那宗法社会的残余堆里抓出那孝的一套，将忠纳之于孝，看忠是否合于孝，决定这个忠究竟是否有当，是否合道德。于是林同济急切地连续追问：“为什么我们必要把忠放在孝的胯子下？为什么我们必要苦向孝之中、孝之下寻出忠来？为什么我们不让堂堂之忠独立于光天化日之下以直接应付此大时代的来临，而偏偏要把这个二十世纪最重要的公德，硬当作儿女私德——孝——的注脚呢？”③可见，“战国策派”想要将“忠”伦理提升，而将“孝”伦理放低。

在“忠为百行先”与“孝为百行先”之中，林同济认为不能不争执的就在“先”这个字。这实际上所强调的是伦理原则的价值序列问题和优先性问题。在大政治临头的时代，用大政治的眼光看，世界各国的发展都是国家力量的发展与集中，而个性解放则是国力发展的基础，也是国力集中的导线。所以时代要求必然是政治德

---

① 林同济：《大政治时代的伦理——一个关于忠孝问题的讨论》，《今论衡》，1938 年 6 月 15 日，第 1 卷第 5 期。

② 何永佶：《提倡第六伦道德》，《民声周报》，1932 年第 18 期。

③ 同①。

行为先，公德为先，最重要最根本的是忠为一切先。至于孝，在林同济看来："孝乃私德，它固有它的地位，但是坐第二把交椅尚嫌不胜任，莫说是要占百行的上风了！"[①]

所以，在私德的意义上，林同济说不反对孝，主张抛弃孝的一套旧理论旧制度，而把孝简单化、平民化、天真化，只留下"敬爱父母"这个四字真言的孝的真义，并且"对过去的'孝为百行先'的家族主义、宗法制度，皆同样地采取对立的态度、革命的精神"[②]。其实，近代启蒙思想家对封建孝道的激烈批判，主要也是针对家族主义与宗法制度而展开的。这实际上是孝伦理在近现代社会变革中的一种伦理转型。

不论是"战国策派"主张"孝"只是敬爱父母的私德，还是提倡"忠为百行先"的公德，他们所站的立场乃是民族、国家的集体主义立场。毋庸置疑，"国家至上，民族至上"是"战国策派"的核心主张。忠于国家，孝于民族，是他们呼吁国民树立适应"战国时代"的国民伦理与民族伦理。尽管这与国民党所提倡的"救国之道德"[③]相一致，但共产党也认为，"对国家尽其至忠，对民族行其大孝"是全国同胞应当实行的"最高的民族道德"[④]。可见，这其实是一种反帝国主义、反法西斯主义的谋求民族独立的时代道德要求。因为在他们看来，"没有民族，没有国家，个人根本就不能存在。国家不是人民组织成的，人民乃是靠国家存在的。而且国家是永久的，人民是暂时的，个别的人民，可以死亡，国家永远要继续存在。个人可以牺牲，国家不能牺牲。国家不是人民的契约，乃是人民的根本"[⑤]。这其实就是一种民族至上、国家至上的主张，其哲学依据就是柏拉图的理念说。"拿柏拉图的哲学，应用在政治思想方面，就是民族主义、国家主义。"[⑥]这种承袭了柏拉图政治哲学而以德国为代表的国家主义、民族主义，也就自然而然地成了"战国策派""大政治时代的伦理"的构建原则。这是为谋求民族、国家独立而作的努力和尝试。

---

① 林同济：《大政治时代的伦理——一个关于忠孝问题的讨论》，《今论衡》，1938年6月15日，第1卷第5期。

② 同上。

③ 彭明主编：《中国现代史资料选辑·第五册(1937—1945)(下)》，北京：中国人民大学出版社，1989，第117-118页。

④ 中央档案馆编：《中共中央文件选集(1939—1940)：第十二册》，北京：中共中央党校出版社，1991，第58页。

⑤ 陈铨：《德国民族的性格和思想》，《战国策》，1940年6月25日，第6期。

⑥ 同上。

第三节　民族主义的伦理构建原则

在近代中国,民族主义思潮是最能激动人心的现代化思想,一切与民族主义相对立的运动,几乎都失去了动力与合理性依据。清末民初以来的不少思潮背后都有民族主义基调,特别是由传统"家—国"形态到"民族—国家"形态转变的历史要求,使得民族主义几乎成为全民的意识形态情结。无可置疑,民族主义思想深刻地影响了传统伦理的嬗变,推动了中国近代伦理转型的进程,也成为民族国家构建新型伦理的原则。这在"战国策派"那里有鲜明的表现。

"战国策派"学人在文化形态史观与战国重演论的前提下,虽然在某些方面有着学术观点和思想表达的差异,但民族主义却是他们共同的主张。在抗日御侮的现实情境下,他们以"民族至上,国家至上"为主旨,高举民族主义的大旗,应付时局,挽救民族危亡,重建民族文化,并进而建立民族国家,表达其对国家和民族命运的深切关注。在民族危机深重的局面下,他们构建"大政治时代的伦理"的原则无疑就是20世纪的金科玉律——民族主义。不过其民族主义却游离在政治与文化之间。

一、民族主义:伦理构建的总体价值取向

以赛亚·伯林指出:"第一批真正的民族主义者——德国人——为我们提供了一个例证:受伤害的文化自豪感与一种哲学和历史幻象结合在一起,试图消弭伤痛并创造一个反抗的内在中心。"①就是说,民族主义是饱受压迫屈辱的弱小民族对外族侵凌压迫的反抗,其发生的原因通常是创伤感,是某种形式的集体耻辱。压弯的树枝是对民族主义最形象、最深刻的概括说明。那么对德国思想文化极为偏爱的"战国策派"又是怎样言说其民族主义的总体价值取向的呢?

中国近现代百年来的民族危机,为民族主义的勃发与兴盛提供了绝佳的条件。民族本质上是一个文化共同体,国家是一个政治共同体,两者在表层上虽易于统一,但在深层上要使各族人民对国家具有一致的认同水平则比较困难。民族与国家完全契合并不容易。中国诸多民族千百年来共处一个"政治—文化"共

---

① [英]以赛亚·伯林著:《民族主义》,载《反潮流:观念史论文集》,冯克利译,南京:译林出版社,2002,第423页。

同体中，这是中国近代建立民族认同的宝贵条件。“对于中国人来说，认同问题不仅仅是文化问题，它还有现实的政治意义。民族文化认同是建立民族国家的基本合法性依据。”①“中华民族”的提出，意味着某种新伦理观念的形成，为新伦理体系的产生提供了一个新的理论支撑点，在一定程度上推动了中国近代伦理转型的进程。“中华民族”凝聚了民族共识，并以民族共识取代了家国意识。而以“中华民族”的提出为标志，时代重心已经转向民族国家。“战国策派”也已深刻地认识到这种转向的重要性及其必要性。

林同济在《民族主义与二十世纪——一个历史形态的看法》中主张用一种文化综合的观点来认识民族主义，并一再强调民族主义“还是一个历史形态问题”。②根据文化形态史观，一切文化都要经过封建时代、列国时代和大一统时代三个阶段。列国时代一切价值的基础在于内外之分，社会意识最注重国与国间的区别。民族主义作为任何文化体系发展到列国时代的产品，被正经历列国时代的西洋文化发挥得特别坚强而显著，已然成为时代精神的中心。林同济宣称：“民族主义是一切的前提，一切的一切都应当在民族主义范畴内发挥其作用。”③而“战国策派”学人也正是“抱定非红非白，非左非右，民族至上，国家至上的主旨”，将民族主义作为其“大政治时代的伦理”的构建原则，这也是其伦理思想的总体价值取向。

在林同济看来，种族观念是民族主义的原始雏形，民族主义是以种族认同为基础的。但现代的民族主义不仅仅是产生于种族的集体认同这样简单，还包含着民族文化历史传统与政治共同体建构的内容。林同济想要确立的，“与其说是民族国家的绝对价值，倒不如说是如何在激烈竞争的战国时代，使得中国的民众有一个公共的集体认同，并以此建立团结有效的政治共同体”④。然而，“无论是民族还是国家，都是世俗创制的产物，它缺乏超越性，无法与神圣之物相关，因而难以成为信仰的对象。当民族国家与信仰无关的时候，它就无法成为平民百姓的普世性意识形态”⑤。于是，林同济提出革创民族宗教生活的办法试图解决这

① 王春风：《文化民族主义与自由主义之比较——以近代中国为例》，《贵州民族研究》，2010年第5期。

② 林同济：《民族主义与二十世纪——一个历史形态的看法(上)》，《大公报·战国》，1942年6月17日，第29期。

③ 同上。

④ 许纪霖：《林同济的三种境界》，载林同济《天地之间——林同济文集》，上海：复旦大学出版社，2004。

⑤ 同上。

一问题，即通过一套传统的祭天礼仪将近现代意义上的国与民的世俗关系，纳入个人与天、自我与无穷的神圣网络中，从而使民族国家这一世俗的共同体具有神圣与超越的意义，以解决民族的共同认同问题。[①] 但是，这里实际上“内含着一个民族主义的自我否定的可能性：既然‘自我’有可能通过个人的信仰与‘无穷’沟通，在逻辑上就不必再需要民族国家这样的中介物，从而民族主义的集体目标被个人主义的自我价值所颠覆”[②]。民族与个人之间的紧张关系进一步突出，林同济也清醒地认识到了这种张力。

他将这种“张力”表述为列国时代的两个伟大潮流：“个性的焕发”和“国命的整合”，即个人意识的伸张与政治组织的加强。个人意识的伸张是一种离心的运动，政治组织的加强是一种向心的运动，一散一集，一离一合。两个潮流大有相克相反之处。如何平衡、调剂协同就成了西洋文化社会重建和心灵重建的重大问题。纵观西洋文化的六幕“热剧”（文艺复兴、宗教改革、地理发现运动、工业革命、民主主义运动和社会主义运动），尽管它们打出了文艺、宗教、地理、科学、政治、经济等不同的符号和旗帜，但却只有两个中心母题：伸张个人意识与加强政治组织。个人意识所培植的观念，是个人感觉自我特立独在，有独特的价值，不与人同，也不要与人同；政治组织要加强所需要的基本观念，是要个人否认自我，承认自我也只不过是一个集体的零星片段，不能离集体而独立，只有在集体中才能发挥作用。在欧洲历史上，这两个潮流并不是同时发生的，而是有时间上的先后序列。他们花费数百年的工夫去解放个性，现在正好加紧群体的组织。但在近现代中国，“个性的焕发”尚未完成，而在民族危机的压迫下，却又产生“国命的整合”的迫切要求。两者并举，自然艰难。正如张灏先生在反思“五四”时所指出的：“一方面我们的社会需要群体的凝合，另一方面，需要个人的解放；一方面我们的国家需要对外提高防范和警觉，强调群体的自我意识，另一方面文化发展需要破除畛域，增强群体对外的开放性和涵融性：谁能否认这些不同方面的要求，在现代中国现实环境中，是一种两难困境？”[③]对此，林同济也有着清醒的认识，

---

① 林同济：《民族宗教生活的革创——议礼声中的一建议》，载《时代之波》，重庆：在创出版社，1944，第97页。

② 许纪霖：《林同济的三种境界》，载林同济《天地之间——林同济文集》，上海：复旦大学出版社，2004。

③ 张灏：《重访五四：论五四思想的两歧性》，载《张灏自选集》，上海：上海教育出版社，2002，第277页。

“我们却要同一时间内，两者并行，一面赶造强有力的个人，一面赶造有力的社会与国家。这两个目标，最容易冲突不过，但平行推进，并不是不可能”①。这就构成了个人与民族国家间某种内在的紧张与冲突。

在“战国策派”看来，民族主义是解决此问题的不二药方。之所以选择民族主义，是因为它能够给独立的个人提供一个可供超越个人之上的认同目标，即“同源的集体”，也就是民族。换言之，“民族主义颇能够在这两个矛盾观念之间，搭起来一座桥梁，使之融合于一体”②。正如江沛先生所指出的：“民族主义是保存民族文化传统，强化民族自尊、自强和自信心态的有力工具，可以为维护国家主权和领土完整而唤起人们的英雄主义与牺牲精神，可以在社会上造就一种同仇敌忾的民族情感与民族凝聚力。”③陈铨也以其敏锐的时代眼光指出：“中国是一个半殖民地的国家，外来政治军事经济三方面的侵略，重重压迫，整个民族都失掉了自由。中国最迫切的问题，是怎样内部团结一致，对外求解放，而不是互相争斗，使全国四分五裂，给敌人长期侵略的机会。”④两个潮流越是发达，就越需要民族主义来调剂。在另一方面，民族主义也会受这两个潮流的影响。受了个人主义的刺激，民族主义就成为一种富于自觉性、自动性的东西；受了政治组织加强化的影响，就会成为一种富于组织性、实力性的东西。尽管欧洲在经过数百年的发展后，民族主义开始出现衰微，甚至动摇，但我们“却不容错认欧洲民族主义之动摇，而抛弃中山先生的遗训而‘积极’地过度忘形于‘大同’的蜜梦”！⑤实际上，“战国时代”就是一个民族主义高昂的时代。陈铨进而强调：“民族主义，至少是这一个时代环境的玉律金科……孙中山先生虽然讲世界大同，他同时更提倡民族主义，世界大同是他的政治理想，民族主义才是他的理想政治。”⑥在“战国策派”看来，我们的问题是必须继续发展强烈的民族意识，树立坚定的民族主义信念。

在中国从传统走向近现代的过程中，民族主义成了中国适应现代化的时代

---

① 望沧：《阿物，超我，与中国文化》，《大公报·战国》，1942年1月28日，第9期。

② 林同济：《民族主义与二十世纪——一个历史形态的看法（下）》，《大公报·战国》，1942年6月24日，第30期。

③ 江沛：《战国策派思潮研究》，天津：天津人民出版社，2001，第220页。

④ 陈铨：《民族文学运动》，《大公报·战国》，1942年5月13日，第24期。

⑤ 同②。

⑥ 陈铨：《政治理想与理想政治》，《大公报·战国》，1942年1月28日，第9期。

选择。基于民族主义的立场，对传统伦理文化弊端的批判以及对现代伦理的构建，是一场自我批判的伦理觉悟运动，它蕴含着深厚的关怀民族命运与国家前途的爱国情感。林同济指出："本来中国的问题，由内面的各角度看，也许所见各异；但由整个国家在世界大政治中的情势看去，则远自鸦片战争以来，就始终是一个彻头彻尾的民族生存问题。说到底，一切是手段，民族生存才是目标。在民族生存的大前提下，一切都可谈，都可做。"他还一再强调："一切是工具，民族生存必须是目标！"①因此，他们主张在民族主义的前提下，"个人主义、社会主义，都要听它支配。凡是对民族光荣生存有利益的，就应当保存，有损害的，就应当消灭"②。由此可见，"战国策派"所强调的是民族生存的现实需要及伦理构建的原则与立场，强调民族至上、国家至上的理念，体现出了鲜明的民族主义诉求与特征。

"战国策派"所倡导的民族主义从源头上说，根于德国民族主义。中国的民族主义面临着与德国相似的历史问题。但一般人习于英美思想而激烈反对德国思想，所以有必要指出英法式的民族主义和德国民族主义因不同的历史背景而存在的深刻差异。高力克先生认为，英法的民族主义建基于自由主义，这种崇尚人民主权的自由民族主义是西欧先进的支配性的主权国家的产物。而德国式的国家民族主义与启蒙运动传播的西欧自由主义有着天然的紧张，这在"战国策派"以狂飙运动和浪漫主义批判启蒙运动中表露无遗。只是在"战国策派"那里，建立民族国家的目标完全压倒了自由民主的价值。③ 事实上，民族主义并非完美无瑕，它是一把双刃剑。作为一种非理性思潮，它是造成许多冲突与动荡的滥觞；另外，民族主义要求为了民族国家利益而牺牲个人利益的民族主义情绪，在某种程度上阻碍了自由主义的伸张与民主政治的推行。

从现代民族主义理论来看，"战国策派"的伦理思想中带有鲜明的民族主义色彩。江沛先生也指出："战国策派学人格外强调'民族至上''国家至上'观念的培养与中华民族生存、文化发展间休戚与共的关系。这种观念的形成，既是他们运用'文化形态史观'对世界语中国历史考察的结果，也是近代以来中国文化危

① 林同济：《廿年来中国思想的转变》，《战国策》，1941年7月20日，第17期。

② 陈铨：《民族文学运动》，《大公报·战国》，1942年5月13日，第24期。

③ 高力克：《中国现代国家主义思潮的德国谱系》，《华东师范大学学报：哲学社会科学版》，2010年第5期。

机压力的逻辑产物。"①同时,也是近现代伦理转型与道德革命的时代要求。贺麟曾经指出:"中国的民族主义运动确是一种革命运动,不应当把它与沙文主义式的和法西斯主义的民族主义相混淆,中国的民族主义运动的外观上是反抗帝国主义势力在经济上、政治上和军事上的压迫;其内在意义是反抗保守的军阀和封建主义;文化理智方面,它是对过去的传统和习俗的反抗。"②纵观"战国策派"民族主义思想,我们发现,它在政治与文化之间处于某种游离状态。即是说,理解其民族主义伦理思想,不能抛开政治与文化两个维度。

二、政治与文化:民族主义伦理的两维度

"战国策派"宣扬的民族主义,在抗战建国的层面,为实现民族独立、国家进步的目标,通过建立现代民族国家,一方面反帝国侵略,一方面反专制思想,由此全面否定忠君伦理与专制制度,并着力提倡新型的爱国主义伦理观,主张政治民族主义;而在复兴民族文化层面,为保持民族精神的独立性,坚守与民主制度不相悖的道德精神,力图展现传统伦理超越时空的现代价值,主张文化民族主义。所以,政治与文化是理解"战国策派"民族主义的两个重要维度。

政治民族主义是民族主义思想体系中最重要的形态,它强调民族主义的政治属性与追求"民族国家"的政治实践紧密联系在一起,其基本目标就是建立一个属于特定民族的国家和政府。"战国策派"对政治民族主义的认识遵循这样一个逻辑:其伦理内涵是由个体转向集体,其伦理指向是建立民族—国家,其伦理目的是倡导与现代民族国家相适应的新伦理观。现代民族国家不能建立,这一中国近代社会的根本困境,在相当程度上是与国民缺乏现代民族国家意识有关的。政治民族主义提供了关于民族建国的理念,这一理念的实现过程即是建立民族国家的进程,它进而促进中国近代伦理形态的转型,"进一步瓦解了封建伦理的核心价值,并倡导了一种与现代民族国家相适应的新伦理观"③,即"大政治时代的伦理"。

但是,当中国进入世界民族国家体系之后,中国必须成为民族国家,才有可能维护每个人的基本权益。而国民作为民族国家共同体的成员,不仅拥有政治法律

① 江沛:《战国策派思潮研究》,天津:天津人民出版社,2001,第221页。
② 贺麟:《基督教与中国的民族主义运动》,载《文化与人生》,北京:商务印书馆,1988,第149页。
③ 徐嘉:《中国近代民族主义思潮下的伦理嬗变》,《哲学动态》,2008年第12期。

上的权利，而且也有对共同体忠诚的义务。“权利可爱，义务却是必须！”①也就是说，必须具备相应的伦理道德，才能成为合格的国民。林同济认为：“在此种以全体化国力为竞争单位的世界，最重要的是每个人都要成为国家的有机体的一分子。个个‘人民’都得练成一个得力的‘公民’。”②新国民也是“战国策派”的伦理目标之一，刚道的人格、力的人生观、战士式精神等都是新国民所当具备的新伦理道德的主体内容。新国民在民族国家中既享有法律规定的权利，也应该尽自己应尽的社会责任与道德义务，其中最基本的道德要求就是爱国和公德。

“战国策派”将爱国的社会责任与道德义务称之为“忠”，即“忠于国”。强调公德的原因在于，民族国家间最主要的竞争是国力与国力的竞争，即是说，“在大政治世界上公德比私德重要，政治德行比任何德行都重要”。正如西方学者指出的：“民族—国家只存在于与其他民族—国家的体系性关系之中。”③首先是必须国家存在，然后才谈得上与他国的关系，而与他国发生关系后，就自然提出了爱国的要求。只有在民族国家观念形成、国家主权被侵犯之后，才能唤起人们的耻辱感，激发出爱国心。爱国属公德范畴。公德是个人对社会公共利益、对群体利益应承担的责任与应尽的义务。“只有充分享受个人权利和公民权利，才会有民族意识，才会将国家作为自己的国家，并抉择而与之结合为一个命运共同体。”④为此，必须通过伦理启蒙来改变国民意识中的旧道德观念，以塑造新的国民性，养成公德意识。

在民族国家时代，培养公德观念，使个人承担对社会、国家的责任和义务，是一种新的时代精神。“在此时代中，必须树立‘忠为第一’主义，必须以忠为中心以建立我们全民族思想系统，以忠为基础建造我们国家的社会制度。”⑤在个人与国家关系问题上，“战国策派”强调：“没有民族，没有国家，个人根本就不能存在。国家不是人民组织成的，人民乃是靠国家存在的。而且国家是永久的，人民是暂时的，个别的人民，可以死亡，国家永远要继续存在。个人可以牺牲，国家不

---

① 林同济：《廿年来中国思想的转变》，《战国策》，1941年7月20日，第17期。

② 林同济：《大政治时代的伦理——一个关于忠孝问题的讨论》，《今论衡》，1938年6月15日，第1卷第5期。

③ [英]安东尼·吉登斯：《民族—国家与暴力》，胡宗泽、赵力涛译，北京：三联书店，1998，第5页。

④ 徐嘉：《中国近代民族主义思潮下的伦理嬗变》，《哲学动态》，2008年第12期。

⑤ 同②。

能牺牲。国家不是人民的契约，乃是人民的根本。”①而且认为“在必要的时候，个人必须要牺牲小我，顾全大我”②。从根本上说，是将国家权益置于个人利益之上，尤其在面对外敌入侵时更是如此。在半殖民地的近代中国，民族的独立、国家的主权始终高于个人的权利，不能否认这种历史合理性。中国的传统伦理，最主要的就是“五伦”，其中没有涉及个人与民族、个人与国家的伦理要求。与此相对，近代中国民族主义所要建立的民族国家则是维护每个人的权利的。与此同时，这种新的政治制度也需要“新伦理”的支撑，要求国民具有爱国与公德观念。这是中国近代思想史上由民族主义而衍生的一个崭新的伦理观念。

在近代民族国家体系中，与爱国相联系是破除忠君观念的必然要求。国家作为一个主权主体，其责任是维护人民权利，若无民权，国家就失去其意义和价值。摧毁封建伦理体系是建立一个以保障民权为己任的、“谋公益”的民主国家的必然要求。近代民族主义在否定专制政体的合法性的同时，必然要求否定为“家国”效力的愚忠。在近代中国，爱国主义的对象是作为民族国家的中国和中华民族，在这个意义上，爱国主义也是民族主义。孙中山指出：“如果再不留心提倡民族主义，结合四万万人成一个坚固的民族，中国便有亡国灭种之忧。我们要挽救这种危亡，便要提倡民族主义，用民族精神来救国。”③建立民族国家要有相应的新伦理作支撑，而民族主义者在民族危机下建立民族国家时，爱国就有了新的内涵，那就是“忠于国家和民族”。对此，“战国策派”有明确的表达：“所谓忠者，不是古代忠于君或忠于朋友的忠。忠于君或忠于朋友的忠不免含有五分私德意。大政治时代的忠，绝对忠于国。唯其人人能绝对忠于国，然后可化个个国民之力而成为全体化的国力。忠是国力形成的基础、形成的先决条件。”④显而易见，爱国与忠君分别是现代民族国家与传统封建帝国两种不同形态的伦理体系的核心内容。摒弃狭隘的忠君观念、愚忠思想，是建立民族国家的伦理要求。

有学者认为，现代政治民族主义虽基于民族，但更重制度，在“民主”与“民族”的排序中，民主优先，民主比民族更重要。“民族的爱国，是‘血缘’的爱国，发

---

① 陈铨：《德国民族的性格和思想》，《战国策》，1940年6月25日，第6期。

② 陈铨：《五四运动与狂飙运动》，《民族文学》，1943年9月7日，第1卷第3期。

③ 孙中山：《三民主义·民族主义》，载《孙中山全集》第9卷，北京：中华书局，1986，第189页。

④ 林同济：《大政治时代的伦理——一个关于忠孝问题的讨论》，《今论衡》，1938年6月15日，第1卷第5期。

于自然之情;民主的爱国,是制度的爱国,发于理性。国家因为民主制度而必须爱护国民,这样国家才会成为爱国者的精神家园,才能在精神上把我们联结在一起。"①爱国主义决不会盲目肯定一切民族性中糟粕的东西,理性的民族主义者必然要批判民族自身的弊病。政治民族主义是以建立民族国家的方式,以民主政治的形式来保障国家自主、个体自由、民族自治的。因此,它不仅要求建立一个独立自主、自由统一的民族国家,还要建立一套有别于传统专制体制的近现代政治制度。

民族国家既是一个政治共同体,又不限于政治共同体。因为对民主政治的制度性认同,并不意味着可以忽视一个民族的历史、语言与伦理传统。当代德国哲学家哈贝马斯看到了政治认同与文化认同之间的关联,即政治民族主义要建立自由平等的民族国家,而生来便同源同宗的人们,原本就生活于由共同的语言和历史而铸就的这一共同体之中。一方面,政治民族主义必须以文化共同体(民族)为基础,另一方面,文化民族主义的诉求也必须通过政治方式才能达到。所以,每个公民在民族国家的形成过程中其实具有双重特征,"一种是由公民权利确立的身份,另一种是文化民族的归属感"②。就是说,缺乏对民族传统文化的认同与共识,民族国家共同体是难以形成的。

事实上,在中国文化传统之中,近现代意义上的民族国家观念不是自明的。过去只有"天下"的概念,而没有民族国家观念。如果说传统中国有民族主义的话,那也仅仅是一种文化民族主义,因为"每个人要负责卫护的,既不是国家,亦不是种族,却是一种文化"③。即是说,是否认同中华文化是区别我族与他族的根本标准。儒家文化作为中华文化的主体,是一种伦理型文化。在对待传统伦理文化的态度上,政治民族主义以批判与否定为主,文化民族主义则以坚守和继承为特色。

贺麟在其《文化与人生》中指出:"就个人言,如一个人能自由自主,有理性、有精神,他便能以自己的人格为主体,以古今中外的文化为用具,以发挥其本性,扩展其人格。就民族言,如果中华民族是自由自主、有理性有精神的民族,是能够继承先人遗产、应付文化危机的民族,则儒化西洋文化、华化西洋文化也是可

① 徐嘉:《中国近代民族主义思潮下的伦理嬗变》,《哲学动态》,2008年第12期。
② [德]尤尔根·哈贝马斯:《包容他者》,曹卫东译,上海:上海人民出版社,2002,第133页。
③ 梁漱溟:《中国文化要义》,载《梁漱溟全集:第三卷》,济南:山东人民出版社,1990,第162页。

能的。如果中华民族不能以儒家思想或民族精神为主体去儒化或华化西洋文化,则中国将失掉文化上的自主权,而陷于文化上的殖民地。"①也就是说,中华民族真正实现由传统向现代转化的重要基础,在于保持自身民族文化传统的认同。从发生学的意义上说,原生形态的文化民族主义源于拿破仑入侵时的德意志,其目的就是使德意志民族在精神文化上统一起来,抵御外来文化冲击。此论于20世纪40年代的"战国策派"学人所秉持的文化民族主义同样具有有效性。

复兴民族文化是一项长期而复杂的任务,在借镜国外先进文化的同时,也要着力发掘发扬本国的优秀传统文化。既不能妄自菲薄,亦不能妄自尊大。在吸收外来文化的态度上,"战国策派"有着清醒的认识。文化的吸收有其自然趋向,"一个新兴的民族,发展到某一阶段,它的情绪心灵的基本体相,似乎都尽可以由外来的文化势力加以有机体的揉造。但是过了这一阶段,这个民族宗教、思想、社会……各方面的表现已经凑合起来而铸成了一个自成系统的'宇宙感',那么,就有了外来文化的侵入,初期接触也许要掀起一段波澜,最后结局无形中仍保持了原来体相的大致。就好像小支流之于大河,外来文化当然要增长了原有文化的容量,复杂了原有文化的因素,但是原来的河道,大体仍是不变更的。……必定有一番适应的工作与历程。但是这个适应的工作,无形中始终以原有的体相为主。新的同化于旧的,而不是旧的同化于新的。"②这种认识从本质上说是一种文化民族主义的立场,他们往往会旗帜鲜明地强调民族传统文化认同对于中国社会与文化现代转型的基础性意义。这也是"战国策派"的文化立场。

文化民族主义萌生和发展的内因是民族自我意识,民族自我认同意识的凸显与强化意味着民族主义的高涨。有学者曾指出,文化民族主义有三层含义:第一,它是民族与文化双重危机和困境下的产物;第二,它根植于民族传统文化,并以此作为民族和国家认同的核心依据,激发民族成员的自豪感和群体归属感,以增强民族的凝聚力;第三,它期许以复兴民族文化来实现民族国家的振兴。也就是说,文化民族主义是民族成员缘于民族国家内外交迫的生存困境而发的对本民族历史和文化传统的深层忧患思想,为民族、国家的观念意识或情绪在文化上的集中表达。③ "战国策派"诞生于中国近代以来立国之本与强国之路的两难选择中,其

① 贺麟:《儒家思想的新开展》,载《文化与人生》,北京:商务印书馆,1988,第6页。
② 岱西:《隐逸风与山水画》,《战国策》,1940年5月15日,第4期。
③ 郑大华、邹小站主编:《中国近代史上的民族主义》,北京:社会科学文献出版社,2007,第235页。

强烈的民族主义文化关怀,实为一种文化思潮。其出发点或终极价值追求是倡导民族文化重建或复兴,其核心理念在于重建中国新的文化认同,克服民族化与现代化的内在紧张,建立一套既能避免中国文化传统断裂,又能成功回应西方挑战,进而获得广泛认同的文化价值系统。因此将"战国策派"归属于文化民族主义。[①]

文化民族主义既服从于政治民族主义的国家理想,又坚守民族的文化特征与精神属性,渴望以此为近代中国找到一块立国之基石,彰显与其他民族的不同。他们一般都有意识地承继其光荣的历史传统和曾经灿烂辉煌的文明,以增强人们对本民族的自豪感和自信心。"战国策派"要求中国必须倒走两千年,再建战国七雄时代的意识与立场,将大一统时代的颓萎文化转化成列国时代的活力文化。如何转化就成了"战国策派"学人苦苦思索的问题。陈铨认为,"应当发扬中华民族固有的精神"。第一是战斗的精神,我们今后要恢复先民英勇善战的战斗精神,这样才可以在现今"战国时代"达到光荣生存的目的。此外还要恢复祖先的道德精神。一个民族没有道德,互相欺诈,互相压迫,互相争斗,就一定不能坚固团结。[②] 尽管这些精神是旧时代、旧文化中的精神,但它却孕育了新的时代精神。谷春帆指出:"时间是继续的,文化是连绵的。新的时代精神即使与旧时代完全不同,其根芽总在旧文化旧时代内胚胎孕育出来。"[③]所以,对待传统伦理文化必须树立正确的立场与态度。

事实上,我们也可以把传统伦理分为两部分:一部分是与封建体制紧密联系的纲常礼教,一部分则是具有超越性的道德精神。扬弃前者以及弘扬后者是文化民族主义的基本对策和立场。"战国策派"的文化民族主义也遵循这一对策。他们抨击扬弃封建专制统治的忠君思想与大家族制,反对"孝为百行先"的伦理观,重新检讨"五伦"观念。对于具有超越性的道德精神,诸如敬爱父母的孝伦理、英勇的战斗精神等,他们则大加弘扬。"文化民族主义对待传统伦理的这种态度,有其理性而深刻的一面。伦理具有时代性与民族性,政治民族主义强调伦理的时代性,对主体属于封建时代的传统伦理基本上持否定

① 郑大华、邹小站主编:《中国近代史上的民族主义》,北京:社会科学文献出版社,2007,第238页。

② 陈铨:《民族文学运动的意义》,《大公报·战国》,1942年5月20日,第25期。

③ 谷春帆:《广"战国"义》,《大公报·战国》,1942年4月1日,第18期。

态度，主张革故鼎新。文化民族主义看重的则是传统伦理的民族性，强调继承与开新。”①但这种传统文化与民族性的是否保存，衡量的标准在于能否提升生产力、国家竞争力以及民智。“我们应当提高生产力，提高民智。……过去的传统文化与民族性能不能及要不要保存，亦当用这种新的标准来衡量。”②倘若对生产力、国家竞争力、民智的提高有利，那么我们就应该加以保存、发扬。反之，就应当加以抛弃。

文化民族主义者试图从思想文化途径上谋求中国问题的解决，具有文化决定论的倾向。尽管如此，文化救亡论对于民族救亡仍具有特殊意义，有其合理的一面。民族主义者看重文化救亡的现实功用与深层价值，一般说来也并无大错。但将文化置于政治、经济等决定性因素之上，从根本上看则是混淆了它们之间的辩证关系。然而，“问题的关键在于，在近代中国，脱离政治革命与经济变革而只强调文化的作用，往往缺乏现实针对性，其对民族建国和社会发展所起的推动作用也是极其有限的”③。对于政治民族主义来说，近现代民族国家必须通过合理的政治制度使公民达到一种政治认同。为了达到这个目标，中国近代的政治民族主义必须否定封建政体，并反对与此相关联的传统伦理，这无疑是极富革命性、进步性的。政治民族主义为了政治目标，对于传统伦理文化，特别是对于儒学中与封建政治相关的内容，予以特别的关注，既进行了颠覆性的批判，又做了推陈出新的改造。提倡新道德，高扬爱国主义，既是政治的需要，更是伦理觉悟之体现。

站在中国近现代的时代主题下，在抗日救亡的年代，救亡压倒启蒙，并进一步加剧中国的民族意识高涨、民族主义思潮的勃发，特别是政治民族主义。“战国策派”对政治民族主义的认识遵循这样一个逻辑：其伦理内涵是由个体转向集体，其伦理指向是建立民族—国家，不论是伦理内涵还是伦理指向，都是基于政治民族主义的伦理形态，即救亡压倒启蒙。“战国策派”在面对民族救亡危机时偏向的是政治民族主义，渴望建立的是一种适应“大政治时代”的政治化伦理。但在面对民族文化复兴、战时文化重建的伦理启蒙时，则又偏向了文化民族主义。事实上，他们从未放弃也从未间断民族文化复兴、伦理启蒙的传统知识分子

① 徐嘉：《中国近代民族主义思潮下的伦理嬗变》，《哲学动态》，2008年第12期。

② 谷春帆：《广“战国”义》，《大公报·战国》，1942年4月1日，第18期。

③ 王春风：《文化民族主义与自由主义之比较——以近代中国为例》，《贵州民族研究》，2010年第5期。

的淑世意识和伦理情怀，只是他们的表达有些偏激而已。所以，在面对民族救亡与伦理启蒙的两难选择时，他们所做的选择虽然是救亡压倒启蒙，同时又是救亡不忘启蒙；他们还深刻地认识到，启蒙深于救亡。也就是说，在面对民族文化复兴时，他们的立场是文化民族主义的。从“战国策派”重建中国文化的立场上来看，他们所坚持的是一种文化民族主义的伦理形态，旨在弘扬传统伦理文化精神的伦理价值、建设第三周伦理文化的伦理指向，凸显的是一种启蒙深于救亡的伦理心态。

总之，“政治民族主义看到了伦理传统整体上的封建性、纲常积弊之深，使得政治变革之难，民族建国之不易；文化民族主义看到了文化是民族的根，伦理精神是民族的魂，既必须抛弃与封建政治体制相关的纲常礼教，以及与现代自由、民主观念相悖的伦理观念，又必须保留人伦常理、心性之学、个体道德修养等精华，并且在此基础上用与民主政体相适应的新伦理丰富之，使之成为走向现代社会的源头活水”①。从文化与政治的互动关系来说，不论是政治民族主义者，还是文化民族主义者，他们作为生活于一定社会中的“人”，既是“文化人”又是“政治人”。他们谈政治、救亡都采取迂回或迂远的方法，都是借文化以解决政治的问题。“战国策派学人强调的‘民族至上’‘国家至上’，是以中华民族能否在现实世界生存并求发展为指归的，并没有民族主义常常难以避免的排外情绪，也没有文化保守主义的固步自封，而是以开放的胸襟融合先进文化以图进步的现实主义态度。”②即是说，“战国策派”的民族主义在很大程度上是与爱国主义相重叠的，它是爱国主义的一种激情表达。由于受德国民族主义的影响，加之中国现实的国情，所以“战国策派”所宣扬的民族主义在政治与文化间处于游离状态。但事实上，“战国策派”深受德国思想影响的不只是其民族主义，还有其对文化的借镜。

第四节　伦理构建的西洋文化借镜

由于世界局势的刺激，“战国策派”认为力的竞争是当时世界各国的生存和关系状态。林同济指出：“在今日的现状下，西洋文化，却是世界的主流，这点无

---

① 徐嘉：《中国近代民族主义思潮下的伦理嬗变》，《哲学动态》，2008 年第 12 期。

② 江沛：《战国策派思潮研究》，天津：天津人民出版社，2001，第 225 页。

须否认,也不宜否认。唯其如此,在今日而谈任何问题,必不容离开西洋文化所表现的一切问题而推敲而讨论。""目前西洋文化已演到它的列国阶段的高峰。……文艺复兴至法国革命是西洋文化的春秋时期,法国革命以至现在,便是西洋文化的战国时期了。"[①]因此,要改造国民劣根性,重塑国民理想人格,锻造新的民族性格,恢复"列国型"的文化,构建"大政治时代"的伦理,并最终实现由"立人"到"立国"的延伸,就非常有必要借镜文艺复兴以来的西洋文化,汲取其中的"列国酵素"来"救大一统文化之穷"。这些"列国酵素"在陈铨看来,就是德国文化中尼采思想的精髓和狂飙运动的精神,德国文化成为建构中国现代伦理的文化资源和模式典范。

一、尼采思想的精髓:价值的重估

雷海宗曾指出:"鸦片战争以下,完全是一个新的局面。新外族是一个高等文化民族,不只不肯汉化,并且要同化中国。这是中国有史以来所未曾遭遇过的紧急关头……今日民族的自信力已经丧失殆尽,对传统中国的一切都根本发生怀疑。"[②]中国处在生存竞争的"战国时代",数千年的历史、文化有许多不适合于现代的地方。那么如何对待传统文化,如何对待西洋文化,又如何重建未来文化,这都是需要慎重思虑,都要重新估定一切价值的。"战国策派"将富国强民、创造新文化的目光转向了德意志文化,特别是尼采的思想。"尼采的议论,很可以帮助启发我们的思想。""尼采的主张,至少可以作我们最好的借镜。"[③]"战国策派"试图将尼采哲学所推崇的强力作为一支强心剂注入柔弱的中国国民性之中,以增强其活力,振兴民族精神。为此,他们对尼采的政治思想、道德思想、超人哲学等均做了详细的阐释与大力的宣扬和移用。

陈铨认为可以从国家、民主政治和社会主义以及战争等三个方面来理解尼采的政治思想。尼采生逢国家主义、民主政治、社会主义、帝国主义极端发展时期,他看到了欧洲文化的弱点,渴求一个强壮、进步、充满生命力的健康新世界,并且不惜对一切的传统观念发起挑战,要求重估一切价值,为的就是实现他所谓

① 林同济:《民族主义与二十世纪——一个历史形态的看法(上)》,《大公报·战国》,1942年6月17日,第29期。

② 雷海宗:《无兵的文化》,载《中国文化与中国的兵》,北京:商务印书馆,2001,第125-126页。

③ 陈铨:《尼采与近代历史教育》,《中山文化教育馆季刊》,1937年,第4卷第3期。

的“新世界”。尼采所谓的“新世界”是一个理想的社会，是一种超人的社会、进步的社会。在这种“新世界”的社会中，超人和天才有绝对发展的自由，强者征服弱者，智者支配愚者，且不应同情弱者愚者，而应当让更优秀的人类来代替他们。然而，现代国家的存在是要保持弱者愚者的发展，并立下一种制度，组织团体，制定法律，压迫、制裁强者智者。基于“世界必须进步，人类必须超过”的观念，尼采反对国家存在，并猛烈攻击现代国家制度。

在“战国策派”看来，“现代国家组织，不适宜于超人的发展，假如有一种新的国家组织，超人能够独裁，这一种国家，是力量意志的象征，尼采也没有理由不接受”①。在尼采的思想体系中，现代的国家都是道德的、守旧的、腐化的，是整齐的理想，国家制度保护平庸，其生活机械无聊。它把人类根本的力量意志和他的罪恶都同时破坏，来保全愚者弱者。而尼采的理想社会是超人的、不道德的、前进的、创造的，是力量的象征，“力量意志和罪恶，乃是人类本性中最美丽的部分”，是发展个性，其生活精彩美丽。所以他认为，有勇气反抗一切、立场超出法律之外、内心感觉自己伟大并无悔的“罪犯”是“伟大的罪犯”，他们才配做人类的主人，是人类的鞭策，是勇敢的战士，他要充分发展自己的人格，其目标是伟大的、光明的、精彩的。所以，只有国家消灭时，超人才可以自由。“尼采认为国家是保护群众利益的工具，只有消灭国家，超人的利益，才可以得到天然的保障。”②“战国策派”宣传尼采的反国家理论，并不代表他们也是反国家的。因为尼采反国家，是要建立新的“国家”。“战国策派”也是为了利用尼采“重估一切价值”的反国家理论来为其新的伦理道德做论证的。

尼采认为人类的进步不是靠群众，而是靠少数的天才和超人，人类的力量根本是不平等的，其权利义务也就永远不能平等。因此，对于保障群众、要求平等的民主政治和社会主义，尼采“不会有好的观感”。在他的心目中，民主主义、社会主义、无政府主义以及基督教等具有同样的精神，都成了近代文化平庸、粗俗、堕落的主要原因。而“文化的出路，只有靠少数的天才，群众不过是天才活动的工具”而已。在尼采看来，“少数的天才”就是他所谓的“贵族”，是“人类中的强者智者”，“是天生的统治阶级”，是查拉图斯特拉说教的对象。“不过尼采所指的贵

---

① 陈铨：《尼采的政治思想》，《战国策》，1940年8月5日，第9期。

② 同上。

族，并不是传统观念上所指世袭的贵族，乃是尼采自己理想的超人。"[①]他们拥有超人的权利意志，普通的群众都必须受他们的支配。超人哲学正是其英雄崇拜说的理论根据。

关于战争，"尼采认为人生宇宙，充满了冲突的原素，社会与个人，外物与内心，内心与内心，无处不是战场，无处不是战争"。靠战争来磨炼意志，训练能力，号召人们做摧毁一切、建设一切、不断前进、不断奋斗的战士。而人类社会，也只有靠这一批战士们才能够对旧社会重估一切价值，打出一个新世界。他将战争看作是人类进化不可少的工具，故而尼采极力主张战争。因为战争可以使人类进化，"战争最大的意义，就是淘汰平庸的分子，创造有意义的生活"[②]。从历史方面看，战争可以使腐败堕落的国家、文化消除积弊，并发扬光大。诞生于抗战时期的"战国策派"无疑对尼采的战争思想体会更为深刻，理解更为透彻，关注更为强烈。尼采主张战争的根由在于其超人哲学，而"战国策派"主张战争的根由在于民族生存、国家存亡。前者极具形而上的哲学色彩，后者饱含形而下的现实意义。

尼采的政治思想是与其道德思想紧密相关的。陈铨指出："尼采的政治思想后边，自然有他新道德的观念。""说尼采反道德，或者不道德，这当然是错误的，因为尼采只反对传统的道德，他自己却建设了一套新道德。"[③]也就是说，一般道学先生所谓的道德和尼采心目中的道德，根本是两件截然不同的事情。

尼采认为，像怜悯、爱邻居、谦恭、友善等传统的道德，在于压制自己，怜悯他人，在别人生存中发现自我，在自我生存中发现别人。这些传统道德观念都是弱者创造出来束缚强者的工具，它削弱我们的灵魂，摧残人类的本能和他求权力的意志以及对人生的快乐。"这一种弱者道德观念的养成，就是人类腐化的先声。"[④]与叔本华悲观主义人生观不同，"尼采认为人生不是求生存，乃是求权力，支配人生一切的，不是生存意志，乃是权力意志。我们对人生不应当消极地逃卸，应当积极地努力。生活的意义，不在压制自我，而在发展自我，不在怜悯他人，而在战胜他人。世界必须要进步，人类必须要超过。"[⑤]既然人生的

① 陈铨：《尼采的政治思想》，《战国策》，1940年8月5日，第9期。
② 同上。
③ 同上。
④ 同上。
⑤ 陈铨：《尼采的道德观念》，《战国策》，1940年9月15日，第12期。

意义是发展权力意志，那么生活就等同是一场战争。只有强者才配在战争中生存，弱者自然会被淘汰，这是一种不可避免的自然现象。而传统的道德观念却违反自然，压倒强者，扶持弱者。这样一来，世界便不能进步，人类就不能超过，人生也就失去意义。

尼采认为，道德世界不能压制自然的世界，违反自然就是不道德，顺应自然才是道德。那么道德观念中的善恶是如何界定的呢？尼采追溯了传统道德观念的本源。"所谓'善'的观念，本来是指'高贵''伟大''勇敢'，所谓'恶'的观念，本来是指'弱小''谦让''柔顺'。但是由于历史的演变，弱者要保护自己，所以把原来的意义改变了。凡是对于他们有利的，就叫做道德，凡是对于他们不利的，就叫做不道德。"[①]道德成了弱者的生存之道，传统道德规律是人生的麻醉剂。在尼采看来，道德观念并不发生于神，也不发生于自然，而是发生于人，发生于弱小无能的人。因为他们自身弱小的力量不能保护自己，所以需要以道德的名义来保护自己。所以真正需要道德观念的人，不是强者，而是弱者，不是主人，而是奴隶。

尼采进而将道德分为"主人道德"和"奴隶道德"两种类型。他激烈反对的正是所谓违反自然的传统道德，即"奴隶道德"。"尼采反对传统道德规律，最大的原因，就是它违反自然，压迫生命的活力。道德是人生的仇敌，是一切人生基础的仇敌。"它教我们反抗我们的本能，摧毁它们，摧毁生命的源泉，摧毁生命的条件。而所谓"主人道德"是真正合乎自然的道德，是权力意志的伸张。它要冲破人为的束缚，打破道德的制裁，寻找有价值的、完美的生命。道德就是庞大的力量，不顾一切的无情和勇敢。这种道德对于抗战时期的国民无疑具有鼓舞人心、振奋士气的作用，正是民族危亡时国家所急需的道德。恰如陈铨在文中所提出的问题一样："处在现在的战国时代，我们还是依照传统的'奴隶道德'，还是接受尼采的'主人道德'，来作为我们民族人格锻炼的目标呢？"[②]显然，我们要选择"主人道德"，保护自己做主人的权力。不过陈铨的"这些话确实让素以礼义仁爱谦让为美德的中国人感觉不舒服，难以接受。尼采的道德观是一种强者道德观，它的偏激是显而易见的，但是对于长期以礼义仁爱谦让为美德的中国人来说，作为民族人格锻炼的目标，还是需要注入这种提倡勇敢、创造、强力的

---

① 陈铨：《尼采的道德观念》，《战国策》，1940 年 9 月 15 日，第 12 期。

② 同上。

道德观。因为礼义仁爱谦让固然为美德,但过分片面地强调之,就造成了民族性格的柔弱和缺乏创造力”①。提倡“主人道德”,塑造力人人格,健全民族性格,这正是“战国策派”介绍尼采道德思想的真正原因。

为陈铨《从叔本华到尼采》一书作序的林同济,借助尼采的战争哲学与新道德观企图塑造国人的战士式人格,树立新的道德观,鼓励国人发扬英勇战斗的精神,以抵抗日本侵略者。林同济认为,今日的中国青年大都缺乏独立性、自动性,苟安丧志,消沉颓萎。鉴于此,他号召青年积极抗战:“你们抗战,是你们第一次明了人生的真谛。你们抗战,是你们第一次取得了‘为人’——为现代人——的资格。战即人生。我先且不问你们为何而战:能战便佳!”②在此战国重演的时代,他还鼓励中国青年抛弃传统的旧道德,遵循全新的道德观。在林同济看来,善已不是温良恭俭让,不怕即善!不怕即孝!他还劝告青年们危言危行,做他们平生不敢做的事。“青年们之所以为青年们,最基本就是思想上必须富有冒险性、进取心。”③“尽管出门,莫看天色。尽管前行,莫问后步。”④这是一种大无畏的勇者和英雄形象。“战国策派”希望青年、所有中国人在面对民族灾难时,都能成为积极进取、勇敢奋斗的战士,而不再是安分守己、逃避责任的懦夫。所以,林同济说:“我不劝你们做循良子弟。我劝你们大胆做英雄。但能大胆,便是英雄。”⑤他还大声疾呼:“我们青年们必须认清自家的岗位,再深深体验目前抗战局面的各面含义,本着自觉自动的力量,为民族呼唤出一个伟大的思潮。时代比二十年前更伟大,到处都有‘新大陆发现’的可能。我们没有理由雌伏在那里苟安,丧志,消沉,颓萎。”⑥这种疾呼与呐喊,为的是“锻炼出一种顶天立地之人,让青年们在外力的万般尝试之中自家抉择或熔化出一个满意的宇宙观”⑦!即“战士式的人生观”与“力的宇宙观”。

林同济认为,尼采的深刻之处在于,他看透了欧洲现代文明颓萎的深刻危机,即以理性、民主、科学为核心的西方近代文化的没落危机。这危机就是他最

---

① 温儒敏、丁晓萍:《时代之波——战国策派文化论著辑要》,北京:中国广播电视出版社,1995,前言第13页。

② 林同济:《萨拉图斯达如此说——寄给中国青年》,《战国策》,1940年6月1日,第5期。

③ 林同济:《学生运动的末路》,《战国策》,1940年5月15日,第4期。

④ 同②。

⑤ 同②。

⑥ 同③。

⑦ 同③。

恐怖最厌恶的“末了人”。“末了人者，末世的末流人，一切同等化、数量化、庸俗化、享受化、不求品质、不求高度，不求内心的健实与猛飞，不求贤达卓绝独立人间的气魄。熙熙趋时，茫不自知其所之，如羊群、如蛾阵，永断送文化与人类于愚昧渺小的坑中！”所以“尼采要倾全力以反对这个末了人世界的出现”①，要我们渴望更广、更高度地攀登，直登到“人类与时间约六千尺上头”，化作一种别开生面的新人类——“超人”。“战国策派”想以尼采的“超人”来矫正中国文化的无血乏力，他们对尼采的借用既不同于鲁迅、郭沫若等发挥尼采的意志创造力和“超人”的反抗精神，也不同于王国维、朱光潜等对尼采的审美研究，“战国策派”特别关注“超人”的自然性质。② 林同济认为，“超人”是专门针对末了人而产生的，他具有最高度生命力，具有大自然的施予德性。“归结地说，尼采所谓的超人，乃是敢于做一切价值转换的人，敢于打破旧的价值表，特别是基督教的价值表，并以丰富的生命力来创造新价值的人。”③他们希望在自然生命中掌握“超人”的权力意志，反抗传统教化、重塑生命，并且担负起国家民族的责任。但是，尼采的“超人”毕竟是“一种诗意的憧憬，一种乌托邦的梦求，可望而未必可捉，可然而无必然，所以才更加令人神往”④。

至于尼采思想的意义，陈铨曾在《尼采与红楼梦》一文中有所表达：“文化必须要进步，人类必须要超过，这是六十多年以前，尼采对世界人类的呼声。对于现代的中华民族，这一种呼声太有意义了。尼采的思想，固然有许多偏激的地方，他积极的精神，却是我们对症的良药。”⑤“战国策派”遭时人及后人的诟病之因莫过于其对尼采的大加推介。有论者认为，五四时期鲁迅、茅盾等人宣传尼采思想，“与他们改造国民性的思想密切相关，他们希望尼采的学说能起振奋民心的作用，激励老大羸弱的中华民族的战斗精神，使之猛醒而奋发，以自立于世界民族之林。与此相反，四十年代陈铨等人介绍尼采，目的却在于巩固极少数所谓‘英雄’对于广大人民群众的统治，始终致力于证实这种统治的‘合理性’”⑥。穿过历史的迷雾，走出意识形态的框架，我们会发现：“五四启蒙者倡言尼采的贵族

---

① 林同济：《我看尼采》，载陈铨《从叔本华到尼采》，上海：大东书局，1946，序言第17页。
② 单世联：《中国现代性与德意志文化》，上海：上海人民出版社，2011，第229页。
③ 陈鼓应：《尼采新论》，上海：上海人民出版社，2006，第79页。
④ 同①，序言第22页。
⑤ 陈铨：《尼采与红楼梦》，载《文学批评的新动向》，重庆：正中书局，1943，第180页。
⑥ 乐黛云：《尼采与中国现代文学》，《北京大学学报》，1980年第3期。

个人主义而实行伦理革命，追求个人的解放；……战国策派则取尼采超人哲学补国家主义，以改造'大一统文化'而建构新'战国文化'。如果说新文化人为启蒙而倡尼采，旨在以个人的尼采实行伦理革命；那么战国策派则为救亡而倡尼采，意在以民族的尼采实现国家复兴。明乎此，我们就不难理解，与五四新文化人同好尼采的战国策派，会批评五四运动的个人主义思潮。"[①]可见，在对同一问题的表述与评论上，因时代及目的不同而存在着双重标准。

"战国策派"对尼采思想的宣扬，是以民族主义思潮对尼采思想的建设性借鉴，旨在以尼采哲学的权力意志、超人、主人道德、战争崇拜、英雄崇拜等改造颓萎、柔弱的国民精神，激发国民的战争意识，重建刚强有力、勇猛忠孝、崇战尚武的"战国精神"。但是，"'战国策派'对尼采的移用，还是出于文化思考，目的在于文化重构。从他们'战国时代重演'的思路来看，文化重构的中心问题是健全国民性格，焕发民族生力，而提倡尼采，是他们开的一种药方。……尼采精神，可以作为一副清醒剂，用来批判中国传统文化中的消极因素，批判现实社会中悲观懦弱否定人生的生活态度"[②]。这样，尼采思想中的个人主义就转变为"战国策派"民族主义的精神元素，实现了由五四时期盛行的个人主义到抗战时期所需要的集体主义的伦理转换。在德国传统中，尼采对文化的批判主要是一种反现代性的主张，而在"战国策派"的眼中，尼采是"重估一切价值"的"偶像破坏者"，由此引发的对文化的批判则更多的是一种反传统的现代性自觉。

二、狂飙运动的精神：浮士德精神

在介绍、推崇尼采思想的同时，留学德国的陈铨自然也不忘宣扬曾对欧洲有过重要影响，而且发生在当时世界强国德国的狂飙运动。"战国策派"主张向强国德国学习，并不是主张学习德国的纳粹主义，"希特拉（今译希特勒）的纳粹主义，就是德国人也有反对的"。而是要借鉴他们的"独到处"——强盛的方法，从而使中国变得强大。"但德国民族精神和思想的独到处，连尧舜禹汤也要认为有效法的价值。"[③]特别是在抗战的关键时刻，陈铨认为，问题的关键，要救亡图存

---

① 高力克：《中国现代国家主义思潮的德国谱系》，《华东师范大学学报：哲学社会科学版》，2010年第5期。

② 温儒敏、丁晓萍：《时代之波——战国策派文化论著辑要》，北京：中国广播电视出版社，1995，前言第10-13页。

③ 陈铨：《狂飙时代的德国文学》，《战国策》，1940年10月1日，第13期。

就必须要有一番新的觉悟、新的人生观、新的文化、新的时代精神。在这一方面，德国的狂飙运动成了不可忽视的指南针。因为“狂飙运动，不仅是一个文学运动，同时也是德国思想解放的运动，和发展民族意识的运动”①。它是德国民族第一次自己认识自己的运动，“是造成德国民族之所以为德国民族，最伟大的一个运动”②，值得我们效仿、借镜。“要了解狂飙时代的精神，必须要彻底先了解浮士德。”③浮士德的精神就是狂飙时代的精神。

陈铨在《战国策》第1期上就曾发问：浮士德精神是什么？浮士德精神对于我们有没有可以借镜的地方呢？在陈铨看来，浮士德是一个对于世界人生永远不满意的人、不断努力奋斗的人、不顾一切的人、感情激烈的人和浪漫的人。他有无穷的理想、永远的追求、热烈的情感、不顾一切的勇气。陈铨如此热烈地介绍歌德的浮士德精神，无非是想借此解决中国的当下问题。故而，他对中国人数千年来养成的乐天安命、知足不辱的心态提出了批评。他认为这种不积极的态度在充满竞争的“战国时代”无疑会使中华民族丧失其生存价值，“前途只有暗淡不堪”。虽然“奋斗努力，不顾一切，也不是中国的理想”，但“却正是目前最需要的精神”。所以“战国策派”想借浮士德永不满足、永远追求、不断奋斗的动的精神来改变中国国民性中的懒惰、懦弱、虚伪、安静等静的精神。

陈铨认为：“浮士德的精神是动的，中国人的精神是静的，浮士德的精神是前进的，中国人的精神是保守的。假如中国人不采取这一个新的人生观，不改变从前满足、懒惰、懦弱、虚伪、安静的习惯，就把全盘的西洋物质建设、政治组织、军事训练搬过来，前途怕也属有限。况且缺乏这个内心的新精神，想要搬过西洋外表的一切，终究搬也不过来！”④所以，在这样一个生存剧烈竞争的时代，中华民族能否延续数千年文明之命脉，获得凤凰涅槃般的新生，都是萦绕于国人脑海中的一种焦虑和忧患。在陈铨看来，只有借镜浮士德精神，去改变国人静的、保守的精神，改变国人满足、懒惰、懦弱、虚伪等习惯，进而树立起新的人生观与新的民族精神，才能使中华民族在“这一个战国的时代，演出伟大光荣的一幕”⑤！

所以，为了更好地应付目前和今后紧张的国际局面，陈铨渴望借镜德国狂飙

---

① 陈铨：《狂飙时代的歌德》，《大公报·战国》，1942年7月1日，第31期。
② 陈铨：《狂飙时代的席勒》，《战国策》，1940年12月1日，第14期。
③ 陈铨：《狂飙时代的德国文学》，《战国策》，1940年10月1日，第13期。
④ 陈铨：《浮士德精神》，《战国策》，1940年4月1日，第1期。
⑤ 同上。

运动的精神来改造和健全国民性格，重塑国民新的人生观。“至于狂飙运动中间所启示的人生观，对于数千年受儒家传统哲学支配的中华民族，更需要选择采纳，来培养我们民族的活力、进取的精神、感情的生活、理想的追求。因为没有这一些条件造成一个新的人生观，我们没有更好的办法来应付目前和今后紧张的国际局面。”①在他看来，历史上的伟大人物像席勒、歌德等具备狂飙时代的精神，都值得我们借镜。因为他们有激烈的感情、丰富的想象、弥满的精力、坚强的意志、无限发展的野心、创作的天才、超人的见识与奋斗的精神，“他的个性是坚强的，他的行为是纯洁的，他的理想是高尚的，对于旧的社会，不惜鲜明反抗，无论过什么危难痛苦，他决不失悔、妥协低头”②。“天才”和“力量”作为狂飙运动的两个很重要的基本观念，也成了“战国策派”，特别是陈铨宣扬英雄崇拜和权力意志的核心词汇。“力量是一切的中心，它破坏一切，建设一切。天才是社会上的领袖，他推动一切，创造一切，然而天才的本身，最重要的元素，就是力量。天才的表现，实际上就是力量的表现，天才和力量，都是自然，它不能受人为规律的束缚。他也不愿受人为规律的束缚。”③这种理论成了他们发动伦理改革，重塑国民新人生观的旗帜。“传统的思想、风俗、政治、文学，一切社会的制度，在压迫感情、天才、力量的状况之下，都必须根本改革。”④

浮士德是狂飙时代的象征，德国的狂飙运动与中国的五四运动都有划时代的意义，但在陈铨看来，狂飙运动更符合时代。所谓狂飙运动，是德国文学在18世纪后半叶所发生的一种伟大的革命运动，它对于旧的一切思想制度，要根本推翻，幻想建设一种更有意义、更精彩的局面，其作用和意义非常重大。狂飙运动不仅奠定了德国文化的根基，还使德国民族第一次认识了他们自己，摆脱了17世纪以来的理智主义和法国的新古典主义。“不但对于德国文学，产生了解放创造庞大的力量，它对德国的思想政治社会宗教各方面，都有深刻的影响。”⑤可见，狂飙运动对德国民族意识的觉醒、国民对战争的认识以及国民对感情和意志运用都起到了促进作用，而它所提倡的战争意识、集体主义、感情和意志等，又都是我们抗战民族国家所急需的。

---

① 陈铨：《狂飙时代的歌德》，《大公报·战国》，1942年7月1日，第31期。
② 陈铨：《狂飙时代的席勒》，《战国策》，1940年12月1日，第14期。
③ 同上。
④ 同①。
⑤ 陈铨：《狂飙时代的德国文学》，《战国策》，1940年10月1日，第13期。

"战国策派"之所以会选择德国作为文化借鉴的榜样,是因为中国与德国有着相似的历史遭遇,他们想仿效德国的强盛之路。"德国是一个独特的、飞速发展的国家,既是欧洲政治的一部分,又与之存在着矛盾,是一个受诸帝国主义压迫的帝国主义国家。最为重要的是这个国家具有唤醒民族意识、调动国家力量,渡过困难时期的特殊能力。对中国来说,它的历史是一本重要的教材。"①但中国不是西方国家,更不是德国,它所处的国内外环境与19世纪的德国有很大差别,更为重要的是中国有自己的特殊性。所以,中国的现代化要根据自己的需要有选择地汲取德国资源,而非全部拿来或一味否定。从文化史的意义来说,陈铨的贡献之一就是,"借来德国思想资源,试图构建一个'现代中国狂飙运动',这是一个以一种外来思想资源解决中国当下问题的可贵尝试,其主要关注点还是如何解决中国的现实问题"②。

陈铨指出:"狂飙运动,名义上虽然是一种文学运动,实际上对于政治社会法律经济宗教,无处不发生革命的影响。只有这样的革命,才是真正的文学革命,只有这样的文学,才是真正的新文学。"③沈从文也认为,我们还"需要一种新的文学运动,输入一个新的文学观"④。"中华民族现在正在经验一个伟大的时代,希望这一个伟大的时代,能够产生一个伟大的盛世的新文学运动。"⑤这一"伟大的盛世的新文学运动"就是陈铨日后所发起的民族文学运动,将伦理构建的理论推向了实践领域。

---

① [美]柯伟林:《德国与中华民国》,陈谦平等译,南京:江苏人民出版社,2006,第174页。

② 叶隽:《另一种西学——中国现代留德学人及其对德国文化的接受》,北京:北京大学出版社,2005,第240页。

③ 陈铨:《狂飙时代的德国文学》,《战国策》,1940年10月1日,第13期。

④ 沈从文:《新的文学运动与新的文学观》,《战国策》,1940年8月5日,第9期。

⑤ 同①。

第五章 “战国策派”伦理思想的历史论争

陈铨介绍尼采思想及浮士德精神，只是为培植民族意识、重造民族精神布置思想背景，然而思想只有走向实践才会更有力量。于是，陈铨发起了民族文学运动，开始了其培植民族意识、重造民族精神、改造国民性的具体实践活动。英雄就是他所渴望的具有强烈民族意识的理想模型和理想人格，所以，他主张英雄崇拜。事实上，英雄崇拜是一个文化形态史观下关于人格教育的道德问题。或许是出于对英雄崇拜的误解，时人批评“战国策派”学人是在宣扬法西斯主义独裁，但他们仅是主张集权抗战，并未非难民主政体，对独裁的极权伦理也持反对的态度。实际上，自由民主才是建国的基石。这就承接了五四时期所高扬的民主、自由等伦理话语体系。但“战国策派”在肯定五四伦理价值的同时，又对其提出了责难。

第一节 民族文学与民族意识

“民族文学”是“战国策派”的核心成员陈铨所力倡的。在1940年到1944年间，他发表了《文学运动与民族运动》《民族文学运动》《民族文学运动的意义》等重要文章来奠定其民族文学运动的理论基础，又写了《金指环》《蓝蝴蝶》《野玫瑰》《无情女》等多本戏剧作品以响应与实践其民族文学运动的号召。《民族文学》是“战国策派”继《战国策》和《战国》副刊相继停刊后创办的，以提倡“民族文学运动”为宗旨；内容偏重文学评论和中外文学研究，兼顾文学创作。陈铨在《民族文学运动的意义》一文中宣称，“民族文学运动，最大的使命就是要使中国四万万五千万人，感觉他们是一个特殊的政治集团”，强调借助民族文学运动使国家“在现今战国时代达到光荣生存的目的”。[1] 所以，站在民族、国家的立场，“战国

① 陈铨：《民族文学运动的意义》，《大公报·战国》，1942年5月20日，第25期。

策派”对民族文学运动的提倡无有不妥。对文学的理解，一定要结合时代精神和民族性格。“时间就是时代的精神，空间就是民族的性格。抛弃了这两个条件来谈文学，我们就不能真正了解文学。”①

但为何民族文学运动会屡遭批评而以惨败告终？它与民族主义文学又有何异同？民族文学运动又蕴含着怎样的伦理意蕴呢？这是本节所要回答的问题。

一、民族文学：伦理启蒙的急先锋

翻阅二十世纪三四十年代的文学运动，我们会发现有两个为人所容易相互混淆而不加区别的文学运动，即20世纪30年代的民族主义文艺运动和20世纪40年代的民族文学运动。那么，到底这两个文学运动有何异同呢？

所谓民族主义文艺运动，《中国百科大辞典》是这样解释的：在国民党组织下，一批作家、文人倡导的，旨在对抗无产阶级文学的文艺运动。1930年6月，朱应鹏、王平陵、傅彦长等发表《民族主义文艺运动宣言》，攻击无产阶级革命文学，主张以民族意识代替阶级意识。出版《前锋周报》《前锋月刊》等。这一运动遭到了左翼作家联盟（简称“左联”）的抵制和批判。② 事实上，迫于无产阶级“普罗文学”日益发展的压力，在1929年6月，国民党中央宣传部召开全国宣传会议，做出的决议案之一就是“确立本党之文艺政策案”。具体内容：一是创造三民主义之文学，二是取缔违反三民主义之一切文艺作品。即是说，国民党要依据三民主义文艺政策创办文艺刊物，奖励三民主义文艺作品，同时还要审查不合三民主义文艺政策的一切文艺作品。1930年6月，“六一社”（又称“前锋社”）于上海成立，后发表《民族主义文艺运动宣言》，标志着作为“三民主义文艺运动”的样板之民族主义文艺运动的开始。

《民族主义文艺运动的宣言》最先刊载于《前锋周报》1930年6月29日第2期和7月6日第3期，接着又在1930年8月8日刊载在《开展》月刊创刊号，最后又刊发于1930年10月10日创刊的《前锋月刊》创刊号，足见其纲领性地位的重要性。宣言的主旨就是：“文艺的最高意义，就是民族主义。民族主义文艺的充分发展，一方面须赖于政治上的民族意识的确立，一方面也直接影响于政治上民族主义的确立。”“我们此后的文艺活动，应以我们的唤起民族意识为中心；同时，为促进我

① 陈铨：《民族文学运动》，《大公报·战国》，1942年5月13日，第24期。
② 中国百科大辞典编委会主编：《中国百科大辞典》，华夏出版社，1990，第565页。

们民族的繁荣，我们需促进民族的向上发展的意志，创造民族的新生命。”①

这种以民族意识代替阶级意识的主张，立刻受到了左翼文人的批判。1930年8月，左联执委会在题为《无产阶级文学运动新的情势及我们的任务》的决议中，驳斥了“民族主义”论者对左翼文学的攻击。但真正对“民族主义文艺运动”展开全面而系统的批判，则是在1931年。1931年8月和9月，瞿秋白先后发表《屠夫文学》《菲洲鬼话》《青年的九月》等文，对“民族主义文学”进行了“详细解剖”；紧接着，茅盾发表《“民族主义文艺”的现形》，鲁迅发表《“民族主义文学”的任务和运命》《中国文坛上的鬼魅》《黑暗中国的文艺界的现状》等文，对“民族主义文艺运动”做了排炮式的抨击，使之逐步声名狼藉，难成气候。

以茅盾的批判为例。“一般说来，在被压迫民族的革命中，以民族革命为中心的民族主义文学，也还有相当的革命的作用；然而世界上没有单纯的社会组织，所以被压迫民族本身内也一定包含着至少两个在斗争的阶级——统治阶级与被压迫的工农大众。在这种情况下，民族主义文学就往往变成了统治阶级欺骗工农的手段，什么革命意义都没有了。这是一般的说法。至于在中国，则封建军阀、豪绅地主、官僚买办阶级、资产阶级联立的统治阶级早已勾结帝国主义加紧向工农剥削，所以民族主义文学的口号完完全全是反动的口号。”②茅盾承认民族主义文学也具有其进步性，但在当时的中国则不然，已然变成了统治阶级剥削被压迫人民的工具和口号。因此，“30年代的民族主义文学运动不仅没有得到广泛的支持，反而招致广泛的批评，这并不是民族主义文学理论作为理论本身有问题，而是民族主义文学理论被国民党当作统治工具有问题，也就是说，问题不是出在文学上而是出在政治上。正是政治使民族主义文学理论及实践成了牺牲品”③。恰如桑逢康在为《主潮的那一面：三民主义文艺和民族主义文艺》一书作的序言中所指出的：“三民主义文艺和民族主义文艺在现代文学史上的被忽略甚至被遗漏，其实是人为造成的。原因主要是国共两党尖锐斗争的年代，共产党领导的左翼文学对国民党的三民主义文艺和民族主义文艺，理所当然地要予以无情的批判、坚决的打击与彻底的否定。”④其结果就是，20世纪30年代的“民族

---

① 《民族主义文艺运动的宣言》，《前锋周报》，1930年6月29日第2期，7月6日第3期。

② 茅盾：《“民族主义文艺”的现形》，载《茅盾全集》第19卷，北京：人民文学出版社，1991，第250页。

③ 高玉：《重审中国现代文学史上的“民族主义文学运动”》，《人文杂志》，2005年第6期。

④ 张大明：《主潮的那一面：三民主义文艺和民族主义文艺》，北京：中国社会科学出版社，2010，序言一第1-2页。

主义文学运动”成了中国现代最无号召力和文学价值的文学运动。①

但是,事实果真如此吗?在现代学者的研究中,他们开始关注民族主义文学运动的文学价值及历史意义,而并不像以往一样以政治为唯一准绳。二十世纪二三十年代的中国,政局动荡,民族危机日益严重,救亡图存的舆论不断高涨。在此背景下,把民族主义视为“文艺的最高意义”的民族主义文艺运动有其历史的必然性与合理性。故而,有学者认为:“由于1930年代民族危机不断加重,‘民族主义文艺运动’应运而生,涌现出一批致力于表现民族主义主题的作家,左翼与民主主义、自由主义等各种倾向的创作以及大量的民间写作中,民族话语也逐渐增多,逐渐演进为一股汹涌澎湃的民族主义文学思潮。这一思潮起伏跌宕,多方参与,色彩斑斓,寄托着国人对国家与民族命运的关注,体现出救亡图存的时代精神,前承中华民族历史悠久的爱国传统,后启波澜壮阔的抗战文学大潮。民族主义文学思潮与左翼、民主主义、自由主义思潮相互激荡,彼此交织,构成了1930年代中国文学的宏阔图景。”②这是符合史实的。我们不能因为民族主义文学存在政治问题而对其民族文学理论本身也予以否定,但也不能因此而忽略其所包藏的政治祸心只谈其文学理论。民族主义文学运动从其诞生起,就是为了抵制共产党的普罗文学,属于党派之争的策略工具,是政治的派生物,这是无可争辩的事实。由此可见,民族主义文学运动,它首先是一种政治运动,其次才是一种文学运动。

抗战期间,民族情绪极度高涨,民族意识格外凸显,出于救亡的共同目的,为建抗战统一战线,共产党也是承认三民主义的。但由于阶级立场不同,政治主张不同,故而闭口不说主流的“民族文学”,而只谈“民族形式”。文艺界曾出现的“国防文学”“民族革命战争的大众文学”等口号就是很好的例子。虽然口号各异,但目的都是为了唤醒民族意识,激发抗敌情绪,挽救民族危亡。“倡导重振民族文化的各种形式,既是二十世纪以来民族主义思潮席卷世界的反应,也是知识群体对关乎民族存亡的抗日战争最直接的应对。……显然从抗日战争引发的中华民族整体危机的角度来看,作为弘扬民族文化精神的需要,‘民族文学’运动的出现顺理成章。”③陈铨认为,现在提倡民族文学虽然有些太晚,但要拿大器晚成

---

① 谢冕、李矗主编:《中国文学之最》,北京:中国广播电视出版社,2009,第366-367页。

② 张中良:《论1930年代民族主义文学思潮》,《中国现代文学研究丛刊》,2013年第9期。

③ 江沛:《战国策派思潮研究》,天津:天津人民出版社,2001,第175页。

这个希望去鼓励大家急起直追。而且我们有时代的帮助。“这次抗战发生后，由于民族意识的普遍觉悟，正是中华民族感觉到自己是一个特殊民族的时候，也正是民族文学运动应运而生的时候。”①

何谓民族文学运动呢？陈铨用意大利、法国、英国、德国的文学事实告诉我们：“一个民族的文学所以有价值，一定由于他们自己认识自己，自己看重自己，摆脱前任窠臼而自由创作。这种文学就是民族的文学。”②陈铨在《民族文学运动》一文中指出：“文学是文化形态的一部分。假如一种文化，因为时间空间的不同，它的各种形态就会呈现出各种特殊的情状，那么文学的性质也同样要受时间空间的支配。”在文末，他强调指出：“只有强烈的民族意识，才能产生真正的民族文学。”③民族文学和民族意识是相辅相成的，“民族意识是民族文学的根基”，“民族文学又可以帮助加强民族意识，两者互相为用，缺一不可”。在他看来，“民族文学运动，最大的使命就是要使中国四万万五千万人，感觉他们是一个特殊的政治集团”④。基于他对“中国现在的时代，是一个民族主义的时代”的判定，所以要趁着现在政治上民族主义运动的高涨，来把握开展民族文学运动的最好机会。鉴于此，陈铨认为：“民族文学运动的发起，在今日刻不容缓。”⑤

陈铨对民族文学运动做了纲领性的说明，在他看来：第一，民族文学运动不是复古的文学运动。新时代有新时代的环境，我们应当就地取材，不能再在故纸堆中，去描写与现代无关的陈腐对象。新时代有新时代的形式技术，不向时代开倒车，才是真正的民族文学运动。第二，民族文学运动不是排外的文学运动。对于外来的文学，不能奴隶式地仿效，也不能顽固地拒绝，应当善于利用，来充实、培养我们的民族文学。第三，民族文学运动不是口号的文学运动。文学是具体的、创造的，不是抽象的、模仿的。民族文学运动需要埋头创造，用有形的方式表现高尚的思想，最好不用口号，否则会惹人嫌厌。第四，民族文学运动应当发扬中华民族固有的精神：一是战斗精神，二是道德精神。这样的文学，才是真正的民族文学。第五，民族文学运动应当培养民族意识，民族意识是民族文学的根基。民族文学又可以帮助加强民族意识，两者互相为用，缺一不可。第六，民族

---

① 陈铨：《民族文学运动试论》，《文化先锋》，1942 年 10 月 17 日，第 1 卷第 9 期。

② 同上。

③ 陈铨：《民族文学运动的意义》，《大公报・战国》，1942 年 5 月 20 日，第 25 期。

④ 同上。

⑤ 同上。

文学运动应当有特殊的贡献。特殊性就在于要采中国的题材，用中国的语言，给中国人看。这三个原则（采中国的题材，用中国的语言，给中国人看）是民族文学运动的规矩准绳。[①] 所谓民族文学，就是要以全民族为中心，培养强烈的民族意识，同时还要提倡一种浪漫主义的精神。这种精神就是理想主义的精神，就是对真善美无限地追求。

但他所提倡的民族文学运动与国民党所提倡的民族主义文学运动是有区别的。首先是出发点不同。前者因循着近代以来文艺救亡的传统，其出发点在救亡；后者是为了对抗无产阶级的普罗文学，其出发点在党争。其次，侧重点不同。前者侧重民族文学理论与实践，而后者则侧重政治实效与党派利益。第三，历史观不同。前者持独具特色的文化形态史观，这是后者所无法比肩的。尽管两者存在诸多相异之处，但也不是没有共同点。民族文学运动与民族主义文学运动都是在民族主义的大旗之下，主张提倡民族意识的觉醒与高涨。对于陈铨来说："民族意识的提倡，不单是一个政治问题，同时也是一个文学问题。"[②]在陈铨所倡导的民族文学运动中，民族意识的提倡首先是一个文学问题，其次才是一个政治问题。正如江沛先生所指出的："战国策派学人倡导的'民族意识'，更多的是在形而上层次提出的，是从文化形态学的宏观角度整体把握中国文化现实生存与未来发展方向上提出的。……与这一时期陈立夫、张道藩等人从现实政治角度提出的'民族意识'形似而实异。"[③]这是与民族主义文学运动的又一大不同点。有学者将两者的区别概括为："'民族主义文艺运动'是在阶级斗争风起云涌之时，由当局直接支持的在文化战线上对左翼文化的围剿，目的在于反共反苏，它提倡的'民族意识'，虽有某种程度的反侵略的一面，但更多地留有法西斯主义的印迹；战国策派顺应战时国家权威话语，是在民族危亡之时知识分子的自发之举，目的在于救亡图存，它提倡的'民族意识'，是被侵略民族反侵略的平等型的民族意识。"[④]

陈铨在《民族文学运动试论》中曾指出："民族运动早经国民党提倡过的。但是怎样把民族主义运用到文学运动里面去，就不能不来一次运动了。"[⑤]此话或

---

① 陈铨：《民族文学运动的意义》，《大公报·战国》，1942 年 5 月 20 日，第 25 期。

② 陈铨：《民族文学运动》，《大公报·战国》，1942 年 5 月 13 日，第 24 期。

③ 江沛：《战国策派思潮研究》，天津：天津人民出版社，2001，第 187 页。

④ 王学振：《抗战文学语境中的战国策派文论》，《重庆社会科学》，2005 年第 10 期。

⑤ 陈铨：《民族文学运动试论》，《文化先锋》，1942 年 10 月 17 日，第 1 卷第 9 期。

许证明陈铨所提倡的民族文学运动与国民党有联系，但并不能证明是由国民党一手操纵，为其服务的。况且两者运用的领域是不同的，“把民族主义运用到文学运动里面去”才是陈铨所要强调的。之所以会有学者评论陈铨所倡导的民族文学运动是在为国民党政治张目，为当局统治帮闲，或许是因为民族文学运动承接了民族主义文学运动所宣扬的民族主义，且在共产党及左翼文化人长期批判民族主义文学运动的情境下出现，在客观上确有顺应战时国家权威话语的事实等。而对民族文学与民族主义文学不加区别地看待，更是“战国策派”学人屡被诟病的根源。这实际上与20世纪的中国文化和政治间的一种异乎寻常的密切情状有极大关系。由于近代以来的知识分子在面对民族危机时，逐渐形成了借思想、文化以解决问题的方法，并且相信“思想与文化的变迁必须优先于社会、政治、经济的变迁；反之则非是。反传统知识分子或明或暗地假定：最根本的变迁是思想本身的改变，而所谓最根本的变迁，是指这种变迁是其他变迁的泉源”①。所以这就导致了在讨论政治问题时也自然会把文化作为解决的最后依据，反过来使文化讨论脱离了纯粹的学术范畴，从而使所有的文化讨论都带有浓厚的政治色彩，甚至有些文化讨论本身就是政治策略的一部分。

有学者将民族主义文学运动定义为：“主要是指20世纪30年代初期‘前锋社’所发起的‘民族主义文艺运动’和20世纪30年代末期至40年代初期陈铨等人所发动的‘战国策派’文学运动。民族主义文学运动作为运动，是由一定的组织或团体发起的，具有明确的理论主张和文学实践。”②该学者虽然对民族文学运动与“前锋社”发起的民族主义文艺运动做了区别，但在本质上却是将二者都归为“民族主义文学运动”。这对正确理解“战国策派”民族文学运动的民族主义属性虽有所助益，但同时也容易使人误解民族文学运动就是国民党发动的民族主义文学运动的“沉滓”。所以，将“战国策派”顺应时代救亡潮流，培植民族意识、振奋民族精神、张扬民族主义的“民族文学运动”概称为“民族主义文学运动”，是要慎重的，是以明了二者之间的区别为前提的。事实上，民族主义文学运动与民族主义文艺派两者有显著的差异。“一个是由国民党政府支持的官办组织，一个是由一些自由主义知识分子组成的松散的民间学术团体；一个是为国民党政治统治‘代言’而从文艺上与其他文艺派别争夺影响力，一个是为民族国家

① 林毓生：《中国传统的创造性转化》，北京：三联书店，1988，第168页。

② 高玉：《重审中国现代文学史上的“民族主义文学运动”》，《人文杂志》，2005年第6期。

的独立自由而从文化、精神上重塑民族性格，并为中国文学在世界文学占一席之地的不懈努力。虽都认为近代是民族主义时代，都秉承孙中山的民族主义；但前者充斥着民族主义的二重性格，公开宣扬法西斯主义，后者却是中国最接近西方民族主义的派别，特别是接近德国的文化民族主义，是讲求创造的民族主义。”①

陈铨是民族文学运动的倡导者和实践者，他写了剧本《野玫瑰》《金指环》《蓝蝴蝶》《无情女》，以及长篇小说《狂飙》等。这些作品的主旨可用一句话概括：“牺牲儿女私情，尽忠国家民族。”这也是对其民族文学理论进行的文学诠释，强调强烈的民族意识、国家至上精神，表现积极进取的浪漫主义精神。此时的陈铨，摆脱了个人主义而变为一个激进的民族主义者，且是比较倾向于政府权力层面的民族主义者，强调民众顺从政府和领袖的领导，共同抗敌御侮，实现民族复兴。这种倾向，无疑会遭到喜欢批评政府的自由主义者和倡导启蒙大众的左翼知识分子的猛烈抨击。另一方面，他所提出的建构一个让四万万五千万同胞“利害相同，精神相通”的，并将所有人的心灵都容纳于其中的民族文学的理想，也注定只能是一个永远无法实现的乌托邦式的文学梦想。②

陈铨说：“文学是文化形态的一部分。”③林同济也宣称，“用文化综合的观点，来认识民族主义”，且民族主义也“还是一个历史形态的问题”④。所以，我们对为宣扬民族主义、提倡民族意识而发动的民族文学运动，必须用文化形态史观的方法去理解，去分析。那么，在此民族主义盛行的“战国时代”，民族文学运动又有何伦理意蕴呢？

二、民族文学的伦理意蕴：培植民族意识

在近代中国，文学承载了太多的功能，用文学来改造社会似乎已成共识。它对于道德革命、伦理启蒙都有重要的作用。在此意义上，笔者将文学称为“伦理启蒙的急先锋”。特别是在近代民族危机下，救亡与启蒙的双重变奏，使得文学的目光常常在启蒙心智与救亡图存间游移徘徊。“文学是人学及其观照的特征，早已在近代民族危机和中国政治生活的压力下避于一隅，工具性成为新文学的一大特征，为

---

① 宫富：《民族想象与国家叙事——“战国策派”的文化思想与文学形态研究》，浙江大学博士学位论文，2004。

② 季进、曾一果：《陈铨：异邦的借镜》，北京：文津出版社，2005，第84页。

③ 陈铨：《民族文学运动》，《大公报·战国》，1942年5月13日，第24期。

④ 林同济：《民族主义与二十世纪(上)》，《大公报·战国》，1942年6月17日，第29期。

现实服务成为第一指归。”[①]“战国策派”试图以文学为工具而培植民族意识、改造国民劣根性，从而实现他们文艺救亡的伦理目标。所以，我们可以说，培植民族意识，塑造民族精神，改造国民性，就是民族文学运动所蕴含的伦理意蕴。

何谓民族意识？在陈铨看来，“民族意识”能“使中国四万万五千万人，感觉他们是一个特殊的政治集团。他们的利害相同，精神相通，他们需要共同努力奋斗，才可以永远光荣生存在世界。他们有共同悠久的历史，他们骄傲他们的历史，他们对于将来的伟大创造，有不可动摇的信心。对于祖国，他们有深厚的感情，对于祖国的自由独立，他们有无穷的渴望。他们要为祖国生，要为祖国死，他们要为祖国展开一幅浪漫、丰富、精彩、壮烈的人生图画”[②]。这实际上是一种基于共同民族意识的民族认同。同时，民族意识还包含着中华民族固有的精神，即保证民族生存的先民勇敢善战的战斗精神和奉公守法、诚实忠信的先民道德精神。此外，民族意识还包括一种更为重要的精神，就是陈铨“所谓民族意识，固然是摆脱外来的束缚，同时还要离开前任的枷锁”之意，即自由独立精神。这就是民族文学运动提倡的“民族意识”的内涵。如江沛先生所言：“这一认识，既有文艺启蒙的意味，是对时代召唤的响应，也是希冀对近代以来知识界救亡与启蒙两大主题的兼顾。”[③]

在陈铨看来，中国还未形成一个强大国家时，不仅有民族文学，而且民族意识很强。但到后来由于领土的扩张，民族意识才逐渐消沉下去。另外，中国传统文化由于太过发达而缺乏民族意识。“中国文化素来就比旁的国家高，环列都是小蛮夷，远不及中国，中国人自以为是世界的中心、天下的主宰，中国的皇帝自命为‘天子’，任何的国家，都应当受他的支配。在这种情形之下，当然谈不上什么民族意识，因为民族意识是相形的比较的竞争的产物。中国人没有民族意识的需要，因为没有旁的国家文化，可以同它抗衡。”[④]直到鸦片战争，“中国的民族意识才算真正开始抬头，但还没有觉悟到自己是一个特别的民族”[⑤]。如果是在过去，民族意识的有无或许不会影响什么。但我们中国现在处在一个民族主义的时代，民族生存竞争已然非常尖锐，国家民族是生存竞争唯一的团体。所以，在

---

① 江沛：《战国策派思潮研究》，天津：天津人民出版社，2001，第172页。
② 陈铨：《民族文学运动的意义》，《大公报·战国》，1942年5月20日，第25期。
③ 江沛：《战国策派思潮研究》，天津：天津人民出版社，2001，第183页。
④ 陈铨：《文学运动与民族运动》，《军事与政治》，1941年11月10日，第2卷第2期。
⑤ 陈铨：《民族文学运动试论》，《文化先锋》，1942年10月17日，第1卷第9期。

世界没有大同，国际没有制裁以前，“民族主义，至少是这一个时代环境的玉律金科，‘国家至上，民族至上’的口号，确实一针见血”①。

陈铨指出，国与国之间谈不到什么正义、和平，要的是军事力量的优越，胜利的获得；达到这个目的，就可以生存，否则，就只有消灭；要达到这个目的，只有自力更生，不能依赖他人。而我们要图自救，就必须使全国上下充满战争意识。但眼下我们的宣传和教育却存在问题，不从“战”入手，偏偏要从一些空幻的理想名词入手，无法养成战争意识，更无法使其持久。令陈铨更不能接受的是，“中国现在许多士大夫阶级的人，依然满嘴的‘国际’‘人类’，听见人谈到国家民族，反而讥笑他眼光狭小，甚至横加诬蔑，好像还嫌中国的民族意识太多，一定要尽量浇冷水，让它完全消灭”。以至于他不得不拿出孙中山先生的思想来做例证，说明民族主义的重要。但在目前紧迫情势之下，陈铨认为需要一个“彻底计划：提倡民族意识，准备长久战争，鼓励全民族生存意志和权力意志，训练每一个青年配做一个战士，整个的国家配做一个强有力的战斗单位”②。于是，提倡民族意识就成了陈铨此后所倍加关注，并着力实践的事业。

提倡民族意识，或许只需一个口号即可。但若要具有并运用民族意识，则不是仅有口号就可功成的。在这两者之间，似乎存在着一个沟通的桥梁，即培植民族意识。如何培植民族意识，就显得格外重要。基于民族意识是民族文学的根基，民族文学又可以帮助加强民族意识的认识，对德国文学有着深刻理解的陈铨，借鉴了德国民族强盛的文化资源，以狂飙运动为蓝本，发起了民族文学运动。以民族文学运动来培植民族意识，改造国民劣根性。

既然当前是一个民族主义的时代，那么民族和文学有什么关系呢？陈铨在《文学运动与民族运动》一文中指出：“民族和文学，是分不开的。一个民族能否创造一种新文学，能否对于世界文学增加一批新成绩，先要看一个民族自己有没有民族意识。”③在考察欧洲多国的文学运动之后，他发现，各国的文学都经过了民族文学运动阶段，并且民族文学的发达，首先是由于民族意识的觉醒。进一步地说就是，一个民族若能够认识自己，创造特殊而有价值的文学，大多数的国民必须先要有民族意识。陈铨断言，没有民族意识，根本没有民族文学；没有民族

① 陈铨：《政治理想与理想政治》，《大公报·战国》，1942年1月28日，第9期。

② 同上。

③ 陈铨：《文学运动与民族运动》，《军事与政治》，1941年11月10日，第2卷第2期。

文学，根本就没有世界文学。[1] 特别是在近代社会里，文学和政治常常是分不开的。政治的力量可以支配一切，文学家作为政治集团的一分子，其思想生活同集团息息相关，离开政治集团，等于离开他自己大部分的思想生活，他创造的文学也就没有多少意义了。从文学与政治的关系看，“民族意识的提倡，不单是一个政治问题，同时也是一个文学问题”[2]。

在陈铨看来，民族文学运动不是孤立存在的，它只是一个特定时代——民族主义时代的具体表象。所以，民族运动和文学运动是分不开的。他进而指出：“民族主义的形成，由于民族意识的抬头；而民族意识的抬头为促成民族文学运动的主力。……民族文学运动如果不以发扬民族意识为前提，就根本失掉它的意义，而且会一败涂地的。”[3]培植民族意识正是陈铨发动民族文学运动的直接原因。而在论及文学和政治的关系时，陈铨称：“政治与文学，是互相关联的，有政治没有文学，政治运动的力量不能加强，有文学没有政治，文学运动的成绩也不能伟大。现在政治上民族主义高涨，正是民族文学运动最好的机会；同时，民族政治运动，也急需文学来帮助它，发扬它，推动它。”[4]他这里所要强调的是文学的救亡功能，是文学在民族危机日益深重，特别是面对日本全面侵华战争的现实，不得不在救亡与启蒙间做出的无奈选择。事实上，抗战以来，文学与政治早已融为一体，“抗战文艺”本身就代表了极为鲜明的救亡图存的民族意识。如果“全国民众意见纷歧，没有中心的思想，中心的人物，中心的政治力量，来推动一切，团结一切，这是文学的末路，也是民族的末路”[5]。陈铨强调政治，不是强调某个政治团体或党派组织，而是强调民族和国家的政治文化。对于陈铨而言，所谓的政治，就是救亡图存，就是重铸民族意识。

尽管文学举起的是救亡的旗帜，但它并没有放弃启蒙的责任。在抗战相持阶段，一股对抗战胜利缺乏或失去信心的颓废气氛在大后方弥漫开来。这股巨大的而弥漫国内的颓废情绪，是全民族抗战的最大敌人，它不仅在现实中出现，历史上每当出现民族危机之时也总会出现类似的现象，并成为一种顽固的国民劣根性。因此，从文化上找出国民性的软弱与不足并对之进行改造，是十分必要

---

① 陈铨：《民族文学运动》，《大公报 · 战国》，1942 年 5 月 13 日，第 24 期。
② 同上。
③ 陈铨：《民族文学运动试论》，《文化先锋》，1942 年 10 月 17 日，第 1 卷第 9 期。
④ 陈铨：《民族文学运动的意义》，《大公报 · 战国》，1942 年 5 月 20 日，第 25 期。
⑤ 同①。

的。这不仅是个现实问题，更是一个关乎中国文化未来发展前景和建国的重大问题。发起新的文学运动来驱散这股颓废情绪，树立民族自信心，修正民族弱点，改变国民性格，这都是很有必要的。沈从文认为："这新的文运新的文学观，从消极言，是作者一反当前附庸依赖精神，不甘心成为贪财商人的流行货，与狡猾政客的装饰品。从积极言，一定要在作品中输入一个健康雄强的人生观，人物性格必对做一个中国人的基本态度与信念，'有所为有所不为'，取予之际异常谨严认真。他必热爱认识，坚实朴厚，坦白诚实，勇于牺牲。"①事实上，陈铨所发起的民族文学运动正是沿着沈从文所谓的"积极"方面开展的。

近代国家在本质上是民族国家，民族意识是他们文化扩张的精神基础。世界近现代史的事实告诉我们，培植融合西方文化精神的民族意识是必不可少的。"战国策派"学人中，史学家雷海宗、政治学家林同济、哲学家贺麟等人从文化层次上对国民性的认识，可以说是纵向和理性的；而作为美学家、文学家的林同济、陈铨等人，更关注于通过影响较大的文艺形式对传统国民性进行批判，"在潜移默化中为国民性注入符合'大战国时代'的'民族意识'。应该说，战国策派学人的这种文化认识与思考，是他们倡导'民族文学'运动的最初动因，也顺应了此时文化界膨胀而起的'中国化'思潮，具有相当的合理性和现实性"②。陈铨不断地创作出"英雄"人物的作品来实践其民族文学运动，唤起群众的民族意识，并且在这些英雄身上，也具备了其民族文学运动所要培植的民族意识，他们"为了一个崇高的理想，真善美的任何一方面，愿意牺牲一切，甚于生命，亦所不惜"③。

陈铨虽未能在理论上给"民族文学"一个准确的定义，但他却通过其文学理论和文学实践表达了它所蕴含的伦理意蕴，即民族文学是以民族意识为核心命题，以弘扬民族精神为主导，肯定人生、表现人类伟大精神的盛世文学。

第二节　英雄崇拜与英雄人格

"英雄崇拜"在"战国策派"内部是由陈铨最先提出并大力倡导的，且引起了

① 沈从文：《新的文学运动与新的文学观》，《战国策》，1940 年 8 月 5 日，第 9 期。
② 江沛：《战国策派思潮研究》，天津：天津人民出版社，2001，第 177 页。
③ 陈铨：《青花——理想主义与浪漫主义》，《国风》，1943 年 4 月 16 日，第 12 期。

沈从文、贺麟等人的参与讨论。在“战国策派”之外也有众多争论者，有支持者，也有反对者。一时间“引起不少的同情和反响”，也出现了“许多谩骂攻击的文章”。不管争论结果如何，“战国策派”所关注的“英雄崇拜”的问题，不只“根本是一个历史观的问题”，“一个最迫切的政治问题”，在本质上更为深刻的则是“一个人格修养的道德问题”，具有重大的伦理意义。

一、“英雄崇拜”论争

事实上，自 1841 年英国人卡莱尔（Thomas Carlyle）的《英雄与英雄崇拜》（*On Heroes, Hero-worship, and the Heroic in History*）一书[1]的问世，国人随着民族危机的不断加深而对“英雄崇拜”的问题一直持续关注。据查证，该书最早的中译本是 1937 年 3 月由商务印书馆出版的曾虚白先生翻译的《英雄与英雄崇拜》。该书出版于抗日民族统一战线正式形成后而全面抗日战争爆发前，此刻国家民族已然到了生死存亡之际，抗战形势极为严峻。国人此时大加关注“英雄崇拜”的问题自然有其时代的意义。

事实上，在中译本《英雄与英雄崇拜》出版之前，就已有关于英雄与英雄崇拜的讨论。讨论者大多是站在挽救民族危亡的立场，支持或反对英雄崇拜。有论者认为，中国政治未上轨道，人民未享自由幸福的原因，完全由于国人英雄心理太重，而英雄心理的表现，尤以军人为最甚。甚至认为历来中国战局混沌循环不已，也都是英雄心理在内作祟。在该论者看来，英雄心理注重个人利益而有害于国家，爱国主义注重国家利益，只要于国家有利，那么个人方面则无事不可牺牲。因此，要想实现中国真正和平的统一，定要变英雄心理为爱国主义不可。[2] 故而，其反对英雄崇拜的理由就在于“祸中国”的“英雄心理”。1934 年《新生》周刊第 6 期上的一篇文章指出，在民族危机深重的时代，英雄崇拜的观念的复活原属平常。但现在社会的危机绝非英雄所能解救，尤其是中国这样民力微弱的国家。然而许多智识上的领导者甚至煽动英雄崇拜的毒焰，其可怕后果可能就是，使惰性本已甚深的民众万劫不复，英雄不仅不能够救国家民族，而且无益于社会人

---

① 该书译本最早可见的是曾虚白翻译的《英雄与英雄崇拜》（商务印书馆 1937 年版）。此后有张志民与段忠桥合译版（《论英雄和英雄崇拜》，中国国际广播出版社 1988 年版）、张峰与吕霞合译版（《英雄和英雄崇拜——卡莱尔讲演集》，上海三联书店 1988 年版）、何欣版（《英雄与英雄崇拜》，辽宁教育出版社 1998 年版）以及周祖达版（《论英雄、英雄崇拜和历史上的英雄业绩》，商务印书馆 2005 年版）等多个版本。

② 允文：《论英雄心理之祸中国》，《东方公论》，1930 年第 26 期。

心！所以，“中国今日的病根，在乎整个民族的衰颓，不在于没有英雄”，而在于注意大众的精神与肉体的健康训练，唤起民众的自觉，使他们意识到自己的力量，因此而奋斗。该文作者的结论就是“不应提倡英雄崇拜”①。

也有论者认为，国人是最崇拜英雄的。说国人不崇拜英雄，是不对的。不崇拜是因为英雄不知自爱，为德不卒，而将国人崇拜之念灰冰而已。但是，如果一个民族国家或社会没有英雄，那么就缺乏生发伟大之气。我们期待新英雄，要做新英雄。在《新英雄论》一文中，作者分析了民族发展与英雄、英雄崇拜的情操，他认为英雄的出现是人类发展的重要条件，而作育英雄则是民族兴隆的一大要素。崇拜英雄的情操同崇神祇的宗教心、对父母的孝敬心、对异性的恋爱心一样，都是我们潜伏在人类感情根底的强固的天性。这是人类热望自己精神扩大向上的感情的流露。所以，崇拜英雄的情绪可以鼓舞我们高尚的竞争心。然而，英雄会随时代的变化而变化，不变的是人类终无不以具有伟大灵魂的人为英雄而崇拜之。倘若一个时代没有英雄，那么，“这种时代定是大地上雄伟优秀的人物消逝的日子，定是人类灭亡之日的前夕”②。无疑，作者是承认和赞成英雄崇拜的。

抗战爆发后，“战国策派”将“英雄崇拜”的问题重点提出并使其影响扩大化，还以此作为改造国民性的一个重要切入点，从而引起了一场关于“英雄崇拜”的大论争。论争起始于陈铨在《战国策》第4期发表的《论英雄崇拜》一文。深受叔本华、尼采意志哲学，特别是尼采权力意志和超人哲学的影响，陈铨在文中提出了其所谓的“中国目前最切急的问题”之一——“英雄崇拜”问题。

在陈铨看来，“物”和“人”是推动人类历史演变的两种力量，虽然人类的行动会受物质的限制，但物质始终不能限制一切。于是他便用“唯意志论”来反驳唯物论。“假如只拿物质条件，来解释一切，一定要陷于许多错误。”因为物质要靠人类来运用，人类之所以为人类，是由于其强烈的意志。这一与生俱来不可磨灭的意志，是人类精神活动的根基，是人类一切感觉本能统一性的主脑。人类可以支配物质，战胜物质，甚至于改变物质，创造物质。所以，“人类的意志，才是历史演进的中心”③。既然人类意志“创造了人类全部的历史”，那么，这个“意志”到

---

① 高平：《英雄崇拜》，《新生》，1934年第1卷第6期。
② 鹤见祐辅著，一鸥译：《新英雄论》，《公余》，1937年第1卷第3期。
③ 陈铨：《论英雄崇拜》，《战国策》，1940年5月15日，第4期。

底是“多数人的意志，还是少数人的意志”？陈铨认为，虽然多数人的意志发展会成为一种庞大的意志结合，造成一种人类精彩的活动，但他们本身却没有表现创造的能力。他颂扬英雄时说：“英雄是群众意志的代表，也是唤醒群众意志的先知。群众要没有英雄，就像一群的绵羊，没有牧人，他们虽然有生存的意志，然而不一定能够得着最适当生存的机会。”也就是说，只有极少数的天才人物——英雄，才能够代表群众，领导群众，去创造光明灿烂的历史，踏进历史的新阶段。所以历史与英雄是分不开的。陈铨指出：“英雄与历史，有双重的关系。一方面他可以代表群众的意志，发明，创造，克服一切困难，适合时代的要求。在另一方面，他也可以事先认定时代的要求，启发群众的意志，努力，奋斗，展开历史的新局面。”①在他看来，“时势造英雄，英雄造时势”这一名言充分说明了“历史演进的真理”以及英雄和历史发展的相互关系。

于是，陈铨得出“人类意志是历史演化的中心，英雄是人类意志的中心”的结论。在他看来，英雄是多方面的，包括武力、宗教、政治、美术、文学、哲学、科学等方面。也就是说，他所谓的英雄崇拜并不是像某些人指责的那样崇拜希特勒、蒋介石等政治领袖。在陈铨这里，英雄是群众的救星，也是宇宙伟大的现象。人们应当崇拜英雄，而且英雄崇拜是一种高洁光明的情怀。他甚至断言：“一个不知崇拜英雄的时代，一定是文化堕落民族衰亡的时代。”“世界上凡是不能够崇拜英雄的人，就是狭小无能的人；凡是不能够无条件崇拜英雄的人，就是卑鄙下流的人。”②那么，英雄崇拜与民族救亡、文化复兴又有何关系呢？陈铨认为，我们的“文化堕落民族衰亡”已是事实，在此情境下我们中国人能够崇拜英雄吗？换句话说，我们要不要再做这个“狭小无能”“卑鄙下流”的人？他的答案自然是否定的。因为“中国人素来是崇拜英雄的。一部廿四史，里面的记载，大部分都是民族的英雄；……中国的历史演进，毫无疑义地是以英雄为中心”③。在陈铨看来，中国崇拜英雄的情形，在中国的下层阶级，特别是农村——农民对英雄“敬之若神明”——更见明显。抗战以来，由于当兵的人坚守着原始民族真诚崇拜英雄的传统中国民族精神，所以中国军队在前线所表现的“震惊了全世界”的精神和勇气，“并不是什么特别的事情”。

---

① 陈铨：《论英雄崇拜》，《战国策》，1940 年 5 月 15 日，第 4 期。

② 同上。

③ 同上。

陈铨认为，“素来是崇拜英雄的”中国人变为“不能崇拜英雄”，一是因为中国士大夫阶级的腐化。经过千百年传统的腐化陶养和二十年反对英雄崇拜的近代教育，士大夫阶级已经走到了末路，无法再肩负时代的责任和重担。二是五四运动以来个人主义的变态发达。五四运动的两面旗帜，也被当作无限伸张个人自由、反叛嫉妒自私颓废的工具。“五四的流弊，就是更进一步使中国士大夫阶级，更加腐败。”①上述两个原因，造成了中国今日士大夫阶级无信仰、无人格、阿谀逢迎、虚伪狡诈的风气。他们虽满口的自由独立，却是满肚的奸诈邪淫。抗战以来，前线的战士都表现得可歌可泣，而中国的文官却在后方“极尽颓废贪婪的能事”。有学者认为：“陈铨对‘英雄崇拜’的提倡实际上是表示对知识分子群体，特别是出身于知识分子的文官们在民族危亡的紧要关头，在后方‘极尽颓废贪婪的能事’的强烈不满。”②所以，陈铨极力号召国人崇拜英雄。但我们传统的教育，以及五四以来反传统的传统却是与英雄崇拜相牴牾的。“对于一切的传统都要打倒，对于任何的英雄，都不佩服。他们相信的、崇拜的只有自己，在这一种空气之下，社会一切都陷于极端的紊乱。”③然而，在陈铨看来，中国还没有亡国灭种就是“幸亏有中国下层阶级，保持中国祖先遗留下来的民族精神”。而这其实要归功于“中国平民教育不发达”，因为“平民教育要太发达，中国民族，一定会更不能崇拜英雄，更是一盘散沙，这次抗敌，更没有人拼命了”④！陈铨的这种观点似乎就难以令人接受，日后也为人所指摘。

鉴于此，陈铨提出如何改变教育方针，如何打破中国士大夫阶级腐化的风气，如何发扬中国民族潜在的精神等是“中国目前最切急的问题”。但归根到底，他更为关注的是“怎么样养成英雄崇拜的风气”。实际上，陈铨所提倡的“英雄崇拜”是尼采的超人与卡莱尔的英雄观的结合体。有论者从中国近代唯意志论发展的历程进行分析，认为“战国策派”的“英雄史观”是中国近代自龚自珍以来的唯意志论思潮的继续和发展，但是它从重视意志而推出英雄崇拜的主张，又与这一思潮反宿命论、反英雄崇拜的主流相违背，是近代唯意志论思潮结出的一枚恶果。⑤

---

① 陈铨：《论英雄崇拜》，《战国策》，1940年5月15日，第4期。

② 田亮：《“战国策派”再认识》，《同济大学学报：社会科学版》，2003年第1期。

③ 同①。

④ 同①。

⑤ 高瑞泉：《天命的没落——中国近代唯意志论思潮研究》，上海：上海人民出版社，1991，第192页。

事实上，权力意志和超人的哲学思想是陈铨英雄崇拜理论的基础。他认为，在尼采的人生哲学中，权力是支配人行动的基础，而非生存。“支配人生一切的，不是生存意志，乃是权力意志，我们对人生不应当消极地逃卸，应当积极地努力。生活的意义，不在压制自我，而在发展自我，不在怜悯他人，而在战胜他人。世界必须要进步，人类必须要超过。”①不可否认，“陈铨关于英雄崇拜的理论从他的初衷看是希望找到改变民族精神的途径，但事实上，他的着眼点并不高，与他所尊崇的尼采的哲学思想是相背离的，与当时提倡民主、科学的文化大背景更不协调，因此他的理论没有成为战国策派思想的经典，反而遭到了许多的批判。”②即是说，陈铨提倡英雄崇拜的本意是要以理想、信仰等来改造国民劣根性，但其具有明显权威主义意识和激进主义色彩的论述，也极易引起误解。所以，在其《论英雄崇拜》一文发表后即引发出反对与赞成两种截然不同的声音，激起了文化界的强烈反响。这种声音与反响，既有来自“战国策派”内部的，也有其外的。

首先出场的是“战国策派”成员沈从文。他于1940年6月1日的第5期《战国策》上发表《读〈论英雄崇拜〉》一文，最先向陈铨的“英雄崇拜”主张提出异议。沈从文直言不讳地说：“个人是个不大‘崇拜英雄’的人，但想想也还不像‘卑鄙小人’，有些与陈先生不同意见，特写出来作为对这问题有兴趣的读者参考。”他认为陈铨提倡英雄崇拜，“本意给国人打气，对‘英雄’有所赞美，用意自然很好”，“惟似有所蔽，辞不达意外，实容易被妄人引为张本，增加糊涂”③。

对于陈铨给英雄所下的定义，以及对待英雄的态度上，沈从文都难以苟同。他反对陈铨引用叔本华、尼采等人的意见对英雄崇拜所做的“抒情说明”，认为这些人的英雄观多属“超人”，与“时代不合”。在他看来，真英雄就是真的领袖，而不是万能法师。基于民治主义对于人的原则，英雄、领袖并不是神秘不可思议的神。他要人相近而非离远，要群众信托爱敬而非迷信崇拜。沈从文说：“英雄只是一个‘人’，与我们相差处并非‘头脑万能’，不过‘有权据势’。维持他的权柄，发展他的伟大，并不靠群众单纯的崇拜，靠的倒是中层分子各方面的热诚合作！”④所以，对待英雄也只是大事信托而不必迷信崇拜，尊之若神。至于读书人

---

① 陈铨：《尼采的道德观念》，《战国策》，1940年9月15日，第12期。

② 陈哲夫、江荣海等：《二十世纪中国思想史》，济南：山东人民出版社，2002，第606-607页。

③ 沈从文：《读〈论英雄崇拜〉》，《战国策》，1940年6月1日，第5期。

④ 同上。

崇拜不崇拜英雄，则是无所谓的。

沈从文并不同意陈铨提出的所谓的英雄崇拜是抗战建国的主要条件，因为抗战建国都是需要知识的。"谈抗战，……攻守进退需要的全是知识，并不单凭个人勇敢热忱与不相干的多数崇拜所能济事！……至于谈建国，那更非知识不可。"[①]所以，对英雄、领袖不要迷信。因为"时代到了二十世纪，神的解体是一件自然不过的事情。他虽解体却并不妨碍建国"。从政治哲学的角度考虑，尽管在中国"神的再造有其必要"，但"决不是单纯的英雄崇拜即可见功"。沈从文认为，我们可以从近三十年世界强国从群众中造偶像的成功案例中取法，而没必要将由尊敬而产生的神性集中到一个"伟人"身上。否则，"若真的以一个人具神性为中心，使群众由惊觉神秘而拜倒，尤其是使士大夫也如陈先生所描写的无条件拜倒"[②]，那么，这个国家就无法实现现代化。

最让沈从文感到不解，也极为不满的是，陈铨将中国缺乏英雄崇拜归咎于五四以来所提倡的民主与科学。他批评陈铨的意见虽新，口吻却像清末民初的遗老。其实，沈从文原本在五四以来的文学观上与陈铨有些不同意见。他不赞同陈铨所谓的五四运动以来的新文学运动是失败的说法，认为五四的"文学革命"经过二十年，"不特影响到青年人生活观念，且成为社会变迁的主力的一种"[③]。而当陈铨在《论英雄崇拜》中大肆提倡英雄崇拜而贬抑五四时，沈从文就无法忍受了。

沈从文认为，假如晚清遗老、民初议会诸公属于陈先生所谓的"士大夫"的话，那么"五四的流弊是更进一步使中国士大夫阶级堕落腐败"在当今中国知识分子和文职官员中的确存在。但这些人与"五四"毫不相干。事实上，那些因五四而起的人物，大多数是当前社会负责者，近十年来中国的进步成绩都可说是他们的贡献。腐化堕落，实说不上，好吃懒做，亦不可能。至于陈铨所言士大夫的贪污、腐败、无人格、无信仰等问题的产生，与长年以来政治纷争与国民党政权集权体制密切相关，而非"五四"造成，与"五四"倡导的民主、科学精神毫不相干。沈从文指出："这时虽是战时，要颂扬武人的武德武功方法也很多，实不必如此曲解过去！中国为了适应环境，在这个大战时代，或者会抛弃民主政治形式，变成

---

① 沈从文：《读〈论英雄崇拜〉》，《战国策》，1940年6月1日，第5期。

② 同上。

③ 沈从文：《白话文问题——过去当前和未来检视》，《战国策》，1940年4月15日，第2期。

一个集权的组织，这组织无所谓左无所谓右是可能的，但这与二十年前的读书人做的社会改造运动是无冲突的。”①这实际上是沈从文对五四的一种认可与赞扬。所以，他指出这些年来，国家统一意识的增强，中国社会与公民观念都在逐渐进步，我们应当多注意国家重造、士大夫改造等这些光明进步的方面，不要只看到社会的阴暗与堕落。

在抗战的特殊时期，提倡英雄崇拜无可厚非。但中国谈改造运动，“国家要集权，真正的‘民治主义’与‘科学精神’还值得好好地重新提倡，正因为要‘未来’不与‘过去’一样，对中国进步实有重要的意义！对外言，‘战争人人有份’这句话，想要发生真正普遍作用，是要从民治主义方式教育上方有成效可言的。对内言，在政治上则可言抵抗无知识的垄断主义，以及与迷信不可分的英雄崇拜主义。更重要的是抵抗封建化以性关系为中心的外戚人情主义。在教育上则可以抵抗宗教功利化、思想凝固化，以及装幌子化。在文学艺术运动上则可以抵抗不聪明的统治与限制，在一般文化事业上则可望专家分工，不至为少数妄人引入歧途。至若科学精神的应用，尤不可少，国家要现代化，就无一事不需要条理明确实事求是的科学精神”！沈从文一针见血地指出：改造中国文化与社会，“实离不了制度化和专家化及新战国时代新公民道德的培养，除依靠一种真正民主政治的逐渐实行与科学精神的发扬光大，此外更无较简便方式可采”②。

沈从文的批判，可以说是抓住了陈铨“英雄崇拜”论点的薄弱之处和由此可能产生的负面效应。近代中国社会在外源性现代化推动之下发生了剧烈的社会转型，但由于近代经济与政治的成分还十分薄弱，并不足以彻底清理封建主义的毒素。陈铨想用泛“英雄崇拜”的观念变化来改造国民性的设想，极易使传统政治意识较深的国人发生政治崇拜乃至神人崇拜的错位理解，这种意识如果得以流传，其危害是非常可怕的。③

《战国策》的编辑为鼓励对“英雄崇拜”的问题进行讨论，在沈从文《读〈论英雄崇拜〉》的文前加了批语：“我们希望读者看了陈铨先生原文和沈先生这篇反辩之后，可以得到兴趣，参加讨论本题。”在《读〈论英雄崇拜〉》发表后，陈铨借着介绍《德国民族的性格和思想》对沈从文作了答复。陈铨表示“沈先生的诚恳，很令

① 沈从文：《读〈论英雄崇拜〉》，《战国策》，1940年6月1日，第5期。
② 同上。
③ 江沛：《战国策派思潮研究》，天津：天津人民出版社，2001，第158页。

人感动，沈先生文章里所指摘的小节地方，我也可以在某种条件下赞同接受”，但较为遗憾的是，“沈先生的文章，对于我的思想最主要的问题，还没有抓住”。“对于欧洲英美传统派而外的思想实在太隔膜了”似乎就是沈从文没有“抓住”最主要的问题的原因。陈铨解释说，“英雄崇拜”问题的背后实际上还“隐藏着欧洲数千年另一派思想界的潮流”，这一派思想潮流就是有别于英美等国的“德国思想”。所以他特撰《德国民族的性格和思想》一文来为其“英雄崇拜”说摇旗呐喊，并以此作为对沈从文的回答①。

陈铨在文章的开端就毫无忌讳地强调指出，德国民族对“最强者的权力问题”的关注是“德国民族从有历史以来根深蒂固的思想”。陈铨以为，“德国民族的性格，中间包含三种显明的特征，第一是理想，第二是准确，第三是好战。这三种特征，彼此有相互的关系……成了解不破的连环”。陈铨进一步指出，“国家至上，民族至上”“反对民治主义”“英雄崇拜”是德国民族思想“明显地和其他的民族不同”的三个观念。其中，陈铨又特别强调“英雄崇拜”这个观念，因为“英雄是国家民族的灵魂”。陈铨指出：“平民政治的基础，建筑在群众上面，民族主义国家主义的基础，则建筑在天才上面。天才是民族的灵魂，是群众的救星，没有天才的领导组织，民族国家根本不能存在发展。”②“天才”也正是他所谓的“英雄”。所以说，“英雄崇拜”观念正是德国国家主义思想的基础。有论者认为，“陈铨与沈从文‘英雄崇拜’说之论争，甚至整个与‘战国策派’相关的议论，都被视为是德国与英美等国所代表的思想流派之争，国家主义与个人主义之争”③。

陈铨倡导“英雄崇拜”的用意，就是希望能把另一类欧美思潮——德国思想介绍到心目中只有英美思想的中国，并期盼国人能从中寻找到强国之路，领悟出救亡之道。对于在介绍德国思想，特别是“崇拜英雄”说的过程中所引发的激烈争议，陈铨认为：“对于欧洲思想史，没有研究，对于德国的民情文化，没有了解，中国近几十年对于英美派的思想，已经普遍介绍，稍微懂一点新思想的人，除了英美派思想以外，就无所谓思想，在这种情形之下，我们要介绍德国思想，当然要引起一些人的惊骇反对。二十年前五四运动的时候，一般遗老，习于中国旧思想，激烈反对英美派新思想。现在一般人习于英美派思想，激烈反对德国思想，

---

① 陈铨：《德国民族的性格和思想》，《战国策》，1940年6月25日，第6期。

② 同上。

③ 冯启宏：《战国策派之研究》，高雄：高雄复文图书出版社，2000，第165页。

这是很自然的事。"[①]陈铨对英雄崇拜的宣扬以及西方哲学的宣传,"直接目的是服务于自己的政治主张,所以介绍叔本华和尼采他都是有选择的,并不是纯学术的。从19世纪初绵延至40年代,整个中国学术界是在拼命输入别国的学术文化,基本倾向都在谋求如何从改变观念和自我闭塞着手,从而挽救民族危机实现中国富强"[②]。

对国人面对战国时代只知英美思想的窘状,"战国策派"的另一核心成员何永佶与陈铨可谓"英雄所见略同"。何永佶说:"二十年来中国的思想先进,以英美的留学生为多,他们心目中的西洋思想,只是英美思想,他们介绍的也大半只是英美思想,而不知除英美外,尚有其他思想、其他事实,不容抹杀而使估计陷于错误。"[③]所以,以英美思想来衡量、估计德国思想是要犯错误的。"德国人理想中的世界,绝不是英法美各国人理想中的世界。张伯伦始终没有了解希特勒,他以为对付希特勒可以应用对付一般英美法人的手段,所以一误再误。罗斯福也并没有了解希特勒,所以大声只嚷世界和平。斯大林也没有了解希特勒,他以为德国的国社党运动,是希特勒和少数资产阶级的活动。他们不知道,……这一种思想的潮流,庞大的集合力量,下定摧毁征服的决心,其他的民族国家,如果还想保持自己的生命自由,不赶紧于他们传统的习惯外另取一种新的态度、新的手段、新的精神,是决没有侥幸的。"[④]在他们看来,"新的态度、新的手段、新的精神"也无外乎对德国思想的取法,特别是所谓的"国家至上,民族至上"以及"英雄崇拜","这一个问题,这一派思想,我们以后还得大量写文章阐明",使中国思想界展开一个新局面,以应付时局。

此外,反对"英雄崇拜"的人还有单戈士[⑤]、胡绳[⑥]、张子斋[⑦]等人。单戈士表示赞同沈从文反对英雄崇拜的意见,但"觉得沈先生的文章似乎'意犹未尽'"。进而驳斥陈铨"英雄创造历史"的观点,强调"推动历史、创造历史的始终是群众,

---

① 陈铨:《德国民族的性格和思想》,《战国策》,1940年6月25日,第6期。

② 成海鹰、成芳:《唯意志论哲学在中国》,北京:首都师范大学出版社,2002,第93页。

③ 何永佶:《欧战与中国》,《战国策》,1940年6月25日,第6期。

④ 同①。

⑤ 单戈士:《谈谈"英雄崇拜"》,《荡寇志》,1940年9月15日,第1卷第1期。《单戈士先生简答陈铨先生的信》,《荡寇志》,1940年10月30日,第1卷第2期。

⑥ 胡绳:《论英雄与英雄主义》,《全民抗战周刊》,1940年11月30日,第148期。

⑦ 张子斋:《从尼采主义谈到英雄崇拜与优生学》,《学习生活》,1941年3月10日,第2卷第3、4期合刊。

而绝不是个人或少数人的力量”。这一观点也是胡绳、张子斋所着力批判陈铨之处。同沈从文一样,单戈士也反驳陈铨把中国不能崇拜英雄归咎于五四运动提倡科学和民主的观点,指责其“牵强附会,曲意诬赃”,指出“中国士大夫的没落决不自五四始,五四运动的意义只是加速中国腐化阶级的彻底崩溃消灭而已,故士大夫阶级之没落决不足为五四之罪,‘英雄崇拜’更与五四风马牛不相及”。通篇看来,单戈士语气尖锐,言辞激烈,对陈铨抱有很深的敌意,所谓“只有我们陈先生才是骨子里傍有‘升官发财’四个大字而只有‘英雄气分’的真正‘崇拜英雄’者”;“因为陈先生非但懂得‘下流卑鄙’而且时常满嘴‘高尚伟大’的!”①就不是说理论辩,而近乎人身攻击了。陈铨主张英雄崇拜的出发点在拯救国家、转移风气,对于单戈士的批评并未多做回应,他只是坚持己见:“铨以后对于此问题,仍拟多做正面介绍阐明的工作,少写辩论争战,甚至于个人攻击的文章。……对于沈从文先生及与沈先生意见相同的人,我最希望他们虚心观察,不为成见所拘。”②

此后,胡绳发表《论英雄与英雄主义》,指摘陈铨的英雄崇拜观是“旧历史观的新化装”,“历史本身否定着这种糊涂的历史观”,实质上是将英雄神秘化与宗教化,巩固少数“英雄”对于广大人民的统治。针对陈铨的超人式英雄,胡绳主张:“在健康的现实的意义上建立新的英雄观念,发扬新的英雄主义!”新的英雄观认为:“英雄产生于劳动、生活与战斗中,凡劳动着的、生活着的、战斗着的人都可能成为英雄。”“凡能自觉地勇敢地从事解放自己的斗争,让自己来决定自己的命运的人就是英雄。”所以,这种“新的英雄不是偶像,而是健康的人;不是‘人上人’‘超人’,而是人中的人;不是脱离了群众的,而是生活在群众中间依靠着群众的;不是企图自由地改变历史道路的疯子,而是顺应着历史的发展,发挥出无限的战斗的积极性的自由人;不是天才,而是平常人;他们的伟大不表现在神秘,而是表现在平常的中间”。在胡绳看来,英雄产生的根源就在“人的自由的发展,自发性的高扬,战斗积极性的提起”,人民才是“历史中的真正的英雄,真正的主角”,是千万无名英雄的集合体,号召“我们就要做这样的集体的英雄中的一员”。③ 这是唯物主义的英雄观。

此外,张子斋也撰文批评陈铨的英雄崇拜观。他认为“战国策派”的英雄崇

① 单戈士:《谈谈“英雄崇拜”》,《荡寇志》,1940年9月15日,第1卷第1期。
② 陈铨:《陈铨先生来信》,《荡寇志》,1940年10月30日,第1卷第2期。
③ 胡绳:《论英雄与英雄主义》,《全民抗战周刊》,1940年11月30日,第148期。

拜是从尼采那里抄袭而来的,陈铨所谓的少数人、英雄的意志才是历史演进的中心的观点"完全是倒果为因的说法"。进而用唯物论的观点,批驳陈铨的唯意志论英雄观,"历史社会的发展,并不取决于英雄的愿望、观念和意志,而是取决于社会生存的物质条件的发展,取决于物质资料生产方式的变更,取决于人们在物质生产方面的相互关系的变更,取决于各种不同的人群为着在物质资料生产和分配方面的作用与地位而进行的斗争"。此外,他指责陈铨要我们崇拜希特勒、墨索里尼式的英雄,并且为了崇拜英雄,绞杀民主与科学,使大家都浑浑噩噩,愚昧无知。张子斋认为,陈铨要我们崇拜希特勒、墨索里尼式的英雄并不准确,因为在"战国策派"的论述中已有反对希特勒的明确主张。在张子斋看来,"传播民主与科学,促进中国人民的'人'的觉醒,是五四的最大功绩"。这一功绩在陈铨那里却是罪恶。该文还对陈铨非难民治主义与科学精神、反对平民教育等问题进行了反驳。[①] 反对者还有基督教联合出版社所刊行的《天风》杂志,该社在1945年刊发了《"英雄"安在?》,认为现在英雄们是死了,但帮凶的奴才们却并没有死,英雄的崇拜者还大有人在,甚至连我们的周围还保留着大批希莫的知音者,《野玫瑰》《蓝蝴蝶》、"意志""权力"……[②]批判的矛头直指"战国策派",特别是陈铨。

反对或非难英雄崇拜似乎成了众多论争者的立场,但论争中也不乏支持者。贺麟在《战国策》第17期发表《英雄崇拜与人格教育》,表示支持英雄崇拜。他总结前期论争情况:"陈铨先生在《战国策》第4期发表《论英雄崇拜》一篇文章以后,引起各方面不少的同情和攻击。攻击陈先生的人,大都从某种政治的立场说话,误认英雄崇拜的提倡,即是为法西斯主义张目。"但是,"陈先生的文章里边,尤其不能令人同意的,就是他似乎认为英雄崇拜和民治主义是相反的"[③]。这一观点在上述反对者的论述中已然提及。贺麟对此也不同意。他认为:"英雄崇拜不但和民治主义不相反,而且是实行民治主义不可缺少的条件。……提倡崇拜英雄,决不是反理智、反理性、反学术文化以回复原始时代的自然状态。"贺麟进而主张从人格教育方面去理解和阐明英雄崇拜的意义,强调"英雄崇拜,根本上

① 张子斋:《从尼采主义谈到英雄崇拜与优生学》,《学习生活》,1941年3月10日,第2卷第3、4期合刊。

② 天风社:《"英雄"安在?》,《天风》,1945年5月12日,第8期。

③ 贺麟:《英雄崇拜与人格教育》,《战国策》,1941年7月20日,第17期。

是文化方面、道德方面关于人格修养的问题，不是政治问题。站在政治的立场去提倡固不对，站在政治立场去反对英雄崇拜也是无的放矢”。英雄崇拜的真义就在于精神上的互相交契和人格方面的感召，这“也是推动并促进学术文化使之活跃而有生气的主要条件”。[①] 概括而言，贺麟认为，不论是从理论而言，还是个人修养，抑或是教育方面，都值得提倡英雄崇拜。

陈铨在论争开展近两年后，在1942年4月21日重庆《大公报·战国》副刊上又刊发了《再论英雄崇拜》。此文只是对其历史观多做了一些具体的解释，重申了其《论英雄崇拜》的观点，对反对英雄崇拜的心理和论据等进行了驳斥。他赞赏“沈先生和贺先生的态度，都是很诚恳的，无论他们赞成还是反对，我都一样地欢迎，因为他们能够严重地把这一个问题当作一个问题，这在新时代演变中间，已经是最足令人吟味的事实”。但对“他们都忽略了我原文最重要的意义”表示失望。在陈铨看来，“英雄崇拜的问题，根本上是一个历史观的问题”，“判决这一种历史观是否正确，英雄是否应当崇拜的问题便自然迎刃而解。不抓住这一点，而来做技术的辩说，或者另出题目，而自做一场的论证，则对于作者的论证，根本不生损益了”。这也正是陈铨在此文中着重强调的问题。另外，陈铨认为“所谓人类的平等，是在道德方面而不在才智方面：在道德方面，我们尽会看见‘满地都是圣人’，‘服尧之服，诵尧之言，行尧之行，是尧而已矣’。在才智方面，情形却完全两样，有许多事体，只有某人胜任愉快，其他千万的人，都不能担当，我们有什么办法，同他平等呢”？由此，他主张树立英雄在国家中的领导地位，“我们需要‘金’‘银’的分子，处在领导地位，我们需要一种健全的向心力，使中国成为一个有组织有进步有冷有热的国家”。这或许是陈铨对批评其反对民主的一个回应。最后，陈铨特别强调英雄崇拜的性质和重要性，“英雄崇拜，不仅是一个人格修养的道德问题，同时也是一个最迫切的政治问题，中华民族能否永远光荣地生存于世界，人类历史能否迅速推进于未来，恐怕要看我们对这个问题能否用时代的眼光来把握它，解决它”[②]。

在1942年《中央周刊》上一篇署名为何友恪的文章《论英雄和英雄主义》，则对英雄崇拜表示了赞成和支持。该文认为，英雄就是能够牺牲小我为大众谋福利的人，并且英雄是人人可为。在他看来，只有立志为英雄的人才是良好的国

① 贺麟：《英雄崇拜与人格教育》，《战国策》，1941年7月20日，第17期。

② 陈铨：《再论英雄崇拜》，《大公报·战国》，1942年4月21日，第21期。

民。英雄是时代的产物,英雄主义是时代精神的结合。在我们大翻身的今日,作者高呼:"培植英雄!制造英雄!提倡英雄主义!建立英雄崇拜!"①此外,"战国策派"内部林同济、王赣愚等虽未直接参与论战,但也就这一问题发表过各自不同意见。林同济认为,历史是一个恶性循环,不良的统治与恶劣的环境二者互为因果,要打破这个恶性循环需英雄人物来振奋启迪,而英雄的用处也就在他打破恶性循环,这就是他值得崇拜的地方。② 他还把人类社会的发展归功于"先知先觉"的眼光与意志,"人类生活得免于堕落与劣化,端赖历史上不时产生出慧眼慧心的先觉大雄,在那里唤醒大家的沉梦,苦行苦口,劝大家向上攀登"③。他认为中国民族观念与政治能屡经大难而存在,靠的就是少数又少数成仁取义的英雄④。朱光潜对英雄崇拜持赞同态度,从"研究它(英雄崇拜)的含义和在人生社会上的可能的功用"着手,最后得出结论:"从教育观点看,我们主张维持一般人所认为过时的英雄崇拜。"⑤王赣愚则坚决反对英雄崇拜,认为"'英雄崇拜'的心理养成,思想便为迷信所囚固,尽管予以充分政治自由,结果亦未必能善为利用"。⑥

陈铨提倡英雄崇拜的用心,是试图通过树立偶像来凝聚众智众力,救亡图存,共赴国难。沈从文对此看得极为透彻,他认为这个问题绝不是单纯的英雄崇拜即可见功。在他看来,改造中国文化与社会,"实离不了制度化和专家化及新战国时代新公民道德的培养,除依靠一种真正民主政治的逐渐实行与科学精神的发扬光大,此外更无较简便方式可采"⑦。尽管如此,英雄崇拜依旧有其特殊的伦理意义,因为它还是一个关于人格修养的道德问题。

二、"英雄崇拜"的伦理意义:培养英雄人格

传统中国的大一统文化是以儒家文化即伦理文化为主体的,"从本质上偏离了英雄主义的方向,英雄主义文化及社会发展的关系被禁锢于道德认同的一隅。

① 何友恪:《论英雄和英雄主义》,《中央周刊》,1942 年第 5 卷第 16 期。
② 星客:《鬼谷纵横谈(二)》,《战国策》,1940 年 7 月 25 日,第 8 期。
③ 林同济:《我看尼采》,载陈铨著《从叔本华到尼采》,重庆:大东书局,1946,序言第 3 页。
④ 林同济:《大政治时代的伦理——一个关于忠孝问题的讨论》,《今论衡》,1938 年 6 月 15 日,第 1 卷第 5 期。
⑤ 朱光潜:《谈英雄崇拜》,《中央周刊》,1942 年第 5 卷第 10 期。
⑥ 王赣愚:《欧洲思想与政治》,《新中国日报》,1940 年 10 月 12 日。
⑦ 沈从文:《读〈论英雄崇拜〉》,《战国策》,1940 年 6 月 1 日,第 5 期。

社会的发展被局促于道德价值领域，英雄主义成了道德价值体系的仆从，社会的发展和英雄的判定都失去了客观标准”①。不过，“就大体说，反对英雄崇拜的理论在现代颇占优胜，因为它很合一批不很英雄的人们的口味。不过在事实上，英雄崇拜到现在还很普遍而且深固，无论带哪一种色彩的人心中都免不掉有几分”②。“英雄崇拜”的论争关涉到一个伦理问题，即贺麟所说：“英雄崇拜，根本上是文化方面、道德方面关于人格修养的问题，不是政治问题。”③“英雄崇拜就是崇拜他所特有的道德价值。”④通观“战国策派”的论著，笔者认为，“战国策派”提倡英雄崇拜的伦理意义就是培养英雄人格，这正是“战国策派”所孜孜以求的“力人”理想人格的具体表现和实现途径。

何谓英雄？何谓崇拜？又何谓英雄崇拜呢？所谓英雄，“概括来说，就是伟大人格，确切点说，英雄就是永恒价值的代表者或实现者。永恒价值乃是指真善美的价值而言，能够代表或实现真善美的人就可以叫作英雄。真善美是人类文化最高的理想，所以英雄可以说是人类文化的创造者或贡献者，也可以说是使人类理想价值具体化的人”⑤。而且英雄不仅指豪杰之士，还包括圣贤之士。虽然我们有着崇拜圣贤的文化传统，但“提倡崇拜英雄，较能表示近代精神”。所谓崇拜，完全是“一种精神上互相吸引沟通的关系”，用黑格尔的话说就是“崇拜是一种精神与精神的交契”。所以，“真正的崇拜，就是自己的精神与崇拜对象的精神相交契”⑥。因此，只有有精神生活和修养的人，才能崇拜，只有情志安顿的人，才可以说崇拜。崇拜的意义在于，自己精神上有所寄托，自己的精神也得着安息之所。

在贺麟看来，崇拜英雄和服从领袖是不同的。一方面，服从领袖是属于政治范围的实用行为。为了社会组织、法律纪纲、行政效率，我们不能不有领袖，也不得不服从领袖。即便领袖不是英雄，为实际方便计，不使团体涣散、国家乱亡，也得服从。另一方面，一个人服从领袖就是一个国家良善的公民，一个团体忠实的分子。虽然贺麟看到了英雄与领袖存在不一致性，但并未指出其差异性，而只是

---

① 赵沛、齐万良：《英雄主义的文化辨说》，《西域研究》，1999 年第 4 期。

② 朱光潜：《谈英雄崇拜》，《中央周刊》，1942 年第 5 卷第 10 期。

③ 贺麟：《英雄崇拜与人格教育》，《战国策》，1941 年 7 月 20 日，第 17 期。

④ 同②。

⑤ 同③。

⑥ 同③。

一味强调服从领袖。这难免会给其自身带来为统治当局做说客的嫌疑。事实上，早在1934年，署名焰生的人就已对英雄与领袖加以区别，这种区别恰是一种对英雄人格魅力的强调。焰生指出，领袖必须有可以表率一切的人格，有指导一切的思想，有支配一切的能力。此条件缺一不可。所以领袖的行为，在人格上，是真诚的，豪迈的，公正的，纯厚的，廉洁的，无我的；在思想上，是系统的，正确的，深刻远大的，周密锐利的；在能力上，是超越的，机警的，坚毅的。具备上述条件后，还必须有丰富的社会观与伟大的人生观。[①] 他进而强调："领袖之在中国，不是国人之拥护不拥护，而是做领袖者，要不要人拥护，配不配人拥护而已。"[②]这种看法是理智的，可取的。贺麟说："英雄崇拜不是属于政治范围的实用的行为，乃是增进学术文化和发展人格方面的事。"[③]即是说，英雄崇拜注重高尚人格的修养，体验精神生活的伟大。

要想崇拜英雄，就要先认识英雄，而认识英雄靠的是思想、学问、智识和眼光。贺麟认为，只有英雄才能够认识英雄，只有英雄才能够崇拜英雄。这就是所谓的"同声相应，同气相求"。真正的英雄不会急于要人认识而谄众取宠，失其素守。相反，"英雄在未得意的时候，都喜欢用烟幕弹来掩藏他本来的面目，这种特殊的'英雄心理'往往增加认识的困难"[④]。如果一个人的人格中缺乏英雄的成分，那么他们是不能认识英雄的，也和英雄没有精神和精神的交契。"没有一个人在他仆人眼里是英雄"就是最好的说明。这并不是说英雄不是英雄，而是由于仆人只是仆人。两者的人格有着内在的本质差别。

由于英雄是人类理想价值的具体化，所以反对英雄、绝对不崇拜英雄的人，就是"英雄盲""价值盲"，这是一种精神病态。与之相反，"凡是能够崇拜英雄的人，就是不害'价值盲'的人，他不但能够认识英雄，而且能借崇拜英雄，扩充自己的人格，实现自己潜伏的价值意识，发挥他自己固有的'英雄本性'"[⑤]。贺麟认为反对英雄崇拜大概基于两种错误的心理：一是以为崇拜英雄就是做英雄的奴隶，不愿意做奴隶，所以就不崇拜英雄。二是自己想当英雄，而不愿承认别人是英雄，也不崇拜其他的英雄。这两种错误的心理可以用"英雄识英雄"以及英雄

① 焰生：《英雄与领袖》，《社会周报》，1934年第1卷第27期。

② 焰生：《领袖论》，《社会周报》，1934年第1卷第26期。

③ 贺麟：《英雄崇拜与人格教育》，《战国策》，1941年7月20日，第17期。

④ 同上。

⑤ 同上。

崇拜是和英雄发生精神和精神的交契的道理加以纠正。实际上,英雄崇拜是极自然也是不可逃避的心理事实。因为每个人心中都有崇拜英雄的驱迫力,都有英雄本性或价值意识,都多少具有认识英雄的能力。这种观点就如同儒家之人人皆可以为尧舜的观念,从而使每个人都意识到自己也可能会成为英雄,进而都争做英雄。这对抗战建国都是有益的。既然崇拜英雄是普遍的、必然的心理事实,那么最要紧的问题不是应不应崇拜英雄,而是怎样利导这种崇拜英雄的普遍心理,使大家崇拜真正的英雄,不要盲目地崇拜虚伪的英雄。所以,贺麟说:"非其英雄而崇拜之,奴也!"在贺麟看来,真正的理想就是"由学养由认识而崇拜所应崇拜的英雄,且依理性的指导,崇拜之得其正道"①。

贺麟还对英雄崇拜者和被崇拜者间的关系做了分类,认为有四种不同的关系:一是生者崇拜死者。这是古道,如孔子崇拜周公、子孙崇拜祖先等,这叫作尚友千古、抗心希古。二是下崇拜上。这是忠道,如臣崇拜君、学生崇拜先生等。三是同僚的崇拜。这是友道,如鲍叔崇拜管仲、尼采崇拜瓦格纳等。四是上崇拜下。这是师道或君道,亦可称领袖之道,如刘备崇拜诸葛亮、左光斗崇拜史可法等。这种崇拜是最有趣最重要,也最为人所忽视的。因此,贺麟认为,就理论而言,许多的学术艺术文化的工作都必须以英雄崇拜为前提;就个人修养而言,必须力求虚心认识崇拜英雄;就教育方面而言,抹杀英雄崇拜就无异于抹杀人格教育,不注重人格教育,一切教育的学术工作就会变得机械化、工场化、商业化。总而言之,贺麟主张提倡英雄崇拜对国民进行人格教育,以培养国民英雄人格。

现在我们来看"英雄崇拜"到底是一个政治问题还是一个道德问题。"战国策派"中首倡"英雄崇拜"的陈铨认为,"英雄崇拜"是一个迫切的政治问题,"其实政治也是文化形态的一部分",他同时也承认,"英雄崇拜"还是一个人格修养的道德问题。此外,陈铨反复强调的是:"英雄崇拜的问题,根本是一个历史观的问题。"②然而,贺麟认为:"攻击陈(铨)先生的人,大都从某种政治的立场说话,误认英雄崇拜的提倡,即是为法西斯主义张目。……站在政治的立场去提倡英雄崇拜固不对,站在政治的立场去反对英雄崇拜亦是无的放矢。""英雄崇拜,根本上是文化方面、道德方面关于人格修养的问题,不是政治问题。"③

---

① 贺麟:《英雄崇拜与人格教育》,《战国策》,1941年7月20日,第17期。
② 陈铨:《再论英雄崇拜》,《大公报·战国》,1942年4月21日,第21期。
③ 同①。

综上所述,我们可以认为,陈铨所主张的"英雄崇拜"是一个文化形态史观的问题。更为具体地说,英雄崇拜是一个关于人格修养的道德问题。虽然陈铨认为英雄崇拜发源于神秘的惊异情绪,但他也承认英雄"所以能够号召群众,做出惊天动地的事业,完全因为他的人格"①。所以,英雄崇拜的真义,乃是"精神与精神的交契,人格与人格的感召"②。这种观点才是"战国策派"倡导英雄崇拜的伦理真义所在。

第三节　民主还是独裁

在上面"英雄崇拜"的论争中我们发现,对于英雄崇拜是一个政治问题还是一个道德问题,时论者是有分歧的。这实际上是此前"民主与独裁"论争的继续和发展,是在战争环境下中国有无必要实行独裁统治的论争。实际上,"战国策派"所希望的是实行集权抗战的国家伦理,而非极权独裁的极权伦理。集权抗战也只是他们的权宜之计,而非长久之策,在"战国策派"的心目中,民主与自由才是真正的建国基石。

一、权宜之计:集权抗战而非极权伦理

"战国策派"面对民族生存与国家救亡的深重危机,从现实主义的立场出发,主张集权抗战以挽救民族危亡。这里所体现的是他们对民族国家的热爱,是民族主义与爱国主义的鲜明表达。为了民族国家的存继,他们在理想与现实间做出了无奈的选择。对"战国策派"而言,集权抗战,只是一种伦理策略和权宜之计,是对国家的忠与对民族的孝,其目的在于其伦理目标的达成——挽救民族危机、建立民族国家、实现人民幸福。因此,我们可称之为一种救国道德。而极权在很大程度上是与独裁、反民主同义,尽管"战国策派"主张集权抗战,但它也明确表示反对独裁、极权。所以,在"战国策派"这里,他们主张集权抗战的救国道德,而反对独裁的极权伦理。

所谓极权伦理,"是由权威来说明什么对人有好处,同时规定出法律和行为

① 陈铨:《论英雄崇拜》,《战国策》,1940 年 5 月 15 日,第 4 期。

② 贺麟:《英雄崇拜与人格教育》,《战国策》,1941 年 7 月 20 日,第 17 期。

的规范”[①]。它与以自爱为最高价值的人本伦理不同,它不是由人自己定出规范而自己来遵守,人自己也不是这些规范的制定者,但却是这些规范约束的对象。“就形式上言,极权伦理否定人有明辨善恶的能力;制定规范的人总是一个胜于常人的权威者。这种制度并不以理性和知识为基础,而以畏惧权威和被统治者的怯懦与依赖感为基础;拥有权威者具有神秘的力量而可决定一切;所有的决定不能而且不容许被怀疑。就实质上言,也就是就它的内涵来说,极权伦理主要是依拥有权威者的利益,而不是依人的利益来回答什么是善或者什么是恶的问题;虽然被统治的一方,可以从它那里获得精神上或物质上的相当利益,但它仍属于剥削的权力。”[②]雷海宗就曾撰文批评极权主义的弊端,他认为在极权主义情境下,“人民完全成为国家的工具,毫无个人自由可言,个人人格的价值几乎全部被否定”[③]。“战国策派”也曾明确表明:“希特勒绝对要不得!”[④]

面对民族危机,“战国策派”以文化形态史观来认识世界,在当前他们所谓的“战国时代”,尽管他们也倾心于西方自由、平等、民主等文化精神,但却不得不从现实主义出发,强调民族主义、国家主义,强调全能国家,主张集权抗战。林良桐认为,战国时代需要一个大权在握的政府,并且明确指出,这个政府应以国家民族的生存和独立为第一任务。为此,计划经济在所难免,而这也直接间接地都与个人自由不相容。“总之,战国时代所需求的,是国家的安全与强盛;民主政治所企图的,是个人的自由与繁荣。前者重团体,后者重个人;前者利于强有力的政府,后者利于无为的政府。”[⑤]尽管“战国策派”学人也曾努力寻求二者的调和方案,但仍停留在原则和理想的时期。林良桐强调:“我并不是主张独裁,但我只指出民主的弱点;假设我们能寻求一种方案,使政府不至于太强而压抑自由,复不至于太弱不能抵御外侮,有最高的效率,有最大的安全,我们馨香而祝之。如其不能,则我们似亦不必过分迷信民主政治。团体重于个人,安全重于自由。”[⑥]这实际上明确无误地表明了“战国策派”救亡重于一切的逻辑。如果抛开其所处的

---

① [美]艾·弗洛姆:《自我的追寻》,孙石译,上海:上海译文出版社,2013,第7页。

② 同上,第8页。

③ 雷海宗:《全体主义与个体主义——中古哲学中与今日意识中的一个根本问题》,《周论》,1948年第1卷第15期。

④ 林同济:《文化的尽头与出路——战后世界的讨论》,《大公报》,1942年6月15日。

⑤ 林良桐:《民主政治与战国时代》,《战国策》,1941年1月1日,第15-16期。

⑥ 同上。

特定的历史环境，而对其做简单的否定评价，则未免有失公允。不置可否，“战国策派”主张集权抗战是为了国家民族的生存与独立，这种爱国主义的思虑是必须给予肯定的。然而，“在这里，战国策派学人出现了割裂挽救民族危机与以近代精神重建文化间关系的重大理论失误，似乎民主政治不适宜于抗战，故而必须进行政治集权以御外侮，待到民族危机过后进行建国之时，再倡导政治民主与自由”①。这种主张一旦与政治权力相结合就有导致全能政治泛滥的严重后果。尽管这并不是他们的初衷，却在某种程度上迎合了国民党政治权威主义的理论与实践。在抗战救国的大前提下，也极易为国民党独裁政治利用以压制民主运动。这在当时的历史背景中，是无法给出公平、公允的判断的，只有在拉开历史的距离、拨开历史的迷雾后，我们才能以旁观者的中立立场去评论是非得失。

不可否认，集权与权威有密切的关系。从“战国策派”的诸多论述中，特别是其英雄崇拜的观点，不难发现其权威主义的痕迹。陈铨宣称：“在历史转变的关头，假如没有先知先觉出来明白指导，历史一定要陷于停滞和紊乱；假如这一些先知先觉，对时代的认识远不够清楚，那么历史也会因而走入歧途，一个民族，需要造时势的英雄。”②“英雄是群众意志的代表，也是唤醒群众意志的先知。”对于英雄，“我们只觉得他们伟大，神秘，不可想象，不可意料。无论在什么时候，无论在什么地方，无论在什么表现，我们都发现他们与平常人不同。他们好像有一种不可思议的魔力，我们一接近他们，我们就得相信他们，惊羡他们，服从他们，崇拜他们”③。林同济也认为，人类社会的发展归功于“先知先觉”的眼光与意志，“人类生活得免于堕落与劣化，端赖历史上不时产生出慧眼慧心的先觉大雄，在那里唤醒大家的沉梦，苦行苦口，劝大家向上攀登”④。他们所谓的“先知先觉”，不仅包含政治上孙中山那样的先知先觉者，也有文化上五四运动那样的先知先觉者。总之，“英雄不仅是武力方面，政治宗教文学美术哲学科学各方面，创造领导的人，都是英雄”⑤。“战国策派”虽然主张英雄崇拜，但并不否认人类中平等的存在。“就人格人权来说，人类是平等的，就聪明才力来说，人类是不平等的”，

① 江沛：《战国策派思潮研究》，天津：天津人民出版社，2001，第226-227页。

② 陈铨：《五四运动与狂飙运动》，《民族文学》，1943年9月7日，第1卷第3期。

③ 陈铨：《论英雄崇拜》，《战国策》，1940年5月15日，第4期。

④ 林同济：《我看尼采》，载陈铨《从叔本华到尼采》，重庆：大东书局，1946，序言第3页。

⑤ 同③。

也就是说,“其实所谓人类的平等,是在道德方面,而不在才智方面。在道德方面,我们尽会看见‘满地都是圣人’,‘服尧之服,诵尧之言,行尧之行,是尧而已矣’。在才智方面,情形却完全两样,有许多事体,只有某人胜任愉快,其他千万的人,都不能担当,我们有什么方法,同他平等呢?”[①]

在这里,“先知先觉”“英雄”“天才”“领袖人物”等都是权威的不同表达,但“战国策派”的权威主义尚未达到非理性的程度,他们对权威也有严格的要求,也可以对权威加以批评。“假如对于英雄一味崇拜,不加批评,思想学问怎么能进步呢?但是事实上崇拜不唯不能消灭批评,而且可以产生批评,只有从崇拜中产生的批评,才是真正的、积极的、同情的、辩证的批评。”[②]但是,从根本上来说,真正的权威主义是不需要也严禁批评的。

权威可分为理性的权威和非理性的权威。“理性的权威是由健全的能力产生出来的。权威受到尊重的人,对于授权力给他的那些人所赋予的使命,必定能够圆满地执行。他对这些人不需要加以威胁,也不需以神秘的特质去博取他们的赞颂。他只要做到有相当助益的、不剥削的地步,他的权威就算是理性的而且不需要别人的畏惧。理性的权威不但容许而且需要由受这种权威约束的人予以检讨和批评;理性的权威始终是暂时性的,它是否被接受端视其行使的情形而定。在另一方面,非理性的权威以统治人民为出发点。这种权威可为物质上的或精神上的。就受统治人的焦虑和无助的状况而论,它也可以是绝对的或相对的。非理性的权威往往以一方统治另一方的恐惧作为基础,这种权威不但不需要批评,而且严禁批评。理性的权威以拥有权威者和受权威约束者双方的平等为基础,只是关于知识程度或某方面的特殊技能有所差别而已。非理性的权威在本质上以不平等为基础,具有价值上不同的含义。”[③]从上述对“战国策派”权威主义的分析可知,他们所谓的“权威”在更大的程度上是“理性的权威”,而不是“非理性的权威”。弗洛姆强调:“使用‘极权伦理’(authoritarian ethics)这个名词时,也就是指非理性的权威,这是依照‘极权的’(authoritarian)与独裁的(totalitarian)及反民主的(antidemocratic)同义的新用法。”[④]这也就表明,“战国

① 陈铨:《再论英雄崇拜》,《大公报·战国》,1942年4月21日,第21期。
② 贺麟:《英雄崇拜与人格教育》,《战国策》,1941年7月20日,第17期。
③ [美]艾·弗洛姆:《自我的追寻》,孙石译,上海:上海译文出版社,2013,第7-8页。
④ 同上,第8页。

策派”是反对独裁的极权伦理的。

他们还进一步对民主与独裁做了区分:“这种分别不限于政制,而根本是一种精神、心理、思想上之分。在独裁的国家内,人们习惯于视一切的‘反对’为‘反叛’,故凡口出半个字批评政府的,都认为是‘反动’,该枪毙;在民主的国家内,人们习惯于‘反对’与‘反叛’之截然不同。目的一致的而意见尽可不一致,意见一致的而办法尽可不一致。”①那么,民主与独裁哪一种政制更具优势呢?何永佶认为,应当具体问题具体分析,它们各有各的好处,各有各的坏处;既没有一种是绝对的好,也没有一种是绝对的坏。但何永佶一针见血地指出了独裁者的心理:“‘这个国家是本党造的,所以这个国家应为本党某某主义的什么国。’这是道地的独裁者口吻。”②而且这种逻辑也可以演绎为国家私有,“朕即国家”与“这国家是我造的,所以这个国家应为我个人私有”就是最好的诠释,这是独裁国家在政治文化上的具体特征。独裁政体所遵从的是一种极权伦理,这是“战国策派”所反对的。他们虽然主张集权,但这并不意味着他们非难民主,更不是提倡独裁。

“战国策派”学人主张集权抗战,“只是无力应付民族、国家救亡图存危机的反应之一,他们寄希望于依赖政治强人实现自己的理想,从对中国政治与文化发展的思路上看,他们并未真正放弃对民主自由的追求,不应看作是对近代民主潮流的彻底反动”③。其动机和出发点却是充满爱国热情的救亡图存。“在价值层面上,战国策派学人群体对民主自由的崇尚是显然的,但在战时特定环境下他们在实践层面上却发生了政治意识的转变,原则上看,这种转变不应视为对民主政体的非难,将之看作他们对西方现代性在意识认同与现实选择间的矛盾所致可能更为恰当。”④

总之,集权抗战只是“战国策派”学人面对民族深重危机的权宜之计,尽管其中包含了不同程度的权威主义,但他们却明确反对专制独裁的极权伦理。事实上,他们也从未放弃过对自由、民主的追求,在理想深处,他们将自由、民主视为建国的基石。

---

① 何永佶:《反对与反叛——答联大某生》,《战国策》,1940年5月1日,第3期。

② 同上。

③ 江沛:《战国策派思潮研究》,天津:天津人民出版社,2001,第230页。

④ 同上,第242页。

二、长久之策：以自由民主为建国基石

自由是近代中国启蒙伦理的标志性理念。在20世纪的中国，"面对亡国灭种的危局，最迫切的任务是救亡图存，是以反纲常、反礼教、反宗法制度和争取自由、民主、平等为起始状态的'伦理启蒙'"[①]。当救亡图存成为中华民族压倒一切的需要时，西方自由主义的基本价值——个人主义——就不可能成为中国直接的价值目标。自由主义在近代中国是被视为国家富强的工具，是实现国家目标而不是个体价值的学说。自由主义的这种伦理目标的改变，使它呈现为一种与中国社会相应的"中国式的自由主义"。在"战国策派"学人这里，"中国式的自由主义"也表现得极为突出。

在"战国时代重演"的当前，就中国而言，"远自鸦片战争以来，就始终是一个彻头彻尾的民族生存问题。一切是手段，民族生存是目标。在民族生存的大前提下，一切都可谈，都可做"[②]。林同济主张，将五四时期个性解放的作风转向集体生命的保障。他所强调的注意点和重心在民族国家。陈铨在批评五四运动的错误时也指出："二十世纪的政治潮流，无疑的是集体主义。大家第一的要求是民族自由，不是个人自由，是全体解放，不是个人解放。在必要的时候，个人必须牺牲小我，顾全大我。"[③]他所强调的也是民族国家的自由，而非个人自由。这种观点与中国自由主义的先驱者严复、梁启超是一致的。严复认为，个人自由、小己自由非当务之急，国群自由才是刻不容缓的。所以，国家自由必须高于、优先于个体自由。"特观吾国今处之形，则小己自由，尚非所急，而所以去异族之侵横，求有立于天地之间，斯真刻不容缓之事。故所急者，乃国群自由，非小己自由也。""群己并生，则舍己为群。""两害相权，己轻群重。"[④]梁启超也认为："自由云者，团体之自由，非个人之自由也。野蛮时代，个人之自由胜，而团体之自由亡；文明时代，团体之自由强，而个人之自由灭。斯二者盖有一定之比例，而分毫不容忒者焉。使其以个人之自由为自由也，则天下享自由之福者，宜莫今日之中国人若也。绅士武断于乡曲，受鱼肉者莫能抗也，驵商逋债而不偿，受欺骗者莫能

---

① 徐嘉：《自由：近代中国伦理启蒙的标志性理念》，《华东师范大学学报：哲学社会科学版》，2008年第3期。

② 林同济：《廿年来中国思想的转变》，《战国策》，1941年7月20日，第17期。

③ 陈铨：《五四运动与狂飙运动》，《民族文学》，1943年9月7日，第1卷第3期。

④ 严复：《天演论·善群》，载《严复集(第五册)》，北京：中华书局，1986，第1357页。

责也。”[①]他通过考察君、民、社稷(国家)相互关系的历史演变发现,18世纪以前君为贵,社稷次之,民为轻;在18世纪末至19世纪,是民为贵,社稷次之,君为轻;而到了19世纪末至20世纪,则变为社稷为贵,民次之,君为轻。[②]不同于西方自由主义,梁启超将国家置于个人之前,他强调指出:“人不能离团体而自生存,团体不保其自由,则将有他团焉自外而侵之压之夺之,则个人之自由更有何有也!”[③]由此可见,在讨论个人自由问题时,由于与西方自由主义者迥异的历史环境,中国的自由主义者强调的是国家、社稷、团体的重要性,因为他们大多同时又是坚定的民族主义者、爱国主义者,故主张民族—国家具有价值优先性。

保护个体权利是西方传统自由主义的核心价值。自由主义“围绕的中心是个人的自主地位,个人有至高无上的自主权,可以选择自己所想要的事物,可以为了相互得益而彼此订立契约。简言之,这种自由主义,首先是关于‘自由’的,除了个人的自由外,再也没有什么别的自由”[④]。这意味着在价值序列上,个人是第一位的,社会、国家是第二位的,个人是高于国家、社会的最高存在。西方自由主义把“自由”看成一种内在价值,是因为自由本身就是值得追求的人的“天然权利”。相反,其他价值是追求自由的附产品。但在近代中国,自由主义的这种伦理目标并不具有天然的合理性。也就是说,个人具有终极价值、以个体本位作为伦理目标的西方自由价值观,在近代中国是无论如何都难以为志士仁人所接受的。国家和民族的独立、解放更是迫在眉睫的时代主题,强调个人自由和个人权利的自由主义与挽救民族存亡的现实需要是难以完全契合的。因此,在“战国策派”的思想中,占突出地位的是对国家存亡的极大忧虑,是对民族自由与国家富强的强调。

在林同济看来,“自由者,自由我的意志为立场而做不受外力牵制的行动之谓”[⑤]。这里他肯定了意志自由的重要性。但在中国整个思想传统中,意志自由一直是被压制的。这使人们无法或难以选择自己的道德行为,从而无法或难以自觉地承担社会责任与道德义务。以“人的依赖关系”为特征的“家族本位主义”

---

① 梁启超:《新民说·论自由》,载《饮冰室合集·专集之四》,北京:中华书局,1989,第44-45页。

② 梁启超:《国家思想变迁异同论》,载《饮冰室合集·文集之六》,北京:中华书局,1989,第22页。

③ 同①,第46页。

④ [英]安东尼·德·雅赛:《重申自由主义》,陈茅等译,北京:中国社会科学出版社,1997,第11页。

⑤ 林同济:《廿年来中国思想的转变》,《战国策》,1941年7月20日,第17期。

的价值原则和宗法家族制度，是压抑个性自由的强大力量。自由主义的传入促进了中国近代的“伦理革命”和“人的解放”。所以，林同济认为，“自由两个字是个性解放的理论基础，也是个性解放的实现方式”。虽然“把自我看作超出一切而存在，脱了一切而仍有价值的一物，煞是快事”，但毕竟缺乏某种“皈依”。“无论由物质或精神生活着眼，自我终是‘未能自给’的一物。它终须皈依于更大于我者而存在，而取得存在的意义与价值。”①这个“更大于我者”，在林同济看来就是“国家”。五四时代的个性解放有其积极意义，但九一八之后，随着民族危机的加剧，人们已经深切体验到自我不能离开国家而生存。所以，“必须向国家与民族皈依。越是不为小家庭的一分子，我们灵魂深处越要渴求做大社会的一员”。林同济所讲的“向国家与民族皈依”，是希望人们树立强烈的国家观念与爱国主义，在更大程度上是为了谋求民族自由、国家自由。

将国家自由置于个人自由之上，在“战国策派”的诠释中，自由既是本源性的价值，又是工具性的价值。林同济就认为：“西方个人主义，尽管讴歌个性的独尊，却始终忘不了社会。它是承认社会的。……‘法律为治’从来是他们一切自由谈的根基。”“西方个人主义的自由，是充满了社会意识的。”“西方个人主义是一种新技术文明的产品，不可遏制地要向重建新社会一途展进。”②显而易见，个人主义的自由在“战国策派”这里也成了重建新社会的一种手段和工具。就伦理价值目标而言，国家自由的价值优先性并非不合理。在民族危机和国内政治危机的重压下，个人自由与国家自由之间有一种内在的紧张，如何平衡这种紧张是他们试图解决的问题。从思想启蒙的角度来说，西方自由主义重在强调个人自由的不可让渡性，认为个人自由是国家民族自由之目的，国家乃积个人而成，国家是为个人自由而存在，而不是相反。但在危机重重的近代中国，个人的自由实系于国家的自由，面对外来的侵略压迫，首先关涉到的是国家民族的自由，只有国家有了自由，才谈得上个人自由的权利，因而把国家的独立自由置于个人的独立自由之上是绝对需要的、合理的。

总之，在“战国策派”看来，集权并不是建国的长久之策，它只是建国的前提，民主与自由才是建国的基石。

---

① 林同济：《廿年来中国思想的转变》，《战国策》，1941年7月20日，第17期。

② 岱西：《中国人之所以为中国人》，《战国策》，1940年4月1日，第1期。

第四节 五四伦理的反思

寻求富强、振兴民族是鸦片战争以来中国人所关注的核心问题，也是近代知识分子的宿命与担当。五四新文化运动曾给中国知识分子带来民族振兴的希望，但这一希望被此后的日本侵华所带来的民族危机给打破，由此促使不同文化立场和政治倾向的知识分子开始反思“五四”，探讨文化重建、民族复兴的实现途径。“战国策派”在战时民族存亡的关头，以集体主义的视野，通过反思“五四”，希望能够在文化建设、伦理构建上有所建树，从而修正“五四”的时代局限。

一、肯定五四伦理的价值：突出个性解放

“战国策派”学人大多是享受过五四精神文化成果的一代，对于“五四”，他们首先是肯定的，且高度评价了五四时期引入西方文化与改造国民性的历史功绩，特别是对五四运动解放个性的伦理价值的肯定。

林同济在1939年发表于《今日评论》的《优生与民族——一个社会科学家的观察》一文中就曾明确指出：“个人的解放与发展是五四运动的主脑母题。五四运动在国史上的意义，不一而足；但是个性的解放，恐怕是它最重要的使命。中国传统的文化太发展了群体的压制力，太伸张了社会制度的权威。五四运动揭起来个性解放的旗子，煞是一种极有价值的反动。”①这种“反动”自然是针对中国传统文化中群体与社会制度的权威，特别是“吃人的礼教”。林同济在丰富、复杂以至矛盾的新文化运动的内容中找到了一个显明的主旨与中心的母题：“这个主旨与母题可说是个性的解放——把个人的尊严与活力，从那鳞甲千年的‘吃人的礼教’里解放出来，伸张出来！五四新文化运动所以成为一个自具‘统相’运动者在这里，它在我们当代国史上所发生的主要作用也在这里。”②基于此，“战国策派”对待“五四”首先是一种肯定的态度与赞扬。

林同济说：“五四新文化运动，内容本甚丰满，甚复杂。它一方面把西方文化内的各因素，各派别，铿锵杂沓地介绍过来，一方面又猛向整个中国的传统文化，

---

① 林同济：《优生与民族——一个社会科学家的观察》，《今日评论》，1939年6月4日，第1卷第23期。

② 林同济：《廿年来中国思想的转变》，《战国策》，1941年7月20日，第17期。

下置显明的比照,剧烈的批评。实百花争发的初春,尽炫目熏心之热致。"[①]"战国策派"透过五四时期纷繁的思潮论争,敏锐地抓住了五四新文化运动批判传统伦理、宣扬个性解放的实质,充分肯定了它在新文化创造中承前启后的地位和价值。显而易见,个性的解放与伸张,正是五四运动的伦理价值所在。

张灏先生认为五四思想具有复杂的两歧性:理性主义与浪漫主义、怀疑精神与"新宗教"、个人主义与群体意识、民族主义与世界主义等。[②] 这实际上就意味着,在五四思想的传统中,不仅有法国式的理想启蒙主义,同时也包含着德国式的狂飙运动。然而,人们在认识或反思五四时常常着重理性启蒙的方面,而对狂飙运动有所忽视。张灏先生指出:"在理性主义与浪漫主义的双重影响下,五四思想对理性与情感的平衡发展是有相当的自觉。但不幸的是:这种自觉在五四以后的思想发展中没有能够持续,造成五四形象中的理性主义特别突出,与中国现代文化的偏枯大有关系。"故而,他主张今天在反思五四时,"必须继续陈独秀当年对五四思想所做的反思,吸取由理性主义与浪漫主义相互激荡所产生的滋养,其重要性不下于我们透过'五四'的再认以反省现代思潮中的一些诡谲歧异和思想困境"[③]。今天,"战国策派"所继承和发扬的,正是德国式的注重个人的感性生命和意志力、力图构建现代民族国家的狂飙运动精神。这种精神实质上就是立人与立国。

"战国策派"认为,五四伦理价值的实现是通过介绍西方文化与批评中国传统文化而完成的。"战国策派"承认五四新文化运动是一场启蒙运动,其时代精神是理智主义。他们认为,五四时期学术思潮的特点是上承清代三百年以来的考证传统,外接欧美启蒙主义和经验主义,虽然"有它可贵的价值——只是,不免太片段"[④]! 所以,陈铨指出:"五四运动的思想家,只高唱肤浅的科学口号,要想凭借理智,解决人生一切的问题,这和17世纪的理智主义,完全相似。"[⑤]虽然他是在批评五四时期盛行的理智主义,但同时也是对它的一种承认。正如林同济在《第三期的中国学术思潮——新阶段的展望》中所指出的,"第一期的功绩(指

① 林同济:《廿年来中国思想的转变》,《战国策》,1941年7月20日,第17期。

② 张灏:《重访五四:论五四思想的两歧性》,载《张灏自选集》,上海:上海教育出版社,2002,第251-276页。

③ 同上,第279页。

④ 林同济:《第三期的中国学术思潮——新阶段的展望》,《战国策》,1940年12月1日,第14期。

⑤ 陈铨:《五四运动与狂飙运动》,《民族文学》,1943年9月7日,第1卷第3期。

五四运动以来到1929年),在扫荡千余年道学面孔的淫威,捧出冷酷的'事实'来打碎那鳞甲千秋的'载道''设教'的老偶像"①。这主要是通过对中国传统文化的批评而实现的个性解放。陈铨在《五四运动与狂飙运动》一文中指出,五四运动展开了中国文化的新局面,具有划时代的意义。"中国民族第一次感觉时代的新潮流,推翻数千年来的传统思想。"②对五四运动历史功绩的肯定,并不意味着就是对它的全盘接受。"战国策派"在肯定五四的同时,又对其提出了责难。

二、反思五四伦理的缺失：忽视集体生存

林同济认为五四在打破传统伦理方面,具有启蒙意义的理智精神,但毕竟"有所蔽"③。特别是在20世纪40年代,"肤浅的理智主义"已"不能担当新时代的使命"④。陈铨也认为五四运动虽有过许多贡献,"像白话文的运动、新文学的提倡,都是很有价值的"。但五四运动在创造新人生观宇宙观方面暴露了其弱点,五四运动的领导者们没有深刻地认识西洋与中国,介绍没有正确介绍,推翻没有根本推翻,意即不够彻底。陈铨认为这似乎并不是最重要的,"尤其错误的,就是他们没有认清时代,在民族主义高涨之下,他们不提倡战争意识、集体主义、感情和意志,反而提倡一些相反的理论",从而使国家人民"或者误入歧途,或者意志沉沉,或者彷徨歧路,全国上下,精力涣散,意志力量,不能集中"⑤。五四运动的历史价值虽然很大,但后来却陷于物质主义的泥潭而难以自拔。这从五四高扬的"科学"及其后发展到"科学神"地位的过程即可认清。

基于文化形态史观的立场,陈铨认为"五四运动的先知先觉没有认清时代",犯了三个错误：第一个错误是把"战国时代"认为是"春秋时代"。在此错误认识的指导下,救国的方向转变到国际和平,不仅违反了事实,而且使整个的国家民族遭受了沉痛的教训。其结果就是,"处在战国的时代,自己毫无力量,不积极备战,反而削弱全国的民族意识,养成全国国民厌战的心理"。第二个错误是把集体主义时代认作个人主义时代。陈铨认为,集体主义是20世纪的政治潮流,大

---

① 林同济：《第三期的中国学术思潮——新阶段的展望》,《战国策》,1940年12月1日,第14期。
② 陈铨：《五四运动与狂飙运动》,《民族文学》,1943年9月7日,第1卷第3期。
③ 同①。
④ 同②。
⑤ 同②。

家的第一要求是民族自由，而不是个人自由，是全体解放，而不是个人解放。在民族大义面前，个人必须要牺牲小我，顾全大我。然而五四运动的领袖们却本末倒置，将个人主义作为一切的出发点。以个人主义立国的国家，不但团结不紧，使用不灵，而且行动迂缓，不能应付紧张的国际局面。第三个错误是误认非理智主义时代为理智主义时代。当前是激烈竞争的民族主义时代，它是20世纪的天经地义。民族主义时代极为重要的是民族意识，而民族意识不是理智所能分析的，它是一种感情、一种意志，不是逻辑，不是科学，而是有目共见、有心同感的，它要靠意志感情和直观来把握。五四运动时期所提倡的理智主义已不能担当新时代的使命。即是说，五四最大的缺失就是放弃或削弱了民族主义。①

鉴于此，陈铨指出五四运动是不合时代的。他反思的视野虽是从中外文化比较视野出发，但却立足于民族主义立场，强调的是狂飙运动对民族意识觉醒的促发，看到了五四个性解放的特点，却忽视了五四摆脱封建传统偏见束缚、鼓吹个性解放的积极性。站在救亡的立场来批评五四的启蒙意义，有欠妥当。不可否认的是，"被战国策派批评的五四新文化运动，亦为一场深受法国启蒙运动影响的思想革命。战国策派以德国狂飙运动批判五四运动，适与德国浪漫主义对法国启蒙运动的反叛，一脉相承"②。在"战国策派"看来，五四运动的流弊乃是由于时代的局限所致。"我们不能不承认五四以来的解放运动，流弊很多。但是这些流弊，与其说是解放本身的错误，不如说是解放未得其方，未得其向。"③"细验此中，乃含有一股纯理智的精神，与欧洲18世纪的启蒙运动，绰约可拟。然而，那种经验事实的作风，终究不免'有所蔽'。"④以个人的立场来衡量一切的个人主义，对于打破旧传统有伟大的贡献，但对于建设新传统却是不切实的。"正所谓旧的秩序已经否定，新的秩序无法诞生！"⑤也就是说，五四运动在破旧方面成就非凡，而在更新方面却未尽如人意。

保障个人的自由民主固然重要，但中国当下最为紧迫的任务是如何解决民

---

① 陈铨：《五四运动与狂飙运动》，《民族文学》，1943年9月7日，第1卷第3期。

② 高力克：《中国现代国家主义思潮的德国谱系》，《华东师范大学学报（哲学社会科学版）》，2010年第5期。

③ 林同济：《优生与民族——一个社会科学家的观察》，《今日评论》，1939年6月4日，第1卷第23期。

④ 林同济：《第三期的中国学术思潮——新阶段的展望》，《战国策》，1940年12月1日，第14期。

⑤ 林同济：《廿年来中国思想的转变》，《战国策》，1941年7月20日，第17期。

族生存问题。在林同济看来,“本来中国的问题,由内面的各角度看,也许所见各异;但由整个国家在世界大政治中的情势看去,则远自鸦片战争以来,就始终是一个彻头彻尾的民族生存问题。说到底,一切是手段,民族生存才是目标。在民族生存的大前提下,一切都可谈,都可做。在民族生存的大前提外做工夫,无往而不凶。这是百余年来大战国局面排下的铁算”。他还一再强调:“一切是工具,民族生存必须是目标!”①“五四新文化运动的毛病并不在其谈个性解放,乃在其不能把这个解放放在一个适当的比例来谈,放在民族生存的前提下来鼓励提倡(最少其实际的流弊是如此)。”②林同济认为,这种流弊实与第二期唯物论者在民族生存的范畴外大叫他们那一套的“打倒”与“推翻”的毛病类似,都忽视了民族国家的集体生存。这是对五四新文化运动激进倾向冷静而理性的反思。

林同济指出,五四以来中国的学术经历了“经验事实”与“辩证革命”的两期社会思潮,尽管前两期的办法只能见其点、线、平面或偏面,但这并不意味着对它们的轻视,前两期是第三期必要的先驱、必要的基础。没有前两期,第三期在想象上不能产生,在实行上也无从下手。通过分析前两期的社会思潮,林同济发现,尽管“市上的书摊是第二期作家的巢穴。第一期的‘正统作风’则把占着各大学各研究所的‘学报’‘专刊’而凭高作态”,但“一般社会上却隐然另外产生了一种新暗流,在那里溅溅作响”。这种“新暗流”就是所谓民族文学、国防文学以及中国本位文化等体现民族与国家的各种讨论。“西安事变后,这暗流一放而为鸣湍;抗战以来,更无疑地再变而为大家共航的大河道。母题明显简单:民族生存,民族荣誉!”“如果第一期思潮是个人意识的表现,第二期是阶级意识的发挥,那么,第三期便是抗战时代大战国时代空前活跃的民族意识所必需而必生的结果。”③对此,陈铨有着明确的表达:“自从五四运动以来,中国的思想界经过三个显明的阶段:第一个阶段是个人主义,第二个阶段是社会主义,第三个阶段是民族主义。”“到了第三个阶段,中国思想界不以个人为中心,不以阶级为中心,而以民族为中心。”④特别是在抗战爆发后,集体生命与民族安全无疑成为我们思想

① 林同济:《廿年来中国思想的转变》,《战国策》,1941 年 7 月 20 日,第 17 期。

② 同上。

③ 林同济:《第三期的中国学术思潮——新阶段的展望》,《战国策》,1940 年 12 月 1 日,第 14 期。

④ 陈铨:《民族文学运动》,《大公报·战国》,1942 年 5 月 13 日,第 24 期。

界的最高主题。林同济强调，这并不是说五四新文化运动里不曾含有民族集体的意识，也不是说目前民族生存运动的高潮中再也没有保留些，并且应当保留个性解放的种子。恰恰相反，由于文化以及思想潮流的连续性、互动性，由个体到集体的路线转向，不过旨在说明不同的时期有不同的注意点和不同的重心。“尤其是在此抗战时代，我们所当侧重的，似乎应当是集体，不是个体，是民族，不是个人。”进而提出质问：“五四时代所提倡的个性解放到今天是不是应当告一结束？”[①]那么，结束后又当怎样呢？林同济指出：“五四的作风必须向另一路线转换，也只可向一个路线转换；就是，个性解放的要求一变而为集体生命的保障。”“由个人的个性解放到民族的集体认识——这是五四到今天中国一般社会上思潮所经的康庄大道。”[②]

对于五四，陈铨认为，“五四运动一套的思想，并不能帮助我们救亡图存”，那么，出路在哪里呢？他说：“我们需要一番新的觉悟，新的人生观，新的办法。关于这一方面，德国的狂飙运动，孙中山先生一贯的民族主义，都是我们不可忽视的指南针。”[③]他倡导用狂飙运动的浮士德精神及民族主义来改造国民性，为国民树立新的人生观。而林同济则主张，在五四运动的基础上应进一步地有一个新认识、新综合，进而形成一个新思潮，以更好地为此后思想文化的建设服务，为民族生存服务。这个新认识与新综合就是林同济所谓“新思潮的种子”。它包含着：(一)从自由到皈依、(二)从权利到义务、(三)从平等到功用、(四)从幻想到现实、(五)从理论到行动、(六)从公理到自力、(七)从理智到意志。[④]

“战国策派”还敏锐地观察到了五四运动与抗战精神的内在一致性。他们认为，个体解放与集体团结也并不是总是冲突的，而且从现实来看，个性解放还是国力发展的基础、国力集中的导线。林同济指出：“就中国二三十年来的经历而说，五四运动的解放个性正是我们从今而后国力发展运动的先锋。如果我们的立场及目的与五四时代不同，那是我们随着时代轮的前进，把五四运动向前一步推行；也可说是应大时代的唤呼，把我们酝酿未熟的思想猛向现世界的本流合

---

① 林同济：《优生与民族——一个社会科学家的观察》，《今日评论》，1939年6月4日，第1卷第23期。

② 林同济：《廿年来中国思想的转变》，《战国策》，1941年7月20日，第17期。

③ 陈铨：《五四运动与狂飙运动》，《民族文学》，1943年9月7日，第1卷第3期。

④ 同③。

弃。在这方面看去，个人与集体之两宗，质虽异而用则合。"[①]不仅如此，"真正的个体解放并不与集体团结冲突。两者本来是相得益彰，相辅而行的。抗战期间的文化动向，一方面必须辟出新途径，把集体组织化；一方面却也必须继续五四的作风向个体上做进一步的合理的解放。如果个体解放必须在集体组织的范围内推行，集体组织也必须放在解放了的个体上建立。在这点上着想，五四运动与抗战期内的精神总动员，乃在一条直线上，并不是对垒而立的"[②]。此论不正是对那些认定"战国策派"彻底否定以个性解放为主要内容的五四运动的观点的反驳吗？不正是对那些认为"战国策派"仅仅看到个性解放和民族解放的冲突，以至将二者完全对立的论断的反叛吗？这难道不是对五四的修正吗？

不论是陈铨还是林同济，他们对五四运动的批判反思，无不与他们对德国文化的接受有很大关系。在追寻现代化的过程中，"战国策派"对德国文化的借镜，无意中传播了德国文化中的反西方、反启蒙的现代传统。这一传统确实敏锐地发现了启蒙主义的狭隘、教条和肤浅之处；它所强调的传统、过去、无意识、未知的力量及其所表达的权威主义、英雄主义、历史主义、审美主义等，也有其真实和深刻的一面；它对西方的批判也有平衡西方强权、维护民族传统的合理性，但这种反启蒙的传统同时也确实滋养和助长了民族狂热、种族偏执和帝国主义，并以纳粹主义作为其最极端的形式。[③]

"战国策派"对五四的伦理反思，是一种批判性的继承和反思，并且在继承和反思的基础，又进一步地实现了对五四的某种修正。他们认为："五四时期对传统文化破坏有余，对新文化的建设不足，或者说，对传统文化有助于民族文化重建的活力酵素继承不够，对西方文化吸收往往又食洋不化，因为当时整个文化心态比较浮躁。"[④]但在"战国策派"那里，他们不仅仅对国民性做了深刻批判，更重要的是还试图建设一种新型的国民性格，且备列了具体措施。即他们对国民性的改造是有破有立的，这与他们讲求创造的目标是一致的。他们对待传统的态

① 林同济：《大政治时代的伦理——一个关于忠孝问题的讨论》，《今论衡》，1938年6月15日，第1卷第5期。

② 林同济：《优生与民族——一个社会科学家的观察》，《今日评论》，1939年6月4日，第1卷第23期。

③ 单世联：《中国现代性与德意志文化》，上海：上海人民出版社，2011，第28页。

④ 温儒敏、丁晓萍：《时代之波——战国策派文化论著辑要》，北京：中国广播电视出版社，1995，前言第3页。

度也是学理的，从春秋战国时期的列国文化里发现了中国文化活力的源头。与五四一味否定传统不同，其字里行间充满了扬弃、创造的气息。这些都是对五四的修正。

结　　语

“战国策派”的伦理思想极富理论个性，尚力是其最大的特点。力在近代作为感性生命重建的重要内容，使尚力成为一种潮流。力在“战国策派”这里获得了本体论的地位。力本身不是德，而力之为德，在于力是“战国策派”实现其伦理目标——救亡图存、建立民族国家——的伦理手段和方法。尽管“战国策派”将“力”提升到了本体论的地位，但事实上，在“战国策派”的伦理构建或文化设想中，民族国家是高置于“力”之上的，民族至上、国家至上是他们的一贯立场。这样，“力”就通过对伦理目标的追寻与实现的过程而具有伦理意义，成为一种德，且为“战国策派”所崇尚。

尚力作为“战国策派”伦理思想的核心，对于我们当前的道德建设也有很大的启迪意义。在某种意义上，当前的道德建设延续了传统伦理思想重文轻武轻力的传统，缺乏阳刚、激昂、奋进的力与武的精神与气概。而正是对力的崇尚，使得有“力”的英雄、战士、力人、大夫士等刚道人格成为“战国策派”渴望塑造的理想人格。于是，他们呼吁“英雄崇拜”。这种“英雄”是面向民族国家的，不是尼采的超人，更不是狭义上所谓的“领袖”。但他们混乱的表述，使得时人将其误解为当局的帮凶，也是情有可原。曾经的战争年代需要英雄，而我们身处的和平时代似乎也更需要英雄。

针对柔弱的国民性，“战国策派”延续了五四以来的传统，将国民性改造的途径首先指向了对传统伦理的批判。他们对“兵”与“士”的批判，以及对五伦观念的新检讨与第六伦道德的提倡，视角独特且极其深刻。“战国策派”与“五四”不同之处，在于他们不仅破坏，而且积极建设。他们在批判传统伦理的基础上，进而又提出了现代伦理的构建设想。塑造尚力崇义的伦理精神内核，强调忠于国家的公德，确定民族主义的总体价值取向，还积极借镜西方阳刚文化来改造国民性的柔弱。他们对国民性改造的论述，确实具有增强民族自信心和团结抗战的积极作用。但“战国策派”伦理思想是在抗战时期形成的，富有应时救世的特色，其伦理观中某些论断具有强烈的反启蒙和反伦理的色彩。其爱国主义的动机与其所产生的效果往往有很大的出入，造成了"战国策派"长期以来被人误解和利用。这就决定了"战国策派"伦理思想承前、应时与悲后的历史命运。

主要参考文献

一、中华民国期间报纸期刊类

[1] 昆明:《战国策》,1940—1941.
[2] 重庆:《大公报》,1941—1942.
[3] 昆明:《今日评论》,1939—1940.
[4] 重庆:《民族文学》,1943—1944.
[5] 重庆:《军事与政治》,1941—1945.
[6] 遵义:《思想与时代》,1941.
[7] 昆明:《中央周刊》,1941—1942.
[8] 重庆:《群众》,1941—1945.
[9] 重庆:《文化先锋》,1943.
[10] 延安:《解放日报》,1940—1946.
[11] 重庆:《新华日报》,1940—1946.
[12] 上海:《智慧》,1946—1948.

二、著作类

1. "战国策派"主要学人著作及后人编著文集

[1] 雷海宗. 中国文化与中国的兵[M]. 北京:商务印书馆,2001.
[2] 雷海宗著;王敦书整理. 西洋文化史纲要[M]. 上海:上海古籍出版社,2001.
[3] 雷海宗著;王敦书编. 伯伦史学集[M]. 北京:中华书局,2002.
[4] 雷海宗. 中国的兵[M]. 北京:中华书局,2012.
[5] 雷海宗. 中国通史选读[M]. 北京:北京大学出版社,2006.
[6] 雷海宗著;王敦书选编. 历史·时势·人心[M]. 天津:天津人民出版社,2012.
[7] 林同济,雷海宗. 文化形态史观[M]. 上海:大东书局,1946.
[8] 林同济编. 时代之波:战国策论文集[M]. 重庆:在创出版社,1944.

[9] 许纪霖,李琼. 天地之间:林同济文集[M]. 上海:复旦大学出版社,2004.

[10] 陈铨. 中德文学研究[M]. 上海:商务印书馆,1936.

[11] 陈铨. 文学批评的新动向[M]. 重庆:正中书局,1943.

[12] 陈铨. 从叔本华到尼采[M]. 重庆:在创出版社,1944.

[13] 陈铨. 戏剧与人生[M]. 上海:大东书局,1947.

[14] 陈铨著;于润琦编选. 陈铨文集[M]. 北京:华夏出版社,2000.

[15] 贺麟. 文化与人生[M]. 北京:商务印书馆,1988.

[16] 何永佶. 中国在戥盘上[M]. 上海:观察社,1948.

[17] 何永佶. 为中国谋政治改进[M]. 北京:商务印书馆,1945.

[18] 何永佶. 为中国谋国际和平[M]. 北京:商务印书馆,1945.

[19] 何永佶. 宪法平议[M]. 上海:大公报馆,1947.

[20] 雷海宗,林同济. 文化形态史观·中国文化与中国的兵[M]. 长春:吉林出版集团有限责任公司,2010.

[21] 温儒敏,丁晓萍. 时代之波:战国策派文化论著辑要[M]. 北京:中国广播电视出版社,1995.

[22] 曹颖龙,郭娜. 民国思想文丛:战国策派[C]. 长春:长春出版社,2013.

[23] 张昌山. 战国策派文存[C]. 昆明:云南人民出版社,2013.

2. 其他著作类

[1] [德] 奥斯瓦尔德·斯宾格勒. 西方的没落:世界历史的透视[M]. 齐世荣,等译. 北京:商务印书馆,1963.

[2] [德] 尼采. 查拉图斯特拉如是说[M]. 孙周兴,译. 上海:上海人民出版社,2009.

[3] [美] 塞缪尔·亨廷顿. 文明的冲突与世界秩序的重建[M]. 周琪,等译. 北京:新华出版社,2002.

[4] [英] 阿诺德·汤因比. 历史研究[M]. 郭小凌,等译. 上海:上海人民出版社,2010.

[5] [英] 卡莱尔. 英雄与英雄崇拜[M]. 何欣,译. 沈阳:辽宁教育出版社,1998.

[6] 鲍绍霖. 西方史学的东方回响[M]. 北京:社会科学文献出版社,2001.

[7] 蔡尚思. 中国现代思想史资料简编·第三卷[G]. 杭州:浙江人民出版社,1983.

[8] 冯启宏. 战国策派之研究[M]. 高雄:高雄复文图书出版社,2000.

[9] 高瑞泉. 天命的没落:中国近代唯意志论思潮研究[M]. 上海:上海人民出版社,1991.

[10] 郜元宝. 尼采在中国[M]. 上海:三联书店,2001.

[11] 郭国灿. 中国人文精神的重建:约戊戌—五四[M]. 长沙:湖南教育出版社,1992.

[12] 郭湛波. 近五十年中国思想史[M]. 上海:上海古籍出版社,2005.

[13] 黄敏兰. 学术救国:知识分子历史观与中国政治[M]. 郑州:河南人民出版社,1995.

[14] 季进，曾一果. 陈铨：异邦的借镜[M]. 北京：文津出版社，2005.
[15] 江沛. 战国策派思潮研究[M]. 天津：天津人民出版社，2001.
[16] 桑兵，关晓红. 先因后创与不破不立：近代中国学术流派研究[M]. 北京：生活·读书·新知三联书店，2007.
[17] 王尔敏. 中国近代思想史论[M]. 北京：社会科学文献出版社，2003.
[18] 许纪霖. 二十世纪中国思想史论：上卷[M]. 上海：东方出版中心，2000.
[19] 许纪霖. 二十世纪中国思想史论：下卷[M]. 上海：东方出版中心，2000.
[20] 张汝伦. 现代中国思想研究[M]. 上海：上海人民出版社，2001.
[21] 郑大华. 民国思想史论[M]. 北京：社会科学文献出版社，2006.

三、学位论文类

[1] 高阿蕊. 战国策派的美学思想初探[D]. 重庆：西南大学，2011.
[2] 李雪松. "战国策派"思想研究[D]. 哈尔滨：黑龙江大学，2010.
[3] 路晓冰. 文化综合格局中的战国策派[D]. 济南：山东大学，2006.
[4] 宫富. 民族想象与国家叙事[D]. 杭州：浙江大学，2004.
[5] 暨爱民. 现代中国民族主义思潮研究(1919—1949)[D]. 长沙：湖南师范大学，2004.
[6] 魏小奋. 战国策派抗战语境里的文化反思[D]. 北京：北京大学，2002.
[7] 黄怀军. 中国现代作家与尼采[D]. 成都：四川大学，2007.
[8] 白杰. 权力的踪迹[D]. 重庆：西南大学，2006.
[9] 丁晓萍. 战国策派对五四新文化运动的反思[D]. 北京：北京大学，1994.
[10] 李岚. 战国策派及其论争[D]. 广州：中山大学，2000.

四、期刊论文类

[1] 白杰. "权力意志"棱镜下的民族想象：重审战国策派[J]. 重庆交通大学学报(社会科学版)，2010(5).
[2] 白刚. 论近代尚力思想与现代尚力精神[J]. 浙江工商大学学报，2005(5).
[3] 鲍劲翔. 试论战国策派的文化救亡[J]. 安徽大学学报，1996(2).
[4] 陈廷湘. 论抗战时期的民族主义思想[J]. 抗日战争研究，1996(3).
[5] 丁晓萍. 陈铨的"民族文学"理论与创作[J]. 上海交通大学学报(社会科学版)，2002(3).
[6] 丁晓萍. 抗战语境下的文化重建构想：陈铨与李长之对"五四"的反思之比较[J]. 中国现代文学研究丛刊，2012(3).
[7] 高力克. 中国现代国家主义思潮的德国谱系[J]. 华东师范大学学报(哲学社会科学版)，

2010(5).
[8] 郭国灿.近代尚力思潮的演变及其文化意义[J].学习与探索,1990(2).
[9] 郭国灿.论近代尚力思潮[J].福建论坛(人文社会科学版),1992(2).
[10] 侯云灏.文化形态史观与中国文化两周说述论:雷海宗早期文化思想研究[J].史学理论研究,1994(3).
[11] 胡逢祥.抗战中的"战国策派"及其史学[J].史林,2013(1).
[12] 黄怀军.陈铨与尼采[J].中国文学研究,2009(1).
[13] 黄岭峻.试论抗战时期两种非理性的民族主义思潮:保守主义与"战国策派"[J].抗日战争研究,1995(2).
[14] 暨爱民."文化"对"民族"的叙述:"战国策派"之文化民族主义建构[J].湖南师范大学社会科学学报,2009(2).
[15] 江沛.战国策学派文化形态学理论述评:以雷海宗、林同济思想为主的分析[J].南开学报,2006(4).
[16] 江沛.自由主义与民族主义的纠缠:以1930—40年代"战国策派"思潮为例[J].安徽史学,2013(1).
[17] 孔刘辉.和而不同、殊途同归:沈从文与"战国派"的来龙去脉[J].学术探索,2010(5).
[18] 孔刘辉."战国派"作者群笔名考述[J].新文学史料,2013(4).
[19] 乐黛云.尼采与中国现代文学[J].北京大学学报,1980(3).
[20] 雷戈.论"战国策派"的历史警醒意识[J].武陵学刊,1998(5).
[21] 李帆."文化形态史观"的东渐:战国策派与汤因比[J].近代史研究,1993(6).
[22] 李红.试论陈铨、林同济文化观的异同[J].山东大学学报(哲学社会科学版),2004(2).
[23] 李雪松.试论"战国策派"的文化史观[J].学习与探索,2010(6).
[24] 李扬.沈从文与"战国策派"关系考辨[J].北京师范大学学报(社会科学版),2012(3).
[25] 李毅.民族精神开掘的探索:"战国策派"文化观的一个侧面[J].道德与文明,2005(4).
[26] 廖超慧.对"战国策"派的反思[J].华中理工大学学报(社会科学版),1997(4).
[27] 马和民,何芳."认同危机"、"新民"与"国民性改造":辛亥革命前后中国人教育思想的演进[J].浙江大学学报(人文社会科学版),2009(1).
[28] 蒙树宏."战国派"及其和尼采思想的关系[J].思想战线,1988(1).
[29] 苏春生.文化救亡与民族文学重构:"战国策派"民族主义文学思想论[J].文学评论,2009(6).
[30] 田亮."战国策派"民族主义史学在抗战期间的兴衰[J].河北学刊,2003(3).
[31] 田亮."战国策派"再认识[J].同济大学学报:社会科学版,2003(1).
[32] 王本朝.从"民族主义文艺运动"到"战国策派"[J].河北学刊,2004(2).

[33] 王本朝.尚力思潮与近现代中国思想文化转型[J].西南师范大学学报(哲学社会科学版),1996(1).

[34] 王敦书.雷海宗关于文化形态、社会形态和历史分期的看法[J].史学理论,1988(4).

[35] 王学振.陈铨的“民族文学运动”[J].重庆社会科学,2005(7).

[36] 王学振.战国策派的改造国民性思想[J].重庆社会科学,2005(1).

[37] 魏小奋.从“时代的意义”到“刚道的人格型”:“战国策派”文化反思[J].首都师范大学学报(社会科学版),2004(4).

[38] 徐传礼.历史的笔误和价值的重估:“重估战国策派”系列论文之一[J].东方丛刊,1996(3).

[39] 徐国利,雍振.抗战时期林同济的国民性改造思想述论[J].北京科技大学学报(社会科学版),2013(3).

[40] 徐嘉.中国近代民族主义思潮下的伦理嬗变[J].哲学动态,2008(12).

[41] 徐旭.现象学视野下“战国时代重演论”的爱国主义思想研究[J].海南师范大学学报(社会科学版),2012(10).

[42] 许纪霖.紧张而丰富的心灵:林同济思想研究[J].历史研究,2003(4).

[43] 张广智.西方文化形态史观的中国回应[J].复旦学报: 社会科学版,2004(1).

[44] 张江河.地缘政治与战国策派考论[J].吉林大学社会科学学报,2010(1).

[45] 张锡勤.论中国近代的“国民性”改造[J].哲学研究,2007(6).

附录一 《战国策》各期目录

第一期：1940年4月1日发行，共46页。

作者	文章名称	备注
林同济	战国时代的重演	
陈　铨	浮士德的精神	
沈从文	烛虚（一）	
岱　西	中国人之所以为中国人	岱西即林同济
尹　及	蜚腾之死——希腊神话（一）	尹及即何永佶
何永佶	政治观：外向与内向	
吉　人	两件法宝——仿希腊神话	吉人即何永佶

第二期：1940年4月15日发行，共40页。

作　者	文章名称	备　注
林同济	本刊启事——代发刊词	
何永佶	论大政治	
王迅中	日本军部与重臣	
沈从文	白话文问题——过去当前和未来检视	
曹　卣	镜子	
尹　及	偷天火者——希腊神话（二）	尹及即何永佶
二　水	论均势	二水即何永佶
吉　人	“这个好！”——仿希腊神话（二）	吉人即何永佶

第三期：1940 年 5 月 1 日发行，共 46 页。

作者	文章名称	备注
林同济	力！	
陈　铨	叔本华的贡献	
何永佶	反对与反叛——答联大某生	
洪思齐	挪威争夺战——地势与战略	
贺　麟	五伦观念的新检讨	
沈从文	废邮存底	
丁　泽	留得青山在！	丁泽即何永佶

第四期：1940 年 5 月 15 日发行，共 40 页。

作者	文章名称	备注
陈　铨	论英雄崇拜	
洪思齐	地略与国策：意大利	
岱　西	隐逸风与山水画	岱西即林同济
何永佶	富与贵	
唐　密	寂寞的易卜生	唐密即陈铨
林同济	学生运动的末路	

第五期：1940 年 6 月 1 日发行，共 46 页。

作者	文章名称	备注
洪思齐	如果希特勒战胜	
何永佶	从大政治看中国宪政	
沈从文	读《论英雄崇拜》	
林同济	中西人风格的比较——爸爸与情哥	
尹　及	敢问死？	尹及即何永佶
丁　泽	行行复行行	丁泽即何永佶
星　客	鬼谷纵横谈（一）	星客即林同济
同　济	萨拉图斯达如此说——寄给中国青年	同济即林同济

第六期(欧战号)：1940 年 6 月 25 日发行，共 42 页。

作者	文章名称	备注
何永佶	欧战与中国	
林同济	花旗外交	
雷海宗	张伯伦与楚怀王——东西一揆？	
洪　绂	法兰西何以有今日？	洪绂即洪思齐
陈　铨	德国民族的性格和思想	
王迅中	日本参战吗？	
思　齐	苏联之谜	思齐即洪思齐

第七期：1940 年 7 月 10 日发行，共 36 页。

作者	文章名称	备注
丁　泽	东击与西击	丁泽即何永佶
朱光潜	流行文学三弊	
陈　铨	尼采的思想	
洪思齐	苏联的巴尔干政策	
陈碧笙	敌人的新攻势	
尹　及	死与爱	尹及即何永佶

第八期：1940 年 7 月 25 日发行，共 36 页。

作者	文章名称	备注
何永佶	希特拉如何攻英？	
童　嶲	中国建筑之特点	
上官碧	烛虚(二)	上官碧即沈从文
陈　铨	尼采与女性(尼采心目中的女性)	
尹　及	中西人风格之又一比较——“活着”与“天召”	尹及即何永佶
星　客	鬼谷纵横谈(二)	星客即林同济

第九期：1940 年 8 月 5 日发行，共 40 页。

作者	文章名称	备注
沈从文	新的文学运动与新的文学观	
费孝通	消遣经济	
尹　及	所谓中国外交路线	尹及即何永佶
陈　铨	尼采的政治思想	
永　佶	小狄的故事	永佶即何永佶
吉　人	“摆脱尔”——仿希腊神话(三)	吉人即何永佶

第十期：1940 年 8 月 15 日发行，共 38 页。

作者	文章名称	备注
洪思齐	释大政治	
何永佶	龙虎斗	
沈从文	小说作者和读者	
疾　风	雨	疾风即林同济
星　客	鬼谷纵横谈(三)	星客即林同济
仃　口	“非得已”——希腊对于“死”的又一答复	仃口即何永佶

第十一期：1940 年 9 月 1 日发行，共 34 页。

作者	文章名称	备注
雷海宗	历史警觉性的时限	
沈来秋	国防经济的新潮	
何永佶	君子外交——动口不动手	
丁　泽	希特拉与朱元璋	丁泽即何永佶
尹　及	谈妇女	尹及即何永佶
吉　人	阿灵比士山的革命	吉人即何永佶

第十二期：1940 年 9 月 15 日发行，共 40 页。

作者	文章名称	备注
林同济	中饱与中国社会	
曾昭抡	现代战争中的武器	
何永佶	希特拉的外交	
费孝通	娱乐？工作？	
陈　铨	尼采的道德观念	
星　客	鬼谷纵横谈(四)	星客即林同济

第十三期：1940 年 10 月 1 日发行，共 44 页。

作者	文章名称	备注
何永佶	论国力政治	
沈从文	谈家庭	
陈　铨	狂飙时代的德国文学	
陶云逵	力人——一个人格型的讨论	
同　济	千山万岭我归来！	同济即林同济
编者(尹及)	读者信箱	为谈妇女而发

第十四期：1940 年 12 月 1 日发行，共 51 页。

作者	文章名称	备注
林同济	第三期的中国学术思潮——新阶段的展望	
陈碧笙	滇缅关系鸟瞰	
何永佶	美国应立刻宣战	
陈　铨	狂飙时代的席勒	
吉　人	智慧女神的智慧——仿希腊神话(四)	吉人即何永佶

第十五、十六合期：1941 年元旦发行，共 53 页。

作者	文章名称	备注
雷海宗	中外的春秋时代	
陈雪屏	唯我观的剖析	
公孙震	鬼谷残经	公孙震即林同济
沈来秋	国防经济力的分析	
陈　铨	尼采的无神论	
林良桐	民主政治与战国时代	
郑潜初	厌看对配式的艺术	郑潜初即林同济
郭岱西	偶见(一)	郭岱西即林同济
蒋廷黼	致战国策	

第十七期：1941 年 7 月 20 日发行，共 50 页。

作者	文章名称	备注
贺　麟	英雄崇拜与人格教育	
冯　至	一个对于时代的批评	
王季高	现实教育——从张伯伦到罗斯福	
孙毓棠	战国时代的农业与农民	
陈　铨	文学批评的新动向	
林同济	廿年来中国思想的转变	
岱　西	偶见(二)	岱西即林同济

附录二 《大公报·战国》各期目录

期别	作者	文章名称	出版日期
第一期	林同济	从战国重演到形态史观	1941.12.3
第二期	吴宓	改造民族精神之管见	1941.12.10
	雷海宗	战国时代的怨女旷夫	
第三期	陈铨	指环与正义	1941.12.17
	公孙震	知与力	
第四期	林同济	士的蜕变——文化再造中的核心问题	1941.12.24
第五期	公孙震	此后天下,此后中国——附带着几条刍议	1941.12.31
第六期	陈铨	欧洲文学的四个阶段	1942.1.7
第七期	林同济	柯伯尼宇宙观——欧洲人的精神	1942.1.14
	E.R	我看中国人	
第八期	独及	寄语中国艺术人——恐怖·狂欢·虔恪	1942.1.21
第九期	望沧	阿物,超我,与中国文化	1942.1.28
	陈铨	政治理想与理想政治	
第十期	雷海宗	历史的形态——文化历程的讨论	1942.2.4
第十一期	沈从文	对作家和文运一点感想	1942.2.11
第十二期	沙学浚	地位价值——国防地理的讨论	1942.2.18
第十三期	雷海宗	三个文化体系的形态——埃及·希腊罗马·欧西	1942.2.25
第十四期	雷海宗	独具二周的中国文化——形态史学的看法	1942.3.4
第十五期	王赣愚	关于我们的战时行政	1942.3.11
第十六期	冯友兰	义与利	1942.3.18
第十七期	林同济	大夫士与士大夫——国史上的两种人格型	1942.3.25
第十八期	谷春帆	广"战国"义	1942.4.1
	钰生	偶语	

（续表）

期别	作者	文章名称	出版日期
第十九期	林同济	嫉恶如仇——战士式的人生观	1942.4.8
第二十期	公孙震	再为印度问题进一言	1942.4.15
第二十一期	陈铨	再论英雄崇拜	1942.4.21
第二十二期	望沧	演化与进化	1942.4.29
第二十三期	陶云逵	从全体看文化	1942.5.6
第二十四期	陈铨	民族文学运动	1942.5.13
第二十五期	梁宗岱	文学底欣赏和批评	1942.5.20
	陈铨	民族文学运动的意义	
第二十六期	唐密	法与力	1942.5.27
	郭岱西	偶见	
第二十七期	林同济	论文人(上)	1942.6.3
第二十八期	林同济	论文人(下)	1942.6.10
第二十九期	林同济	民族主义与二十世纪——一个历史形态的看法(上)	1942.6.17
第三十期	林同济	民族主义与二十世纪——一个历史形态的看法(下)	1942.6.24
第三十一期	陈铨	狂飙时代的歌德	1942.7.1

附录三 “战国策派”主要学人论著目录

林同济(同济、独及、望沧、公孙震、岱西、郭岱西、潜初、郑潜初、疾风、星客)：

[1] 日本对东三省的铁路侵略：东北之死机.上海：华通书局,1930.

[2] 大政治时代的伦理——一个关于忠孝问题的讨论.今论衡,1938.6.15,1(5).

[3] 尼采萨拉图斯达的两种译本.今日评论,1939.4.16,1(16).

[4] 优生与民族——一个社会科学家的观察.今日评论,1939.6.4,1(23).

[5] 战国时代的重演.战国策,1940.4.1,1.

[6] 中国人之所以为中国人.战国策,1940.4.1,1.

[7] 力!.战国策,1940.5.1,3.

[8] 隐逸风与山水画.战国策,1940.5.15,4.

[9] 学生运动的末路.战国策,1940.5.15,4.

[10] 中西人风格的比较——爸爸与情哥.战国策,1940.6.1,5.

[11] 鬼谷纵横谈(一).战国策,1940.6.1,5.

[12] 萨拉图斯达如此说——寄给中国青年.战国策,1940.6.1,5.

[13] 花旗外交.战国策,1940.6.25,6.

[14] 鬼谷纵横谈(二).战国策,1940.7.25,8.

[15] 雨.战国策,1940.8.15,10.

[16] 鬼谷纵横谈(三).战国策,1940.8.15,10.

[17] 中饱与中国社会.战国策,1940.9.15,12.

[18] 鬼谷纵横谈(四).战国策,1940.9.15,12.

[19] 千山万岭我归来!.战国策,1940.10.1,13.

[20] 第三期中国学术思潮——新阶段的展望.战国策,1940.12.1,14.

[21] 鬼谷残经.战国策,1941.1.1,15-16.

[22] 厌看对配式的艺术.战国策,1941.1.1,15-16.

[23] 偶见(一).战国策,1941.1.1,15-16.

[24] 廿年来中国思想的转变.战国策,1941.7.20,17.

[25] 偶见(二). 战国策,1941. 7. 20,17.
[26] 从战国重演到形态史观. 大公报·战国,1941. 12. 3,1.
[27] 知与力. 大公报·战国,1941. 12. 17,3.
[28] 士的蜕变——文化再造中的核心问题. 大公报·战国,1941. 12. 24,4.
[29] 此后天下,此后中国——附带着几条刍议. 大公报·战国,1941. 12. 31,5.
[30] 柯伯尼宇宙观——欧洲人的精神. 大公报·战国,1942. 1. 14,7.
[31] 我看中国人. 大公报·战国,1942. 1. 14,7.
[32] 寄语中国艺术人——恐怖·狂欢·虔恪. 大公报·战国,1942. 1. 21,8.
[33] 阿物,超我,与中国文化. 大公报·战国,1942. 1. 28,9.
[34] 大夫士与士大夫——国史上的两种人格型. 大公报·战国,1942. 3. 25,17.
[35] 嫉恶如仇——战士式的人生观. 大公报·战国,1942. 4. 8,19.
[36] 再为印度问题进一言. 大公报·战国,1942. 4. 15,20.
[37] 演化与进化. 大公报·战国,1942. 4. 29,22.
[38] 偶见. 大公报·战国,1942. 5. 27,26.
[39] 论文人(上). 大公报·战国,1942. 6. 3,27.
[40] 论文人(下). 大公报·战国,1942. 6. 10,28.
[41] 民族主义与二十世纪——一个历史形态的看法(上). 大公报·战国,1942. 6. 17,29.
[42] 民族主义与二十世纪——一个历史形态的看法(下). 大公报·战国,1942. 6. 24,30.
[43] 文化的尽头与出路——战后世界的讨论. 大公报,1942. 6. 15.
[44] 官僚传统——皇权之花. 大公报,1943. 1. 17.
[45] 请自悔始! //时代之波. 重庆: 在创出版社,1944.
[46] 民族宗教生活的革创——议礼声中的一建议//时代之波. 重庆: 在创出版社,1944.
[47] 我看尼采//陈铨. 从叔本华到尼采. 重庆: 在创出版社,1944.
[48] 时代之波——战国策论文集. 重庆: 在创出版社,1944.
[49] 卷首语//雷海宗,林同济. 文化形态史观. 上海: 大东书局,1946.
[50] 文化形态史观(与雷海宗合著). 上海: 大东书局,1946.
[51] 中国的心灵——道家的潜在层. 观念史杂志,1947,3(3).
[52] Sullied 之辨——《哈姆雷特》一词管窥. 1963.
[53] 李贺诗歌集需要校勘. 光明日报,1978. 12. 12.
[54] 两字之差——再论李贺诗歌集需要校勘. 复旦学报: 社会科学版,1979,4.
[55] 朱屺瞻《浮想小写》十二图后. 1980. 1. 8.
[56] 莎士比亚在中国: 魅力与挑战. 1980. 11. 6.
[57] 中国的第二次解放: 论思想和文学的发展近况. 1980. 11. 11.

[58] 中国思想的精髓. 1980. 11. 18.

[59] Oswald Spengler 著《生死关头》. 政治经济学报,1935,3(2).

[60] 福罗特与马克斯. 政治经济学报,1936,5(3).

[61] 抗战军人与中国新文化. 东方杂志,1938,35(14).

[62] 问题笔谈战后世界和平问题. 读书通讯,1942,45.

[63] 寄语中国艺术人. 文艺先锋,1943,2(3).

[64] 萨拉图斯达(续)(译著). 青年中国,1945,2.

[65] 欧洲各国的局势. 妇女文化,1947,2(7-8).

雷海宗:

[1] 评汉译韦尔斯著《世界史纲》. 时事新报,1928. 3. 4.

[2] 世界史纲. 史学,1930,1.

[3] 克罗奇的史学论: 历史与记事. 史学,1930,1.

[4] 殷周年代考. 文哲季刊,1931,2(1).

[5] 加乃《中国上古文化史》. 社会学刊,1931,2(4).

[6] 夏德——中国上古史. 社会学刊,1931,2(4).

[7] 马斯伯劳的中国上古史. 社会学刊,1931,2(4).

[8] 卫理贤的中国文化小史. 社会学刊,1931,2(4).

[9] 孔子以前之哲学. 金陵学报,1932,2(1).

[10] Thompson, History of Middle Ages. 清华学报,1934,9(1).

[11] 皇族制度之成立. 清华学报,1934,9(4).

[12] Hecker, Religion and Communism. 社会科学,1935,1(1-4).

[13] Dawson, The March of Men. 社会科学,1935,1(1-4).

[14] Jaspers, Man in the Modern Age. 社会科学,1935,1(1-4).

[15] 中国的兵. 社会科学,1935,1(1).

[16] 无兵的文化. 社会科学,1936,1(4).

[17] 第二次世界大战何时发生. 清华周刊,1936,45(7).

[18] 断代问题与中国历史的分期. 社会科学,1936,2(1).

[19] 汉武帝建年号始于何年. 清华学报,1936,11(3).

[20] 世袭以外的大位继承法. 社会科学,1937,2(3).

[21] 中国的家族制度. 社会科学,1937,2(4).

[22] 此次抗战在历史上的地位. 扫荡报,1938. 2. 13.

[23] 君子与伪君子——一个史的观察. 今日评论,1939. 1. 22,1(4).

[24] 中国文化与中国的兵. 重庆：商务印书馆，1940.

[25] 雅乐与新声：一段音乐革命史. 中央日报，1940. 5. 7.

[26] 张伯伦与楚怀王——东西一揆?. 战国策，1940. 6. 25，6.

[27] 历史警觉性的时限. 战国策，1940. 9. 1，11.

[28] 中外的春秋时代. 战国策，1941. 1. 1，15—16.

[29] 古代中国外交. 社会科学，1941，3(1).

[30] 司马迁的史学. 清华学报，1941，13(2).

[31] 战国时代的怨女旷夫. 大公报·战国副刊，1941. 12. 10，2.

[32] 海战常识与太平洋大战. 当代评论，1941，1(25).

[33] 抗战四周年. 当代评论，1941，1(1).

[34] 历史的形态——文化历程的讨论. 大公报·战国副刊，1942. 2. 4，10.

[35] 三个文化体系的形态——埃及·希腊罗马·欧西. 大公报·战国副刊，1942. 2. 25，13.

[36] 独具二周的中国文化——形态史学的看法. 大公报·战国副刊，1942. 3. 4，14.

[37] 总动员的意义. 中央日报，1942. 5. 4.

[38] 中国古代制度. 人文科学学报，1942，1(1).

[39] 近代战争中的人力与武器. 中央日报，1942. 7. 10-11.

[40] 春秋外交与战国外交. 大公报，1942. 7. 23.

[41] 春秋外交与战国外交(续). 大公报，1942. 7. 24.

[42] 战后世界及战后中国. 当代评论，1942，2(5).

[43] 世界战局总检讨. 当代评论，1942，3(7).

[44] 全球战争二周年. 当代评论，1943，3(1).

[45] 平等治外法权与不平等治外法权. 当代评论，1943，3(9).

[46] 战后经济问题座谈会上发言及总结. 当代评论，1943，3(11).

[47] 战后苏联. 当代评论，1944，4(8).

[48] 历史过去释义. 中央日报，1946. 1. 13.

[49] 欧美民族主义的前途. 中央日报，1946. 2. 12.

[50] 文化形态史观(与林同济合著). 上海：大东书局，1946.

[51] 本能、理智与民族生命. 独立时论，1947. 6. 10，1.

[52] 理想与现实. 独立时论，1947. 6. 10，1.

[53] 史实、现实与意义. 北平时报，1947. 10. 19.

[54] 春秋时代政治与社会. 社会科学，1947，4(1).

[55] 举世瞩目的阿拉伯民族. 广播周报，1946，3.

[56] 时代的悲哀——哀莫大于心空. 智慧，1946，4.

[57] 春秋时代政治与社会. 社会科学,1947,4(1).

[58] 论保守秘密. 世纪评论,1947,2(8).

[59] 妇女女权. 观察,1947,2(2).

[60] 美苏争夺下的伊朗问题. 独立论坛,1947,3.

[61] 国际谣言中的中国. 正论,1948,3.

[62] 论中国社会的特质. 周论,1948,2(10).

[63] 锦州——古今的重镇. 周论,1948,2(13).

[64] 如此世界如何中国. 周论,1948,创刊号

[65] 论老. 周论,1948,1(19).

[66] 弱国外交与外交人才. 周论,1948,1(21).

[67] 史地公民. 周论,1948,1(20).

[68] 副总统问题. 周论,1948,1(12).

[69] 全体主义与个体主义. 周论,1948,1(15).

[70] 古今华北的气候与农事. 社会科学,1950.8.31.

陈铨(唐密):

[1] 清华德育之回顾与今后之标准和实施. 清华周刊,1923,287.

[2] 清华德育问题歧路中的两条大路. 清华周刊,1925,343.

[3] 评学衡记者谈婚礼. 清华周刊,1925,353.

[4] 云吟(译作). 学衡,1925,48.

[5] "不忘"——送别研究院及大一诸同学. 清华周刊,1926,25(16).

[6] 无情女(译作). 学衡,1926,54.

[7] 恋爱之冲突. 上海:厉志书局,1929.

[8] 重题. 清华周刊,1929,172.

[9] 天问. 上海:新月书店,1931.

[10] 老子道德经译成西籍考. 大公报·文学,1931.9.21.

[11] 赴国际黑格尔联合会以后. 天津:国闻周报,1931.

[12] 黑格尔哲学对于现代人的意义. 大公报·文学,1931.11.23.

[13] 歌德与中国小说. 大公报·文学,1932.8.22.

[14] 中国纯文学对德国文学之影响. 文哲季刊,1934.2;1934.3;1935.1;1935.3,3(2),3(3),4(1),4(3).

[15] 父亲的誓言(剧本). 学文,1934,1(4).

[16] 19世纪德国文学批评家对哈姆雷特的解释. 清华学报,1934,4(4).

[17] 革命的前一幕. 上海：良友图书出版公司，1934.
[18] 亚克布：中国灯影戏. 清华学报，1935，10(1).
[19] 迦茵奥士丁作品中的笑剧元素. 清华学报，1935，10(2).
[20] 彷徨中的冷静. 上海：商务印书馆，1935.
[21] 死灰. 天津：大公报社，1935.
[22] 中德文学研究. 上海：商务印书馆，1936.
[23] 德国老教授谈鬼. 论语，1936，91.
[24] 哈孟雷特与房租问题. 论语，1936，98.
[25] 从叔本华到尼采. 清华学报，1936，11(2).
[26] 经验与小说. 独立评论，1936，219.
[27] 歌德浮士德上部的表演问题. 清华学报，1936，11(4).
[28] 赫伯尔玛利亚悲剧序诗解. 清华学报，1937，12(1).
[29] 尼采与近代历史教育. 中山文化教育馆季刊，1937，4(3).
[30] 浮士德精神. 战国策，1940. 4. 1，1.
[31] 叔本华的贡献. 战国策，1940. 5. 1，3.
[32] 论英雄崇拜. 战国策，1940. 5. 15，4.
[33] 寂寞的易卜生. 战国策，1940. 5. 15，4.
[34] 蓝蝴蝶. 重庆：商务印书馆，1940.
[35] 西洋独幕笑剧改编. 长沙：商务印书馆，1940.
[36] 黄鹤楼. 长沙：商务印书馆，1940.
[37] 德国民族的性格和思想. 战国策，1940. 6. 25，6.
[38] 尼采的思想. 战国策，1940. 7. 10，7.
[39] 叔本华与红楼梦. 今日评论，1940. 7. 14，4(2).
[40] 尼采心目中的女性. 战国策，1940. 7. 25，8.
[41] 尼采的政治思想. 战国策，1940. 8. 5，9.
[42] 尼采的道德观念. 战国策，1940. 9. 15，12.
[43] 论新文学. 今日评论，1940. 9. 22，4(12).
[44] 狂飙时代的德国文学. 战国策，1940. 10. 1，13.
[45] 狂飙时代的席勒. 战国策，1940. 12. 1，14.
[46] 衣橱. 军事与政治，1941，1(4).
[47] 政治问题的基本条件. 东方杂志，1941，38(1).
[48] 尼采与红楼梦. 当代评论，1941，1(20).
[49] 尼采的无神论. 战国策，1941. 1. 1，15—16.

[50] 文学批评的新动向.战国策,1941.7.20,17.

[51] 野玫瑰.文史杂志,1941.6.16,7.1,8.15,6—8.

[52] 盛世文学与末世文学.当代评论,1941,1(3).

[53] 文学运动与民族运动.军事与政治,1941.11.10,2(2).

[54] 指环与正义.大公报·战国,1941.12.17,3.

[55] 叔本华生平及其思想.重庆:独立出版社,1941.

[56] 蓝蝴蝶短篇小说集.重庆:商务印书馆,1941.

[57] 野玫瑰.重庆:商务印书馆,1942.

[58] 欧洲文学的四个阶段.大公报·战国,1942.1.7,6.

[59] 政治理想与理想政治.大公报·战国,1942.1.28,9.

[60] 再论英雄崇拜.大公报·战国,1942.4.21,21.

[61] 民族文学运动.大公报·战国,1942.5.13,24.

[62] 民族文学运动的意义.大公报·战国,1942.5.20,25.

[63] 法与力.大公报·战国,1942.5.27,26.

[64] 狂飙时代的歌德.大公报·战国,1942.7.1,31.

[65] 野玫瑰自辩.新蜀报,1942.7.2.

[66] 悲剧英雄与悲剧精神.大公报,1942.10.25.

[67] 民族文学运动试论.文化先锋,1942.10.17,1(9).

[68] 文学的时代性.中央周刊·国风,1942.11.1,1.

[69] 戏剧的深浅问题.军事与政治,1942.11.30,3(5).

[70] 戏剧批评与戏剧创作.军事与政治,1942.12.30,3(6).

[71] 狂飙.重庆:正中书局,1942.

[72] 戏剧人物描写.中央周刊,1942,5(11-12).

[73] 戏剧的语言.中央周刊,1942,5(18).

[74] 戏剧的人物描写.中央周刊,1942,5(11-12).

[75] 戏剧家的修养.中央周刊,1942,5(15).

[76] 戏剧的语言.中央周刊,1942,5(18).

[77] 论喜剧的氛围.中央周刊,1942,5(28).

[78] 东方文化对于西方文化的影响.文化先锋,1943,2(13).

[79] 席勒对德国民族文学的贡献.文艺先锋,1943,2(3).

[80] 蓝蝴蝶.军事与政治,1943.2.26,3.15,4(2-3).

[81] 青花——理想主义与浪漫主义.国风,1943.4.16,12.

[82] 文学批评的新动向.重庆:正中书局,1943.

[83] 宪政实施中的选举问题. 中央周刊,1943,6(32-33).
[84] 民族文学运动. 民族文学,1943.7.7,1(1).
[85] 中国文学的世界性. 民族文学,1943.7.7,1(1).
[86] 花瓶. 民族文学,1943.7.7,1(1).
[87] 自卫. 今日评论,1943.8.7,1(2).
[88] 文学创作与庸夫愚妇. 军事与政治,1943.8.26,5(1-2).
[89] 金指环. 军事与政治,1942,2(5-6),1942,3(1).
[90] 五四运动与狂飙运动. 民族文学,1943.9.7,1(3).
[91] 戏剧深刻化. 民族文学,1943,1(4).
[92] 无情女. 重庆:青年书店,1943.
[93] 哀梦影(诗集). 民族文学,1943,1(3、5).
[94] 第三阶段的易卜生. 民族文学,1943,1(4).
[95] 政治学术化学术政治化. 升学与就业,1944,1(2).
[96] 哈孟雷特的解释. 民族文学,1944.1,1(5).
[97] 从叔本华到尼采. 重庆:在创出版社,1944.
[98] 婚后(剧作集). 重庆:商务印书馆,1945.
[99] 无名英雄. 重庆:商务印书馆,1945.
[100] 黄鹤楼. 上海:商务印书馆,1947.
[101] 戏剧与人生. 上海:大东书局,1947.
[102] 再见冷荇. 上海:大东书局,1947.
[103] 归鸿. 上海:大东书局,1947.
[104] 狂飙. 上海:大东书局,1947.
[105] 治乱世必须用重典. 智慧,1946,6.
[106] 美国的金元外交. 智慧,1946,7.
[107] 外长会议的难关. 智慧,1946,7.
[108] 苏联不友善的态度. 智慧,1946,8.
[109] 革命的行动. 智慧,1946,8.
[110] 两个侮辱. 智慧,1946,9.
[111] 闻一多的惨死. 智慧,1946,10.
[112] 英国的商人外交. 智慧,1946,10.
[113] 新唐吉诃德. 智慧,1946,11.
[114] 评"忠义之家". 智慧,1946,12.
[115] 五强会商否决权问题. 智慧,1946,12.

[116] 孟姜女.智慧,1946,13.
[117] 生育制限.智慧,1946,13.
[118] 民族至上与警魂歌.智慧,1947,14.
[119] 一个怪现象.智慧,1947,14.
[120] 不冻死的权利.智慧,1947,14.
[121] 善意的临别赠言.智慧,1947,15.
[122] 解不破的连环.智慧,1947,16-17.
[123] 是觉悟的时候了.智慧,1947,16-17.
[124] 不顾事实.智慧,1947,16-17.
[125] 治标与治本.智慧,1947,18.
[126] 惊人的声明.智慧,1947,18.
[127] 越剧的衰落.智慧,1947,18.
[128] 山穷水尽.智慧,1947,19.
[129] 松树与紫藤.智慧,1947,19.
[130] 金石盟.智慧,1947,20.
[131] 两个世界.智慧,1947,20.
[132] 救救教授.智慧,1947,20.
[133] 野兽,野兽,野兽.智慧,1947,21.
[134] 狮子与狗熊.智慧,1947,21.
[135] 偏见与批评.智慧,1947,21.
[136] 一切都为民主.智慧,1947,22.
[137] 以战止战.智慧,1947,22.
[138] 空言.智慧,1947,23.
[139] 大连与澳门.智慧,1947,24.
[140] 要生活也要自由.智慧,1947,24.
[141] 风流种子.智慧,1947,24.
[142] 暴力与侵略.智慧,1947,25.
[143] 民族主义的呼声.智慧,1947,26.
[144] 我的生平和我的爱.智慧,1947,26.
[145] 争取中华民族的独立.智慧,1947,26.
[146] 唯实政治.智慧,1947,26.
[147] 美苏对症的良药.智慧,1947,27.
[148] 中国电影的末路.智慧,1947,27.

[149] 大刀阔斧的改革. 智慧,1947,27.
[150] 假凤虚凰. 智慧,1947,28.
[151] 民族意识的低落. 智慧,1947,28.
[152] 美国的抗议. 智慧,1947,30.
[153] 奇怪的现象. 智慧,1947,30.
[154] 上海的市政. 智慧,1947,30.
[155] 一个问题. 智慧,1947,31.
[156] 诚恳的忠告. 智慧,1947,31.
[157] 联合国的生死关头. 智慧,1947,32.
[158] 胡适之的谈话. 智慧,1947,32.
[159] 节约不是制造饥饿. 智慧,1947,32.
[160] 改善公教人员待遇. 智慧,1947,33.
[161] 第三国际的复活. 智慧,1947,33.
[162] 最好的办法. 智慧,1947,33.
[163] 大选的预测. 智慧,1947,34.
[164] 壮士断腕. 智慧,1947,34.
[165] 准备被捕. 智慧,1947,34.
[166] 历史的重演. 智慧,1947,35.
[167] 无聊已极. 智慧,1947,35.
[168] 残酷的真理. 智慧,1947,36.
[169] 谁的末日. 智慧,1947,36.
[170] 苏联何时妥协. 智慧,1947,37.
[171] 抢救青年. 申论,1948,1(12).
[172] 系统和计划. 智慧,1948,38.
[173] 需要决议. 智慧,1948,39.
[174] 远东的专横势力. 智慧,1948,39.
[175] 争回港九. 智慧,1948,39.
[176] 改革币制的障碍. 智慧,1948,40.
[177] 甘地之死. 智慧,1948,41.
[178] 苏联的阴谋. 智慧,1948,41.
[179] 苏联不甘示弱. 智慧,1948,45.
[180] 和平与均势. 智慧,1948,46.
[181] 苏联的不幸. 智慧,1948,48.

[182] 新年的新希望. 智慧,1948,38.
[183] 英国开始反苏. 智慧,1948,40.
[184] 立委竞选的怪现象. 智慧,1948,40.
[185] 中央政府总预谋. 智慧,1948,41.
[186] 违反人性的暴力. 智慧,1948,42.
[187] 不要扰民. 智慧,1948,42.
[188] 张伯伦前车之鉴. 智慧,1948,43.
[189] 质与量. 智慧,1948,43.
[190] 四十七教授的宣言. 智慧,1948,44.
[191] 慢,慢,慢. 智慧,1948,44.
[192] 美英法的强心针. 智慧,1948,44.
[193] 教授的生活太痛苦. 智慧,1948,45.
[194] 希望是愚蠢. 智慧,1948,45.
[195] 所望于新政府者. 智慧,1948,46.
[196] 国民大会成绩的检讨. 智慧,1948,47.
[197] 检讨全国运动会. 智慧,1948,48.
[198] 鼓励输出. 智慧,1948,48.
[199] 反美运动与反美对日政策. 智慧,1948,49.
[200] 打击豪门资本. 智慧,1948,49.
[201] “等”的政策. 智慧,1948,50.
[202] 解散大学. 智慧,1948,51.
[203] 不聪明的试探. 智慧,1948,50.
[204] 南斯拉夫叛变的意义. 智慧,1948,51.
[205] 巩固经济基础. 智慧,1948,52.
[206] 面子问题. 智慧,1948,52.
[207] 世界政治的悲剧. 智慧,1948,53.
[208] 合理的距离. 智慧,1948,53.
[209] 悔与恨. 智慧,1948,53.
[210] 美苏断绝领事关系. 智慧,1948,54.
[211] 论世界政治路线. 智慧,1948,54.
[212] 勿贪近利. 智慧,1948,54.
[213] 旧戏重演. 智慧,1948,54.
[214] 乱世之奸雄. 智慧,1948,55.

[215] 官吏万能.智慧,1948,55.

[216] 错误政策的明证.智慧,1948,55.

[217] 本与末.智慧,1948,55.

[218] 一个正式提议.智慧,1948,56.

[219] 似是而非.智慧,1948,56.

[220] 苏联何以不接受原子能管制.智慧,1948,57.

[221] 杜鲁门马歇尔的双簧.智慧,1948,57.

[222] 和平的幻想.智慧,1948,57.

[223] 谁的责任.智慧,1948,58.

[224] 勿以道德谈经济.智慧,1948,58.

[225] 根治军事弱点.智慧,1948,58.

[226] 拿出决心来.智慧,1948,59.

[227] 杜鲁门何以胜利.智慧,1948,59.

[228] 美国能否继续援华.智慧,1948,60.

[229] 请政府立即革新政治.智慧,1948,60.

[230] 革命内阁与内阁革命.智慧,1948,61.

何永佶(尹及、吉人、永佶、丁泽、二水、仃口):

[1] 中日经济关系之解剖.国闻周报,1924,8(43).

[2] 汽车运输之重要.商业杂志,1929,4(12).

[3] 制造汽车之方法神乎其技.商业杂志,1929,4(11).

[4] 独占时期之国家企业.国闻周报,1930,7(48).

[5] 世界经济之不振及其归趋.国闻周报,1931,8(2).

[6] 英俄暗斗中之阿富汗革命始末.国闻周报,1931,8(7).

[7] 德国赔款经过与目前危机.国闻周报,1931,8(28).

[8] 人类怎样会犯罪.新闻周报,1931,8(9).

[9] 仲裁裁判及国际司法裁判.国闻周报,1931,8(47).

[10] 苏联五年计划发展真相.国闻周报,1931,8(21).

[11] 论国际联盟军缩本会议.国闻周报,1931,8(26).

[12] 满蒙问题之法律性与政治性.国闻周报,1931,8(32).

[13] 苏俄与各国之不侵条约.苏俄评论,1932,2(5).

[14] 利用外资外才与兴筑铁路.铁路协会月刊,1932,4(7).

[15] 内田康战论.国闻周报,1932,9(24).

[16] 美国总统选举战新倾向. 国闻周报,1932,9(35).
[17] 提倡第六伦道德. 民声周报,1932,18.
[18] 上海战争的印象. 独立评论,1932,10.
[19] 今日中国的两线希望. 独立评论,1933,37.
[20] 中国民族的选择. 中华周报,1933,78.
[21] 中国民族的选择(续). 中华周报,1933,79.
[22] 论评——迎一九三四年. 新中华,1934,2(1).
[23] 英美关系及远东问题. 文明之路,1935,22.
[24] 欧洲宪政溯源. 国立武汉大学社会科学季刊,1936,6(4).
[25] 为中国通进一言. 远东月报,1937,2(2).
[26] 蜚腾之死——希腊神话(一). 战国策,1940.4.1,1.
[27] 政治观:外向与内向. 战国策,1940.4.1,1.
[28] 两件法宝——仿希腊神话. 战国策,1940.4.1,1.
[29] 论大政治. 战国策,1940.4.15,2.
[30] 偷天火者——希腊神话(二). 战国策,1940.4.15,2.
[31] 论均势. 战国策,1940.4.15,2.
[32] "这个好!"——仿希腊神话(二). 战国策,1940.4.15,2.
[33] 反对与反判——答联大某生. 战国策,1940.5.1,3.
[34] 留得青山在!. 战国策,1940.5.1,3.
[35] 富与贵. 战国策,1940.5.15,4.
[36] 从大政治看中国宪政. 战国策,1940.6.1,5.
[37] 敢问死?. 战国策,1940.6.1,5.
[38] 行行复行行. 战国策,1940.6.1,5.
[39] 欧战与中国. 战国策,1940.6.25,6.
[40] 东击与西击. 战国策,1940.7.10,7.
[41] 死与爱. 战国策,1940.7.10,7.
[42] 希特拉如何攻英?. 战国策,1940.7.25,8.
[43] 中西人风格之又一比较——"活着"与"天召". 战国策,1940.7.25,8.
[44] 所谓中国外交路线. 战国策,1940.8.5,9.
[45] 小狄的故事. 战国策,1940.8.5,9.
[46] "摆脱尔"——仿希腊神话(三). 战国策,1940.8.5,9.
[47] 龙虎斗. 战国策,1940.8.15,10.
[48] "非得已"——希腊对于"死"的又一答复. 战国策,1940.8.15,10.

[49] 君子外交——动口不动手. 战国策,1940. 9. 1,11.

[50] 希特拉与朱元璋. 战国策,1940. 9. 1,11.

[51] 谈妇女. 战国策,1940. 9. 1,11.

[52] 阿灵比士山的革命. 战国策,1940. 9. 1,11.

[53] 希特拉的外交. 战国策,1940. 9. 15,12.

[54] 论国力政治. 战国策,1940. 10. 1,13.

[55] 读者信箱. 战国策,1940. 10. 1,13.

[56] 美国应立刻宣战. 战国策,1940. 12. 1,14.

[57] 智慧女神的智慧——仿希腊神话(四). 战国策,1940. 12. 1,14.

[58] 三国同盟之后. 今日评论,1941,5(9).

[59] "新国联"不足以维持世界和平. 华声,1944,1(4).

[60] 评宪草修正案(转载). 再生,1946,143.

[61] "权""责"论. 东方杂志,1946,42(2).

[62] 中日合邦论. 亚洲世纪,1947,1(2).

[63] 植物文明之中国. 世纪评论,1947,1(13).

[64] 醒过来罢,勿毁灭自己. 世纪评论,1947,1(15).

洪思齐(思齐、洪绂):

[1] 不列颠群岛之经济地理(上). 民族,1936,4(3).

[2] 不列颠群岛之经济地理(中). 民族,1936,4(4).

[3] 不列颠群岛之经济地理(下). 民族,1936,4(5).

[4] 江苏图志. 地理教育,1936,1(3).

[5] 论经济地图并答王君. 地理教育,1936,1(7).

[6] 改良中学地理师资运动的一个建议. 地理教学,1937,1(1).

[7] 挪威争夺战——地势与战略. 战国策,1940. 5. 1,3.

[8] 地略与国策:意大利. 战国策,1940. 5. 15,4.

[9] 如果希特勒战胜. 战国策,1940. 6. 1,5.

[10] 法兰西何以有今日?. 战国策,1940. 6. 25,6.

[11] 苏联之谜. 战国策,1940. 6. 25,6.

[12] 苏联的巴尔干政策. 战国策,1940. 7. 10,7.

[13] 释大政治. 战国策,1940. 8. 15,10.

[14] 中国民气之转变. 独立公论,1936,3.

[15] 愚夫. 逸经,1937,25-36.

[16] 上海商业界的当前急务. 商业实务半月刊,1940,1(4).
[17] 漫谈几种建都的理论. 东方杂志,1944,40(7).
[18] 省区改革刍议. 财政评论,1946,15(4).
[19] 中国政治地理与省制问题. 正气杂志,1946,2.
[20] 行总交通善后计划及其实施. 经济周报,1946,3(7).
[21] 重划省区草案大要. 地理教学,1947,2(1).
[22] 重划省区方案刍议. 东方杂志,1947,43(6)
[23] 缩小省区方案之三. 社会公论,1947,3(2-3).
[24] 巴尔干地缘政治. 东方杂志,1947,43(13).
[25] 南美人种的源流和分布. 地理教学,1947,2(3).
[26] 修订地理学系课程标准刍议. 地理教学,1947,2(2).
[27] 地理教育之目的. 地理之友,1948,1(1).
[28] 耶稣复活与基督教的辩证法. 协进,1948,7(1).
[29] 全国奋进运动研讨会的收获. 协进,1948,7(5).

贺麟:

[1] 清华烟台消夏团纪事. 清华周刊,1922,251.
[2] 中等科学生睡觉的时间问题. 清华周刊,1922,247.
[3] 严复的翻译. 东方杂志,1925,22(21).
[4] 林纾严复时期的翻译. 清华周刊,1926,纪念号增刊.
[5] 西洋机械人生观最近之论战. 东方杂志,1927,24(19)
[6] 鲁一士《黑格尔学术》译序. 国风,1933,2(5).
[7] 鲁一士《黑格尔学术》译序(续). 国风,1933,2(6).
[8] 黑格尔之为人及其学说概要. 大陆,1933,1(9).
[9] 黑格尔印象记. 清华周刊,1934,41(5).
[10] 道德进化问题. 清华学报,1934,9(1).
[11] 从叔本华到尼采——评赵懋华著《叔本华学派的伦理学》. 大公报·文学,1934,305.
[12] 西洋最近五十年哲学史,新民,1935,1(1).
[13] 最近五十年之西洋哲学. 新民月刊,1935,创刊号.
[14] 宋儒的思想方法. 东方杂志,1936,33(2).
[15]《黑格尔》译序. 出版周刊,1936,182.
[16] 康德译名的商榷. 东方杂志,1936,33(17).
[17] 新道德的动向. 新动向,1938,1(1).

[18] 物质建设现代化与思想道德现代化. 今日评论,1940,3(1).
[19] 五伦观念的新检讨. 战国策,1940.5.1,3.
[20] 文化的体与用. 今日评论,1940,3(16).
[21] 德国三大哲人处国难时之态度. 上海：独立出版社,1940.
[22] 英雄崇拜与人格教育. 战国策,1941.7.20,17.
[23] 知难行易说的绎理. 三民主义周刊,1941,2(11).
[24] 对知难行易说诸批评的检讨. 三民主义周刊,1941,2(13).
[25] 爱智的意义. 思想与时代,1941,2.
[26] 读书方法. 今日青年,1941,13.
[27] 自然与人生. 思想与时代,1941,5.
[28] 知难行易说与知行合一说. 三民主义周刊,1942,2(24).
[29] 宣传与教育. 思想与时代,1942,7.
[30] 论人的使命. 中央周刊,1942,4(37).
[31] 乐观与悲观. 中央周刊,1942,4(51).
[32] 论翻译的性质和意义. 思想与时代,1943,27.
[33] 西洋伦理名著选辑序. 读书通讯,1943,77.
[34] 德国文学与哲学的交互影响. 思想与时代,1943,24.
[35] 谢林哲学简述. 哲学评论,1943,8(6).
[36] 我所认识的荫麟. 思想与时代,1943,20.
[37] 基督教与政治. 思想与时代,1943,29.
[38] 费希德哲学简述. 哲学评论,1943,8(4).
[39] 功利主义的新评价. 思想与时代,1944,37.
[40] 战争与道德. 军事与政治,1944,6(2-3).
[41] 西洋近代人生哲学的趋势. 广播周报,1946,3.
[42] 认识西洋文化的两把钥匙. 智慧,1946,13.
[43] 观念的力量. 智慧,1946,10.
[44] 民治论. 三民主义半月刊,1946,9(1).
[45] 对知难行易说诸批评的检讨. 三民主义半月刊,1946,9(7).
[46] 当代中国哲学序言. 三民主义半月刊,1946,8(1).
[47] 王安石的性论. 思想与时代,1947,43.
[48] 王安石的心学. 思想与时代,1947,41.
[49] 西洋近代人生哲学之趋势. 读书通讯,1947,126.
[50] 儒家的性善论. 五华,1947,3.

[51] 文化与人生.上海：商务印书馆,1947.
[52] 对黑格尔哲学系统的看法.思想与时代,1948,48.
[53] 论党派退出学校.周论,1948,1(7).
[54] 此时行宪应有的根本认识和重点所在.周论,1948,1(12).
[55] 论向青年学习.周论,1948,2(11).
[56] 天下一家与两个世界.周论,1948,创刊号

后　　记

本书是在我的博士论文基础之上修改而成的。除《民族主义在"战国策派"构建民族国家中的伦理地位》(本书第四章部分内容)曾发表在2015年第28辑《原道》上之外,其余内容均首次公开出版。

"'战国策派'伦理思想研究"是我博士论文的题目,此次出版将题目修改为"'尚力'的时代之波——'战国策派'伦理思想研究"主要是想凸显"战国策派"伦理思想的特色——"尚力"。这一特色在那个特定的年代(1941—1942年)有其特殊的时代意义,也彰显了时代精神。"战国策派"同仁的论著在当时掀起了一股"尚力"的时代之波,将近现代的"尚力"思潮推向了高潮。"尚力"在我国有着悠久的历史文化传统,即"战国策派"所言的"列国酵素",这种传统伦理文化在时代发展中虽逐渐没落成"德感主义""无兵的文化",但在面对民族危机、国家危机、文化危机时,国人尤其是"战国策派"同仁通过深入挖掘中华优秀传统伦理思想的资源,力图唤起国民的民族意识,树立文化自信,鼓舞国民奋起抗战,赢得最终胜利。

从毕业论文到今天正式出版,五年多的时间,期间曾多次翻出进行再思考,也曾以之为题参报课题,至今也未曾选中。此次出版,尽管还有不太理想的地方,也许以后还会继续加以研究,但目前修订出版也算是对博士论文的一个阶段性的完结。

我自2008年9月到2014年7月于东南大学人文学院伦理学专业攻读硕士和博士学位,师从徐嘉教授。论文从选题到完成,至答辩结束,再到而今出版,首先要感谢恩师徐嘉教授。先生治学严谨,教学认真,言谈风趣,性格随和,其"信马由缰,处处是道"的治学格言,使我终生受益。人言似水流年,六年的时间,转眼即过,时间似长不长。于我,却是非常重要的六年。六年间,不论是学业、学术,还是生活,得蒙先生谆谆教诲,方有今日。一句感谢,不足表达对恩师的厚情,唯有一生铭记!

求学期间，我还得到了人文学院樊和平教授、田海平教授、董群教授、王珏教授、许建良教授、禤庆文老师等诸位老师的诸多教诲，在此一并感谢！

论文写作期间，曾借学院举办会议之便，求教于前来参会的华东师范大学杨国荣教授，特表诚挚谢意！

博士论文答辩能够顺利进行，首先要特别感谢未曾谋面的匿名外审评审专家，他们给我十分中肯的评审意见，亦提出了非常宝贵的修改建议！其次，感谢学位论文答辩委员会主席河海大学的黄明理教授、答辩委员江苏省社科院的胡发贵研究员、胡传胜研究员以及东南大学的田海平教授、董群教授！答辩中有高度评价，亦有尖锐发问，也提出了很多宝贵的建议和启发性问题。再次向参加我答辩的各位老师表示感谢！

自读博到工作至今，一直忙于学业、工作和家庭生活，撇开读博期间的一些成果外，工作后几无学术成果可言，感觉十分汗颜，亦愧对恩师所期。尽管个中缘由不足为外人道，于心却始终为哀戚，于己亦终是憾事。然而生老病死本为人生，或迟或早，虽有子欲养而亲不待之憾，亦有绕膝弄孙之缺，天伦不再，回首过往，不禁悲从中来，然人生之不完满亦为人生，生活依旧要继续，唯有，唯有珍惜当下眼前人。

而今该书的出版，既是对生我养我之父母的一点纪念，亦是给自己的一点安慰，也算是对恩师的一点交代，亦将是鞭策我在学术道路上继续前行的起点。学术之路，于我乃是心之所系，亦是心之所之。

本书出版之际，特邀请了徐嘉老师、田海平老师为本书作序，二位师长毫不犹豫，欣然答应，令我十分感动，尤其是在他们工作十分繁忙的时候能够抽出时间为我作序，更是令我感激。拙作有很多需要完善、深究之处，但二位师长的序言却为之增色很多，亦增加了本书的学术厚度，在此特向二位老师表示衷心的感谢！老师之期，学生亦将铭记于心！

本书的出版得到了东南大学出版社编辑陈淑老师的支持，陈老师工作认真、负责、专业、尽心、细心、耐心，多次不厌其烦地与我讨论书稿问题，在此向她表示衷心感谢！同时，也感谢东南大学出版社为此书出版而进行编辑、校对、审核、印刷的各位老师！

本书的出版得到了南京医科大学学术著作出版资助，在此表示诚挚谢意！

本书的出版得到了南京医科大学马克思主义学院、医学人文研究院的领导与同事的关心与支持，特此感谢！

最后，非常非常感谢家人一直默默的奉献和关心！感谢他们对我学术追求的理解和支持！生活不易，人生不易，执子之手与子偕老，唯有一生呵护与陪伴！

李　超

乙亥年·金陵·四方斋